工业和信息产业职业教育教学指导委员会"十二五"规划教材

全国高等职业教育计算机系列规划教材

网站设计与网页制作项目教程

丛书编委会

电子工业出版社·

Publishing House of Electronics Industry

北京·BEIJING

内 容 简 介

本书通过"网上书店"这个实例为读者全程展示了网站设计与网页制作的基本知识,让没有网页制作基础的读者可以很轻松地开发制作出自己心目中的网站。

本书按照网站开发的一般流程主要介绍了网站前期准备、网站结构的创建、网页界面设计、图片的简单处理、图像和文字的应用、表格和层的应用、模板的应用、表单的应用、CSS 样式的应用、多媒体与 Flash 应用、JavaScript 基本应用、站点的创建和上传、网页编程基础、简单动态网页的制作、文档书写等内容。

本书免费提供书中所有素材,另外还有针对全国计算机信息高新技术考试之高级网页制作员考试的网页制作技能强化综合练习题 8 套,技能训练全部素材均采用一些原创作品。以上资源可登录电子工业出版社华信教育资源网(www.hxedu.com.cn)下载。本书是专门为高等职业教育计算机类专业、艺术设计类专业和电子商务类等专业编写的网站设计与网页制作课程的专业教材,也可作为高级网页制作员的培训材料。

图书在版编目(CIP)数据

网站设计与网页制作项目教程 / 《全国高等职业教育计算机系列规划教材》丛书编委会编. —北京:电子工业出版社,2011.1

工业和信息产业职业教育教学指导委员会"十二五"规划教材·全国高等职业教育计算机系列规划教材

ISBN 978-7-121-12431-0

Ⅰ. ①网… Ⅱ. ①全… Ⅲ. ①网站—设计—高等学校:技术学校—教材②主页制作—高等学校:技术学校—教材 Ⅳ. ①TP393.092

中国版本图书馆 CIP 数据核字(2010)第 232998 号

策划编辑: 左 雅
责任编辑: 左 雅 特约编辑: 王鹤扬
印 刷: 涿州市京南印刷厂
装 订: 涿州市桃园装订有限公司
出版发行: 电子工业出版社
        北京市海淀区万寿路 173 信箱 邮编 100036
开 本: 787×1 092 1/16 印张: 19.25 字数: 492 千字
印 次: 2011 年 1 月第 1 次印刷
印 数: 4 000 册 定价: 32.00 元

丛书编委会

主　　任　郝黎明　逄积仁

副主任　左　雅　方一新　崔炜　姜广坤　范海波　敖广武　徐云晴　李华勇

委　　员（按拼音排序）

本书编委会

主　　编　何福男　密海英

副主编　芮文艳

参　　编　陈园园　杨小英

丛书编委会院校名单

（按拼音排序）

保定职业技术学院
渤海大学
常州信息职业技术学院
大连工业大学职业技术学院
大连水产学院职业技术学院
东营职业学院
河北建材职业技术学院
河北科技师范学院数学与信息技术学院
河南省信息管理学校
黑龙江工商职业技术学院
吉林省经济管理干部学院
嘉兴职业技术学院
交通运输部管理干部学院
辽宁科技大学高等职业技术学院
辽宁科技学院
南京铁道职业技术学院苏州校区
山东滨州职业学院
山东经贸职业学院

山东省潍坊商业学校
山东司法警官职业学院
山东信息职业技术学院
沈阳师范大学职业技术学院
石家庄信息工程职业学院
石家庄职业技术学院
苏州工业职业技术学院
苏州托普信息职业技术学院
天津轻工职业技术学院
天津市河东区职工大学
天津天狮学院
天津铁道职业技术学院
潍坊职业学院
温州职业技术学院
无锡旅游商贸高等职业技术学校
浙江工商职业技术学院
浙江同济科技职业学院

前　言

本书是一本注重综合能力提升的整合式书籍，将 Flash、Dreamweaver、Fireworks 等多个实用软件的应用贯穿于项目开发过程中，有助于培养学生的问题解决能力、工具选择和使用能力。本书以职业活动为导向的整体设计，以实用的经典网站为案例，将学生引入网站设计职业岗位，再通过完成小型实际商业网站的开发制作，使学生完成从需求分析、整体设计、站点创建与设置、网页设计制作、网站调试、网站推广到文档书写的完整过程。本书重在岗位技能训练，与职业资格、技能证书相挂钩，加入大量技能训练题目，学生学完可直接考证，为初次就业打下基础。同时又将 HTML、CSS、数据库操作等必要的专业知识教给学生，为后续学习和发展打好基础。

全书按照一个网站开发的流程将"网上书店"案例网站这个大项目分解成 8 个子项目，将交流能力、问题解决能力等五大职业通用能力与站点设置、模板创建、网页设计、订单制作、数据库连接等岗位技能有机融合在相应的项目之中。学生除了要完成案例网站的制作，还要制作一个实践项目。

全书以整体式项目教学为主，共分为 8 个子项目，每个子项目为一章，遵照网站建设的流程设置。每个项目分解为多个项目任务，而每个项目任务分别采用任务驱动、案例教学等高效的教学方法，并按照如下思路安排学习内容："项目引入" → "项目展示" → "能力要求" → "设计过程" → "相关知识" → "归纳总结" → "项目训练"。每章结束前还有本章小结及与考证挂钩的技能训练练习，可以提高学生的操作技能。一些文档的书写也以附件的形式提供给读者参考。

本书由何福男、密海英任主编，共同完成了本书的结构和章节设计。何福男对各章内容进行了界定，参与了第 3、第 4、第 5 章的编写，并对各章的具体内容、表述进行了审核和调整。密海英完成了全书的体例设计和统稿工作，对素材进行了整理，是第 3、第 5 章及 8 套技能强化综合练习题的主要编写者。参加本书编写的还有陈园园、芮文艳、杨小英。其中陈园园编写了第 4 章，杨小英编写了第 1、2、8 章，芮文艳编写了第 3 章部分内容和第 6、7 章。

本书提供所有书中用到的素材及技能强化综合练习题的全部素材，可登录华信教育资源网（www.hxedu.com.cn）免费下载。其他教学材料可以参考精品课程网站。

由于作者水平有限，书中难免存在疏漏与不足之处，敬请广大读者批评指正。

编　者

目　录

第1章 网站建设的入门必备知识

　　随着网络的发展，互联网已成为人们生活的一部分，这都是网页的功劳。通过网页，浏览者可以得到各种信息，可以交换思想，可以通过网络进行购物。目前，网页种类繁多，归纳起来可以分成以下几种：单纯根据兴趣而制作的个人网页、由具有共同爱好的人所组成的团体、以宣传企业为目的的企业网页、成为互联网商店的大型购物中心以及门户网站等。而那些视觉效果比较好的网站往往会受到用户的青睐。那么这些网页是如何制作出来的呢？

　　要设计出令人满意的网页，不仅要熟练掌握网页设计软件的基本操作，还要掌握网页的一些基础知识和网站建设的基本流程。

项目任务 1.1 网站建设基础知识

　　首先，我们先来看两个示例网页，如图 1-1 和图 1-2 所示。

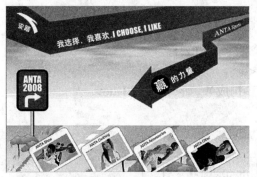

图 1-1　示例网页 1　　　　　　　　　　图 1-2　示例网页 2

　　同样是设计公司，但在网上展示出的效果却如此不同。假设大家是客户，在经费许可的情况下，你会优先选择哪一家来做设计呢？当然是第一家了。这就是网页设计最能体现出效益的地方。

　　但是，同样是做网页的，为什么差距如此之大呢？原因就在于网页设计是平面设计、动画设计、音效设计、配色等各个方面结合的产物。因此，学会网页设计虽然不难，但是要做好网页，却需要不断学习和积累，在不断的探索和实践中进步。

1.1.1 认清两个名词——网页和网站

1. 什么是网页

在互联网上应用最广的功能应该是网页浏览。浏览器窗口中显示的一个页面被称为一个网页，是计算机网络最基本的信息单位，网页实际上就是一个文件，这个文件存放在世界上某个地方的某一台计算机中，而且这台计算机必须要与互联网相连接。当用户在浏览器的地址栏中输入网页的地址后，经过一段复杂而又快速的程序解析后，网页文件就会被传送到用户的计算机中，然后再通过浏览器解释网页的内容，最后展现在用户的眼前。一般网页上都会有文字和图片等信息，而复杂一些的网页中还包括动画、表单、视频和音频等内容。

2. 什么是网站

网站是众多网页的集合。不同的网页通过有组织的链接整合到一起，为浏览者提供更丰富的信息。网站同时也是信息服务类企业的代名词。如果某人在网易或者在搜狐工作，那他可能会告诉你，他在一家网站工作。

我们可以这样形容网页和网站的关系：假如网站是一本书的话，网页就是这本书中的一页。

1.1.2 HTML 基础知识

通过浏览器所看到的网站，是由 HTML（Hyper Text Markup Language）语言所构成。HTML（超文本标记语言）是建立网页文本的语言，它是在 SGML 定义下的一个描述性语言，是一种简单、通用的全置标记语言，它通过标记和属性对文本的属性进行描述。HTML可以通过超链接指向不同地址中的文件，支持在文本中嵌入图像、影像、声音等不同格式的文件。HTML 还具有强大的排版功能，利用 HTML 可以制作出任意版面的网页。

HTML 网页文件可以由文本或专用网页编辑器编辑，编辑完毕后，HTML 文件将以.htm或.html 作为文件后缀保存。

1. 基本结构

HTML 标记是由"<"和">"所包括的指令。主要分为：

（1）单标记指令（由<标记指令>构成），如
。

（2）双标记指令（由<起始标记></结束标记>构成），如<Title></Title>。

HTML 文件基本结构如下：

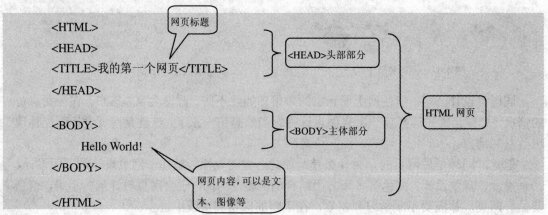

其中：

<HTML>：通常在此定义网页的文件格式。

<HEAD>：表头区，记录文件基本资料，包括标题和其他说明信息等。

<TITLE>：标题区，必须在表头区内使用，定义浏览该 HTML 文件时在浏览器窗口中的标题栏上显示的标题。

<BODY>：文本区，文件内容，即在浏览器中浏览该 HTML 文件时在浏览器窗口中显示的内容。

2．常用标记

HTML 标准中定义了很多格式化标记，各种浏览器也会增加本浏览器使用的一些标记。下面介绍一些常用的标记，更多标记将会在后续章节中介绍。

（1）TITLE 标记符。TITLE 标记是文件头中最基本、最常用也是唯一一个必须出现的标记符，它也只出现在文件头中，用于定义网页的标题，也是对文件内容的概括。当网页在浏览器中显示时，网页标题将在浏览器窗口的标题栏中显示。TITLE 的长度没有限制，但过长的标题会导致折行，一般情况下它的长度不应超过 64 个字符，而过短的标题也不可取，会导致读者无法根据它判断出对应的文件将介绍的内容。

TITLE 标记在 HTML 代码中格式如下：

```
<HTML>
<HEAD>
<TITLE>网页文件标题</TITLE>
</HEAD>
<BODY>看浏览器标题栏！！！
</BODY>
</HTML>
```

此代码在浏览器中的显示如图 1-3 所示。

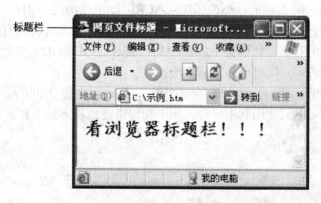

图 1-3　TITLE 标记符在浏览器中的效果

（2）META 标记符。在 HEAD 中另外一个比较常用的标记符是<META>。META 标记用于说明与 Web 有关的信息。META 标记符的常用属性包括：name、http-equiv 及 content。其中，name 属性主要用于描述网页，对应于 content（网页内容），即 name 给出特性名，

content 给出特性值。http-equiv 属性指定 HTTP 响应名称，通常用于替换 name 属性，HTTP 服务器使用该属性时为 HTTP 响应消息头收集信息。

例如，<meta http-equiv="Refresh" content="10;URL=http:// www.baidu.com">定时让网页文档在加载 10 秒以后自动跳转到 http:// www.baidu.com 页面，如图 1-4 所示。

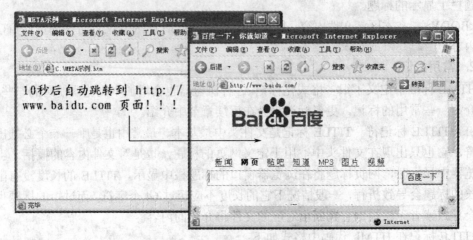

图 1-4 利用 META 标记符实现自动跳转功能

（3）BGSOUND 标记符。BGSOUND 标记用于指定网页的背景音乐。BGSOUND 标记符只有开始标记，没有结束标记，它的基本属性是 src，用于指定背景音乐的源文件；另外，一个常用属性是 loop，用于指定背景音乐重复的次数，如果不指定该属性，则背景音乐无限循环。

例如，<bgsound src="Sailing.mp3" loop="1">。

☎提示：BGSOUND 标记符的 src 所指定的文件必须存在。例如，上面的语句中，必须使 Sailing.mp3 这个文件位于当前网页所在的目录，才能正确地播放背景音乐。

（4）SCRIPT 标记符。当想要在 HTML 中插入 VBScript 或 JavaScript 代码时，就需要用到 SCRIPT 标记。脚本标记符<SCRIPT></SCRIPT>可以出现在 HTML 页面的任何位置（BODY 或 HEAD 中），然后在其中加入脚本程序。一般来说最好将所有的目标脚本代码放在 HEAD 中，以便所有脚本代码集中放置，这样可以确保在 BODY 中调用代码之前所有脚本代码都被读取并解码，同时更方便后期维护。

使用 SCRIPT 标记时，一般会用到两个属性：language 属性和 type 属性，这两个属性可以同时出现，也可以只使用其中一种，用于指定所使用脚本的类型。例如：

```
<script language="JavaScript">
<!--
……
// -->
</script>
```

（5）BODY 标记符。BODY 标记用来描述 HTML 文档的正文部分，是网页的主体，包括文字、图形、超链接以及其他各种 HTML 对象，其具体内容和属性设置都会反映在 Web

页面上。

BODY 标记在 HTML 代码中格式如下：

```
<HTML>
<HEAD>
<TITLE>网页文件标题</TITLE>
</HEAD >
<BODY>
我的第一张网页!!!
</BODY>
</HTML>
```

此代码在浏览器中的显示如图 1-5 所示。

在<BODY>和</BODY>标记对中，还可以包含其他标记，如<P>、
、<Hn>、<Pre>、<Hr>等，它们所定义的内容会在浏览器中显示出来，其他更多标记将在后面章节中介绍。

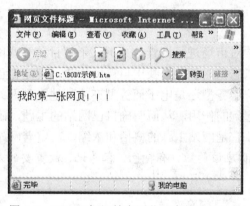

图 1-5　BODY 标记符在浏览器中的显示效果

1.1.3　静态网页和动态网页

Web 站点中的网页分为静态网页和动态网页。所谓静态网页是指纯粹的 HTML 格式的网页，这种网页制作完成后内容是固定的，修改或更新都必须通过专用的网页制作工具，并且只要修改网页中的任何一个内容都必须重新上传一次，以此覆盖原来的网页。

每个静态网页都有一个固定的 URL。网页的 URL 地址通常以.html、.htm 或.shtml 等形式作为扩展名。每个网页都是独立的文件，网页内容都保存在 Web 站点中。静态网页在网站制作和维护方面工作量较大，且拥有的人机交互能力较差。

所谓动态网页，并非指网页上具有各种动画和其他视觉上的"动态效果"，动态网页也可以是纯文字的，与静态网页的根本区别是，动态网页是以数据库技术为基础采用动态网页技术生成的网页。

前面介绍过，HTML 是编写网页的语言，但仅用 HTML 是不能编写出动态网页的，还需要使用另外的技术。动态网页中的脚本语言，如 ASP、PHP、JSP、ASP.NET 等，通过这些脚本将网站内容动态存储到数据库中，用户访问网站是通过读取数据库来动态生成网页。

当动态网页在浏览器中显示时，会自动调用存储在数据库中的数据，而信息的更新和维护则利用数据库在后台进行。

项目任务 1.2　网站建设的整体流程

网站建设是一个系统工程，有一定的基本流程，必须遵循该设计步骤，才能设计出满意的网站。因此在建设网站之前，必须了解整个网站建设的基本流程，才能制作出更好、更合理的网站。

1.2.1　网站的前期策划

要想制作一个好的网站一定不能随心所欲，要有明确的设计思路。对于网页设计者来说，在动手制作网页之前，应对网页设计的整体工作流程有一个清晰的认识，即站点主题要明确，网页素材准备要充分，站点内容和目录结构要规划好，要本着由面到点、由整体到细节的原则进行设计，由此才能使网站在网络世界的大量站点中脱颖而出。整个网站的前期策划主要包括以下方面。

1. 定位网站的主题

在建设网站之前，要对市场进行调查与分析，了解目前互联网的发展状况及同类网站的发展、经营状况，汲取它们的长处，找出自己的优势，确定自己网站的功能，是产品宣传型、网上营销型、客户服务型还是电子商务型亦或其他类型网站，再根据网站功能确定网站应达到的目的和应起到的作用，从而明确自己网站的主题，确定网站的名称。

网站的名称很重要，它是网站主题的概括和浓缩，决定着网站是否更容易被人接受。

☎提示：网站的名称应该简短、有特色、容易记，最重要的是它应该能够很好地概括网站主题。

网站命名的原则：

（1）要有很强的概括性，从网站的名称就能反映出网站的题材。

（2）要合理、合法、易记，最好读起来朗朗上口。

（3）名称不宜过长，要方便其他网站链接。

（4）要有个性，体现出一定的内涵，能给浏览者以更多的想象力和冲击力。

2. 收集整理资料

在做网页之前，要尽可能多地收集与网站主题相关的素材（文字、图像、多媒体等），再去芜存菁，取其精华为我所用。

（1）文字素材。文本内容可以让访问者明白网页要表达的内容。文字素材可以从用户那里获取，也可以通过网络、书本等途径收集，还可以由制作者自己编写相关文字材料。这些文字素材可以制作成 Word 文档或 txt 文档保存到站点下的相关子目录中。

（2）图像、多媒体等素材。一个能够吸引访问者眼球的网站仅有文本内容是不够的，还需要添加一些增加视觉效果的素材，比如图像（静态图像或动态图像）、动画、声音、视频等，使网页充满动感和生机，从而吸引更多的访问者。这些素材可以由用户提供，也可以由制作者自己拍摄制作，或通过其他途径获取。将收集整理好的素材存放到站点下的相关子目录中。

3. 设计规划网站结构图（网站导航设计）

网站结构图设计也就是网站栏目功能规划，即确定网站要展示的相关内容，把要展现在网站上的信息体现出来。网站结构蓝图也决定着网站导航设计，一个网站导航设计对提供丰富友好的用户体验有至关重要的作用，简单直观的导航不仅能提高网站易用性，而且在方便用户找到所需的信息后，可有助提高用户转化率。如果把主页比做网站门面，那么导航就是通道，这些通道走向网站的每个角落，导航的设计是否合理对于一个网站具有非常重要的意义。

4. 设计网站形象

内容是基础，一个网站有充实的、丰富的能充分满足用户需求的内容是第一位的，但过分偏重内容而忽视形象也是不可取的。忽视形象，将导致网站吸引力、注意力、用户体验的降低，一个没有独特风格的网站很难给访问者留下深刻的印象，更不容易把网站打造成一个网络品牌。网站形象设计包括以下几个方面。

（1）网站的标志。网站的标志也称为网站的LOGO。翻开字典，可以找到这样的解释："标志语"。在计算机领域而言，LOGO是标志、徽标的意思，顾名思义，站点的LOGO就是站点的标志图案，它一般会出现在站点的每一个页面上，是网站给人的第一印象。因而，LOGO设计追求的是以简洁的符号化的视觉艺术形象把网站的形象和理念长留于人们心中。

LOGO实际上是将具体的事物、事件、场景和抽象的精神、理念、方向通过特殊的图形固定下来，使人们在看到LOGO标志的同时自然地产生联想，从而对企业产生认同。它是站点特色和内涵的集中体现。一个好的LOGO设计应该是网站文化的浓缩，能反映网站的主题和命名，能让访问者见到它就能联想到它的网站，LOGO设计的好坏直接关系着一个网站乃至一个公司的形象。

目前并没有专门制作LOGO的软件，其实也并不需要这样的一种软件。平时所使用的图像处理软件或者加上动画制作软件（如果要做一个动画的LOGO的话）都可以很好地胜任这份工作，如Photoshop、Fireworks等。而LOGO的制作方法也和制作普通的图片及动画没什么不同，不同的只是规定了它的大小而已。

☎提示：（1）88×31 这是互联网上最普遍的LOGO规格；

（2）120×60 这种规格用于一般大小的LOGO；

（3）120×90 这种规格用于大型LOGO。

【赏析】：部分著名网站的标志如图1-6所示。

图1-6　著名网站LOGO赏析

（2）网站的色彩搭配。网站给人的第一印象就来自于视觉的冲击，因此，确定网站的色彩是相当重要的一步。不同的色彩搭配会产生不同的效果，并可能影响到访问者的情绪。赏心悦目的网页，色彩的搭配都是和谐而优美的。

一般来说，适合于网页标准色的颜色主要有蓝色、黄/橙色、黑/灰/白色 3 大系。在对网页进行色彩规划时要注意以下几点：

① 网站的标准色彩不宜过多，太多会让人眼花缭乱。标准色彩应该用于网站的标志、标题、主菜单和主色块，给人以整体统一的感觉，其他的色彩只作为点缀和衬托，绝不可以喧宾夺主。

② 不同的颜色会给浏览者不同的心理感受。因此，在确定主页的题材后，要了解哪些颜色适合哪些站点。

③ 在色彩的运用中还要注意一个问题：由于国家和种族、宗教和信仰的不同，以及生活的地理位置、文化修养的差异等，不同的人群对色彩的喜恶程度有着很大的差异。

【赏析】：其他网站色彩搭配欣赏如图 1-7 所示。

图 1-7 其他网站色彩搭配欣赏

（3）网站的标准字体。网站的字体也是网页内涵的一种体现，合适的字体会让人感觉到美观、亲切、舒适。一般的网页默认的字体是宋体，如果想体现与众不同的风格，可以做一些特效字体，但特效字体最好是以图像的形式体现，因为很多浏览者的计算机中可能没有网站所设置的特效字体。

【赏析】：特殊字体欣赏如图 1-8 所示。

（4）网站的宣传标语。网站的宣传标语也就是网站的广告语。广告语是品牌传播中的核心载体之一，好的广告语是可以让人朗朗上口，容易记忆的。更重要的是，出色的广告语，能深深地打动访问者，让它所代表的网站在网络世界的众多站点里占有一席之地！

【举例】：网易——轻松上网，易如反掌；263——中国人的网上家园。

图 1-8 其他网站特殊字体的使用

5. 设计网页布局（版式风格）

网页的布局最能够体现网站设计者的构思，良好的网页布局能使访问者身心愉悦，而布局不佳的页面则可能使访问者失去继续浏览的兴趣而匆匆离去。所以，网页布局也是网站设计中的关键因素。

所谓网页布局就是对网页元素的位置进行排版。对于不同的网页，各种网页元素所处的地位不同，出现在网页上的位置也不同。

网页布局元素一般包括：网站名称（LOGO）、广告区（banner）、导航区（menu）、新闻（what's new）、搜索（search）、友情链接（links）、版权（copyright）等。

对网页元素的布局排版决定着网页页面的美观与否和实用性。我们常见的布局结构有以下几种。

（1）"T"字形结构布局。所谓"T"字形结构，就是指页面顶部为一横条(主菜单、网站标志、广告条)，下方左侧为二级栏目条，右侧显示具体内容的布局，如图 1-9 所示。

（2）"同"字形结构布局。"同"字结构名副其实，采用这种结构的网页，往往将导航区置于页面顶端，一些如广告条、友情链接、搜索引擎、注册按钮、登录面板、栏目条等内容置于页面两侧，中间为主体内容，如图 1-10 所示。

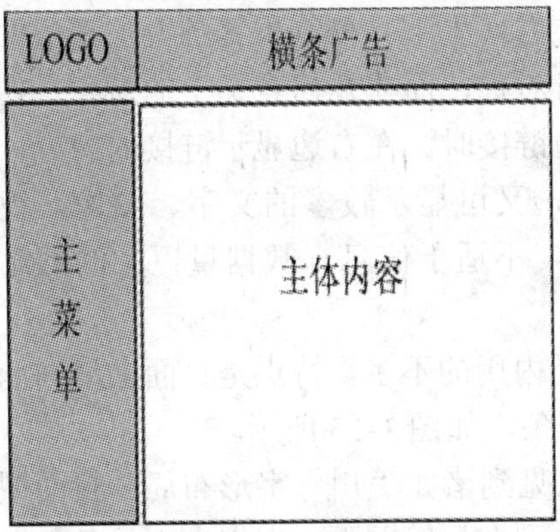

LOGO	横条广告
主菜单	主体内容

图 1-9 "T"字形布局网页

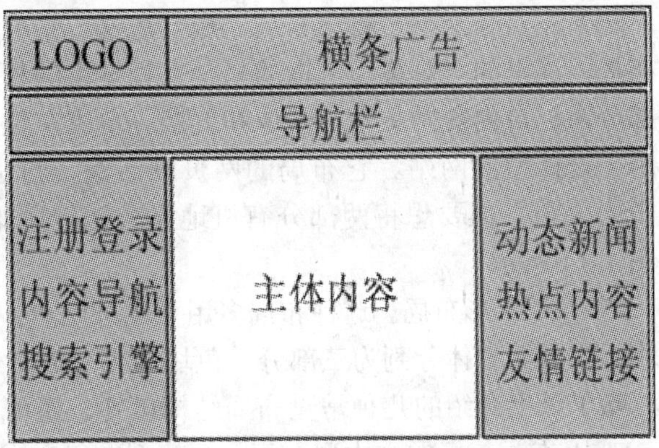

LOGO	横条广告	
	导航栏	
注册登录 内容导航 搜索引擎	主体内容	动态新闻 热点内容 友情链接

图 1-10 "同"字形布局网页

"T"字形与"同"字形布局的网页页面结构清晰、左右对称呼应、主次分明,因而采用这两种布局的网页得到非常普遍的运用。但是这两种布局太规矩、呆板,如果细节色彩上缺少变化调剂,很容易让人感到单调乏味。

(3)"国"("口")字形布局。国字形布局是在同字形布局基础上演化而来的,在保留同字形的同时,在页面的下方增加一横条状的菜单或广告,如图 1-11 所示。(还有一种四周空出,中间做窗口,称为"口"字形)

"国"("口")字形布局的网页充分利用了版面,信息量大,与其他页面的链接多、切换方便。但这种布局方式使得页面拥挤、四面封闭,令人感到不舒服。

(4)自由式("POP")布局。自由式布局打破了"T"字形、同字形、国字形布局的菜单框架结构,页面布局像一张宣传海报,以一张精美图片作为页面的设计中心,菜单栏目自由地摆放在页面上,常用于时尚类站点。它布局的网页漂亮、吸引人但显示速度慢、文字信息量少,如图 1-12 所示。

图 1-11 "国"字形布局网页   图 1-12 "POP"布局网页

(5)"匡"字形布局。这种结构与"国"字形其实只是形式上的区别,它去掉了"国"字形布局的最右边的部分,给主内容区释放了更多空间。这种布局上面是标题及广告横幅,接下来的左侧是一窄列链接等,右列是很宽的正文,下面也是一些网站的辅助信息,如图 1-13 所示。

(6)左右(上下)对称布局。顾名思义,采取左右(上下)分割屏幕的办法形成的对称布局,这里的"对称"所指的只是在视觉上的相对对称,而非几何意义上的对称。在左右部分内,自由安排文字、图像和链接。单击左边的链接时,在右边显示链接的内容,大多用于设计型的网站。它布局的网页既活泼、自由,又可显示较多的文字、图像,视觉冲击力很强。但要想将两部分有机地结合比较困难,不适于信息、数据量巨大的网站,如图 1-14 所示。

(7)"三"形布局。这种布局多用于国外站点,国内用的不多。特点是页面上横向两条色块,将页面整体分割为三部分,色块中大多放广告条,如图 1-15 所示。

除了以上介绍的几种常见布局结构以外,还可以见到诸如"川"字形布局、封面型布局、Flash 布局、标题文本型布局、框架型布局和变化型布局等网页,它们也都具备各自不同的特点。网站设计者可以根据自己网站的主题以及要实现的功能来选择合适的布局。

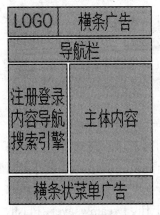
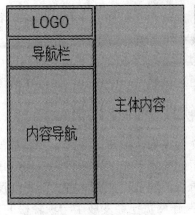

图1-13　"匡"字形布局　　　　图1-14　"左右"对称布局　　　　图1-15　"三"形布局

1.2.2　首页及二级页面效果设计

网页的页面设计是网站建设中的一个非常重要的环节。页面设计主要包括创意、色彩和版式三个方面。创意会使网页在众多的竞争对手中脱颖而出；色彩可以使网页获得生命的力量；版式则是和用户沟通的核心，所以这三者缺一不可。

俗话说："良好的开端是成功的一半"。在网站设计上也是如此，首页的设计是一个网站成功与否的关键。人们往往看到第一页就已经对网站有了一个整体的感觉。能否促使访问者继续浏览网站的其他页面，关键就在于首页设计的效果。首页最重要的作用在于它能够表现出整个网站的概貌，能将网站所提供的功能或服务展示给访问者。

首页设计的方法是：先在纸上画出首页页面布局图，再利用图片处理软件 Fireworks 或 Photoshop 设计制作首页整体效果图。

使用 Fireworks 或 Photoshop 设计好首页效果图之后，其他页面的设计就没有首页那么复杂了。主要是和首页风格保持一致，页面设计美观，要有返回首页的链接等。

1.2.3　在图像编辑软件中裁切设计稿

通过使用 Fireworks 或 Photoshop 将网页的效果图设计完之后，网页在浏览器中的效果就以一整张图片显示出来，接下来就要将这张图片进行裁剪。虽然在浏览器中的效果和效果图一致，但一整张效果图大小可能在 200KB 或更高，浏览器下载就会变慢，如果访问速度太慢，访问者就会因为等待时间过长而放弃浏览，所以要把整图裁剪成小块，加快下载速度。另外，网站是要时时更新的，根据布局裁剪在以后的更新过程中就会很方便。

1.2.4　站点的规划与建立

Web 站点是一组具有共享属性的链接文档，包含了很多类型的文件，如果将所有的文件混杂在一起，那么整个站点就会显得杂乱无章，看起来会很不舒服且不易管理，因此在制作具体的网页之前，需要对站点的内部结构进行规划。

站点的规划不仅需要准备好建设站点所需的各种素材资料，还要设计好资料整合的方式，并根据资料确定站点的风格特点，同时在内部还要整齐有序地排列归类站点中的文件，便于将来的管理和维护。

设置站点的常规做法是在本地磁盘上创建一个包含站点所有文件的文件夹（站点根文件夹），称为本地站点。然后在该文件夹中再创建若干个文件夹，分别命名为 images、media、styles 等。再将各个文件分门别类地放到不同的文件夹下，这样可以使整个站点结构看起来条理清晰，井然有序，使人们通过浏览站点的结构，就可知道该站点大概内容。

1.2.5　在网页编辑软件中制作网页

规划好站点相关的文件和文件夹后，就可以开始制作具体的网页了。设计网页时，首先要选择网页设计软件。虽然用记事本手工编写源代码也能做出网页，但这需要设计者对编程语言非常熟悉，它不适合所有的网页设计爱好者。而目前所见即所得类型的工具越来越多，使用也越来越方便，所以制作网页已经变成了一项轻松的工作。Dreamweaver、Flash、Fireworks 合在一起被称为网页制作三剑客。这三个软件相辅相承，是制作网页的首选工具，其中 Dreamweaver 主要用来制作网页文件，制作出来的网页兼容性好，制作效率也很高，Flash 用来制作精美的网页动画，Fireworks 用来处理网页中的图像。

素材有了，工具也选好了，下面就是具体实施设计结果，将站点中的网页按照设计方案制作出来，这是一个复杂而细致的过程，一定要按照先大后小、先简单后复杂的原则来进行制作。所谓先大后小，就是指在制作网页时，先把大的结构设计好，然后再逐步完善小的结构设计。所谓先简单后复杂，就是先设计出简单的内容，然后再设计复杂的内容，以便出现问题时好修改。

1.2.6　测试、发布上传及后期维护

网站创建完毕，要发布到 Web 服务器上，才能够让全世界的人浏览。在上传之前要进行细致周密的测试，以保证上传之后访问者能正常浏览和使用。

一个好的网站，不仅仅是一次性制作完美就完成了，日后的更新维护也是极其重要的。就像盖好的一栋房子或者买回的一辆汽车，如果长期搁置无人维护，必然变成朽木或者废铁。网站也是一样，只有不断地更新、管理和维护，才能留住已有的访问者并且吸引新的访问者。

对于任何一个网站来说，如果要始终保持对访问者足够的吸引力，定期进行内容的更新是唯一的途径。如果浏览网站的访问者每次看到的网站都是一样的，那么日后就不会再来，几个月甚至一年一成不变的网页是毫无吸引力可言的，那样的结果只能是访问人数的不断下降，同时也会对网站的整体形象造成负面影响。

项目任务 1.3　撰写网站建设方案

1.3.1　网站策划与网站策划书

一个网站的成功与否与建站前的网站规划有着极为重要的关系。在建立网站前应明确建设网站的目的，确定网站的功能，确定网站规模、投入费用，进行必要的市场分析等。网站规划对网站建设起到计划和指导的作用，对网站的内容和维护起到定位作用。只有详细的规划，才能避免在网站建设中出现的很多问题，使网站建设能顺利进行。

1. 网站策划

网站策划是指应用科学的思维方法，进行情报收集与分析，对网站设计、建设、推广和运营等各方面问题进行整体策划，并提供完善解决方案的过程。包括了解客户需求、客户评估、网站功能设计、网站结构规划、页面设计、内容编辑/撰写"网站功能需求分析报告"/提供网站系统硬件、软件配置方案，整理相关技术资料和文字资料。

2. 网站策划书

无论企业的网站是准建、在建、扩建、改建，都应对网站总有一个网站策划书。网站策划书是网站平台建设成败的关键内容之一。随着中国高质量的网站竞争越发激烈，加剧了网站策划的专业化进程，在未来5年内，专业网站策划的理论书籍将会出现，这些书籍具备丰富网站策划经验，根据实战经验而来，使其更贴近市场。

目前可以看到，许多真正处于领军性地位的网站平台90%具有一个特点——网站策划思路清晰合理，界面友好，网站营销作用强；因此专业的网站策划书是未来网站成功的重要条件之一；网站策划书应该尽可能涵盖网站策划中的各个方面，网站策划书的写作要科学、认真、实事求是。

1.3.2　撰写网站策划书

根据每个网站的情况不同，网站策划书也是不同的，但是最终都不要离开主的框架。在网站建设前期，要进行市场分析，然后总结形成书面报告，对网站建设和运营进行有计划的指导和阶段性总结都有很好的效果。

网站策划书一般可以按照下面的思路来进行整理，当然特殊情况要特殊对待。

1. 建设网站前的市场分析

相关行业的市场是怎样的，市场有什么样的特点，是否能够在互联网上开展公司业务。市场主要竞争者分析，竞争对手上网情况及其网站规划、功能和作用。公司自身条件分析、公司概况、市场优势，可以利用网站提升哪些竞争力，建设网站的能力（费用、技术、人力等）。

2. 建设网站的目的及功能定位

为什么要建立网站，是为了宣传产品，进行电子商务，还是建立行业性网站？是企业的需要还是市场开拓的延伸？根据公司的需要和计划，确定网站的功能，分为产品宣传型、网上营销型、客户服务型、电子商务型等。根据网站功能，确定网站应达到的目的、企业内部网（Intranet）的建设情况和网站的可扩展性。

3. 网站技术解决方案

采用自建服务器，还是租用虚拟主机？选择操作系统，用 UNIX、Linux 还是 Windows 2000/NT。分析投入成本、功能、开发、稳定性和安全性等。采用系统性的解决方案（如 IBM、HP）等公司提供的企业上网方案、电子商务解决方案，还是自己开发？提出网站安全性措施，防黑、防病毒方案。相关程序开发如网页程序 ASP、JSP、CGI、数据库程序等。

4. 网站内容规划

根据网站的目的和功能规划网站内容，一般企业网站应包括公司简介、产品介绍、服务内容、价格信息、联系方式、网上订单等基本内容。电子商务类网站要提供会员注册、详细的商品服务信息、信息搜索查询、订单确认、付款、个人信息保密措施、相关帮助等。

如果网站栏目比较多，则考虑采用网站编程专人负责相关内容。注意：网站内容是网站吸引浏览者最重要的因素，无内容或不实用的信息不会吸引匆匆浏览的访客。可事先对人们希望阅读的信息进行调查，并在网站发布后调查人们对网站内容的满意度，以便及时调整网站内容。

5. 网页设计

网页美术设计要求一般要与企业整体形象一致，要符合 CI 规范。要注意网页色彩、图片的应用及版面规划，保持网页的整体一致性。在新技术的采用上要考虑主要目标访问群体的分布地域、年龄阶层、网络速度、阅读习惯等。制订网页改版计划，如半年到一年时间进行较大规模改版等。

6. 网站维护

服务器及相关软硬件的维护，对可能出现的问题进行评估，制定响应时间。有效地利用数据是网站维护的重要内容，因此数据库的维护要受到重视，包括内容的更新、调整等。制定相关网站维护的规定，将网站维护制度化、规范化。

7. 网站测试

网站发布前要进行细致周密的测试，以保证正常浏览和使用。主要测试内容如下：服务器稳定性、安全性，程序及数据库测试，网页兼容性测试如浏览器、显示器，根据需要进行的其他测试。

8. 网站发布与推广

网站测试后进行发布的公关、广告活动、搜索引擎登记等。

9. 网站建设日程表

各项规划任务的开始完成时间、负责人等。

10. 网站费用明细

各项事宜所需费用清单。

以上为网站规划书中应该体现的主要内容，根据不同的需求和建站目的，内容也会相应增加或减少，在建设网站之初一定要进行细致的规划，才能达到预期建站目的。

项目任务 1.4　常用网站开发工具介绍

设计网页时，首先要选择合适的工具。而目前使用最广泛的网页编辑工具是由 Dreamweaver、Flash、Fireworks 这三个软件组成的"网页三剑客"。

1.4.1　Dreamweaver 的基本界面与功能

Dreamweaver 是一个"所见即所得"的可视化网站开发工具，能够使网页和数据库关联起来，支持最新的 HTML 编程语言和 CSS 技术，大多数的网页形式均可以通过 Dreamweaver 完成。

1. Dreamweaver 的基本界面

第一次启动 Dreamweaver 时，会弹出一个提示框，提示 Dreamweaver 启动后是采用代码编辑模式还是设计编辑模式，当选择好编辑模式后，单击"确定"按钮，启动 Dreamweaver。启动 Dreamweaver 后，结果如图 1-16 所示（这里以 Dreamweaver CS4 为例）。

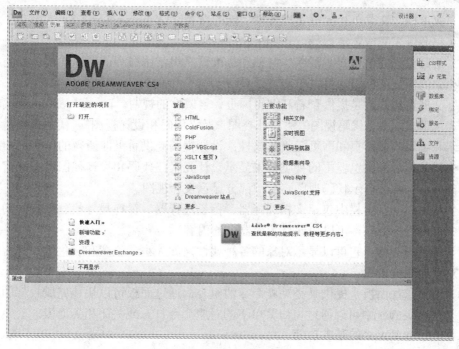

图 1-16　Dreamweaver 基本界面

　　启动 Dreamweaver 后，单击起始页面中"创建新项目下的 HTML"，进入如图 1-17 所示的 Dreamweaver CS4 操作界面，其中包含标题栏、菜单栏、工具栏、文档窗口、状态栏属性检查器、面板组等。

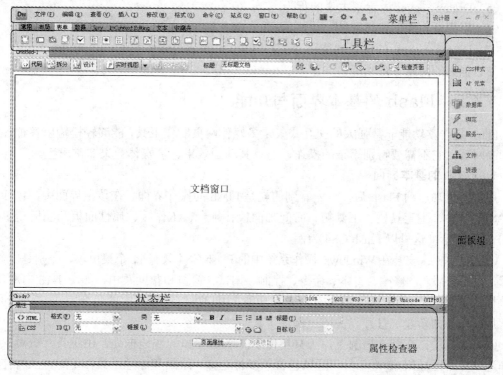

图 1-17　Dreamweaver CS4 操作界面

（1）菜单栏：在菜单栏提供实现各种功能的命令，Dreamweaver CS4 大部分工作都可以通过菜单命令来完成。

（2）工具栏：它可以显示插入、文档和标准这三组常用命令的快捷面板。要隐藏或显示工具栏中的快捷图标组，可以单击"查看/工具栏"中的对应选项。

（3）文档窗口：它是提供查看和编辑网页元素属性的视窗。Dreamweaver 的编辑窗口有 3 种表现形式，即"代码视图"、"设计视图"及"代码和设计视图"。代码视图是以代码形式显示和编辑当前网页和网页元素的属性；设计视图提供所见即所得的编辑界面，在设计视图中以最接近于浏览器中的视觉效果显示设计元素；代码和设计视图将编辑窗口分为上下两部分，一部分显示代码视图，另一部分显示设计视图。

（4）状态栏：状态栏中包括文档选择器、标签选择器、窗口尺寸栏、下载时间栏，在状态栏中单击目标标签，可以快速标示容器中的内容。

（5）属性检查器：它可以显示对象的各种属性，如大小、位置和颜色等，并可以通过它更改对象的属性设置。

（6）面板组：面板是提供某类功能命令的组合。通过面板可以快速完成目标的相关操作。在 Dreamweaver 中可以通过窗口菜单下的对应命令打开或关闭相关面板。

2．Dreamweaver 的基本功能

（1）多种视窗模式。

（2）简便易行的对象插入功能。

（3）方便地创建框架，自由编排网页。

（4）使用 CSS 和 HTML 样式减少重复劳动。

（5）Dreamweaver 内置了大量的行为。

（6）用模板与库创建具有统一风格的网站。

（7）Dreamweaver 的排版功能。

（8）强大的网站管理功能。

1.4.2　Flash 的基本界面与功能

Flash 是一款功能非常强大的交互式矢量多媒体网页制作工具，能够轻松输出各种各样的动画网页，它不需要特别繁杂的操作，而且其动画效果、多媒体效果非常出色。

1．Flash 的基本界面

用户在成功启动 Flash 后，首先看到的就是 Flash 的操作界面。在该主界面中，包括标题栏、菜单栏、主工具栏、工具箱、时间轴面板、舞台、工作区、属性面板和面板集等，如图 1-18 所示（这里以 Flash CS4 为例）。

（1）菜单栏：安装在 Windows 操作系统中的 Flash CS4 共有 11 个菜单项，分别是文件、编辑、视图、插入、修改、文本、命令、控制、调试、窗口和帮助菜单，如图 1-18 中所示。菜单栏几乎集中了 Flash CS4 的所有命令和功能，用户可以选择其中的命令完成 Flash 的所有常规操作，如新建、打开、关闭、保存等。

（2）工具箱：在默认情况下，工具箱位于 Flash 窗口的左边框处，由工具、查看、颜色和选项 4 个区域组成。"工具"区域包含了多种选择、绘画和涂色工具，使用方法将在以后的章节中详细介绍。"查看"区域包含了手形工具和缩放工具。"颜色"区域用于设置笔

触颜色和填充颜色。"选项"区域显示了当前工具的附加选项。在 Flash 中，工具箱可以在窗口中任意移动，用户只需用鼠标按住绘图工具栏中的非功能区并进行拖动即可。

（3）时间轴面板：时间轴面板由左、右两部分组成，左侧为层操作区，右侧为帧操作区，如图 1-18 所示。Flash 中的层与 PhotoShop 中的层类似，不同层中的内容是相互独立的，从而便于各种编辑操作。帧操作区用于控制帧的位置、动画播放的速度和时间等。帧操作区与层操作区是密切相关的，同一层上的所有帧构成了该层中对象的动画；同一帧上的所有层对象构成了该帧的所有舞台效果。关于层和帧的具体操作将在后面章节中详细介绍。

（4）舞台：舞台是 Flash 工作界面中间的矩形区域，用于放置矢量图、文本框、按钮、位图或视频剪辑等内容。舞台的大小相当于用户定义的 Flash 文件的大小，用户可以缩放舞台视图，或打开网格、辅助线、标尺等辅助工具，以便进行设计。

（5）工作区：工作区是舞台周围的灰色区域，用于存放在创作时需要但不出现在最终作品中的内容。在播放动画时，工作区中的内容不显示。

（6）属性面板：属性面板用于显示所选工具、位图、元件等对象的属性，如图 1-19 所示。

（7）面板集：除了时间轴面板和属性面板以外，Flash 还提供了颜色、变形、信息、对齐、库、动作等面板，如图 1-18 所示。这些面板的具体功能将在后面的章节中一一介绍。

2. Flash 的基本功能

Flash 具有三大基本功能：绘图和编辑图形、补间动画及遮罩。这是三个紧密相连的逻辑功能，并且这三个功能自 Flash 诞生以来就存在。

Flash 动画的三大基本功能是一切 Flash 动画应用的基础。但随着 Flash 版本的不断升级和功能的不断加强，Flash 已经是一个非常强大的平台，它成为了一个多媒体环境。

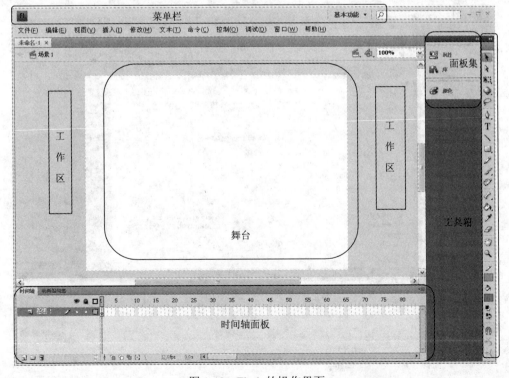

图 1-18 Flash 的操作界面

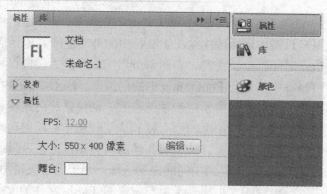

图 1-19　属性面板

1.4.3　Fireworks 的基本界面与功能

Fireworks 是专门为网页设计而开发的软件，它综合了矢量、位图及网页功能，能快速地创建网页图像。随着版本的不断升级和功能的不断强大，Fireworks 受到越来越多网页图像设计者的欢迎。使用 Fireworks 设计网页图像，除了对相应的页面插入图像进行调整处理外，还可以使用图像进行页面的总体布局，然后使用切片导出。也可以使用 Fireworks 创建图像按钮，以便达到更精彩的效果。

1. Fireworks 的基本界面

从"开始"菜单中启动 Fireworks 后进入 Fireworks 启动界面，如图 1-20 所示。

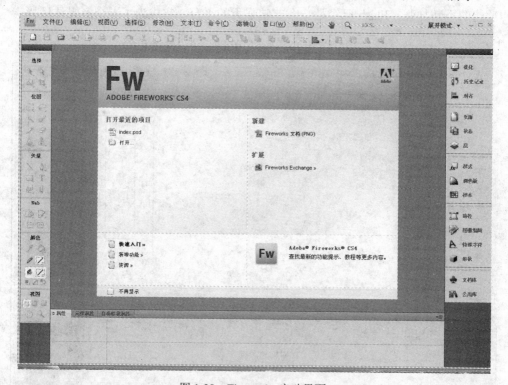

图 1-20　Fireworks 启动界面

单击"新建"栏中的"Fireworks 文件",弹出"新建文档"对话框,设置画布大小和颜色,设置完毕后单击"确定"按钮,进入 Fireworks 的工作界面,如图 1-21 所示。

与 Flash 工作界面相似,Fireworks 主界面包括菜单栏、主工具栏、工具箱、工作区(文档窗口)、属性面板和面板集等。

(1)工具箱:位于屏幕左侧,包含 6 个带标签的类别,分别是选择、位图、矢量、网页、颜色和视图。其中的每个工具选项的具体使用方法将在后面章节中详细介绍。

(2)属性面板:默认情况下出现在屏幕下方,即文档的底部,它最初显示文档的属性,当在文档中操作时,它将显示新近所选工具或当前所选对象的属性。

(3)面板集:最初显示在屏幕右侧,其中的每个面板都是浮动的控件,可以随意拖动,因此可以按自己的喜好排列面板。

2. Fireworks 的功能

作为第一款专门为设计主页图形而开发出来的软件,Fireworks 确实做得非常出色,使用 Fireworks,可以在一个专业化的环境中创建和编辑 Web 图形,对其进行动画处理,添加高级交互功能以及优化图像。Fireworks 可以在单个应用程序中创建和编辑位图和矢量图两种图形。一切都可以随时进行编辑。除此之外,工作流可以实现自动化,从而满足耗费时间的更新和更改的要求。

Fireworks 与多种产品集成在一起,包括 Macromedia 的其他产品(如 Dreamweaver、Flash、FreeHand 和 Director)和其他的图形应用程序及 HTML 编辑器,从而提供了一个真正集成的 Web 解决方案。利用 HTML 编辑器自定义的 HTML 和 JavaScript 代码,可以轻松地导出 Fireworks 图形。

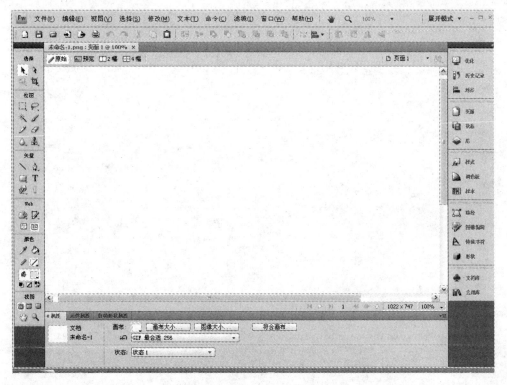

图 1-21　Fireworks 工作界面

1.5　本章小结

　　本章主要介绍了网站建设与网页制作的基本概况。通过介绍网站建设的基本知识，让读者了解 HTML 语言的特点与基本结构，掌握动态网页与静态网页的区别，熟悉网站建设的基本流程和网站策划书的书写方法。同时还介绍了制作网页的三大利器 Dreamweaver、Flash、Fireworks 的工作界面和基本功能。

第2章 一个体验式的"网上书店"项目分析

前面已经介绍了网站建设的基本知识，从网站的构思到设计的准备，重点介绍了网站建设的基本流程，同时也介绍了网站开发的基本工具 Dreamweaver、Flash 和 Fireworks 的基本功能。接下来将以"网上书店"网站为例，具体介绍网站建设前的项目分析，让读者更加深刻了解网站建设的整体流程。

项目分析是一个项目的开端，也是项目建设的基石。往往一般的建设失败项目，80%是由于需求分析的不明确而造成的。因此一个项目成功的关键因素之一就是对需求分析的把握程度。接到一个网站项目后，究竟该如何对项目进行分析呢？

项目任务 2.1 "网上书店"项目立项

任何一个项目的开始，都有详细计划。任何一个项目或者系统开发之前都需要定制一个开发约定和规则，这样有利于项目的整体风格统一、代码维护和扩展。网站建设更是如此。

2.1.1 确定项目

网站制作者接到客户的业务咨询，经过双方不断的接洽和了解，并通过基本的可行性讨论后，初步达成制作协议，这时就需要将"网上书店"项目立项。较好的做法是成立一个专门的项目小组，小组成员包括项目经理、网页设计、程序员、测试员、编辑/文档等必需人员。

由于"网上书店"项目开发的分散性、独立性、整合的交互性等，所以定制一套完整的约定和规则显得尤为重要。每个团队开发都应有自己的一套规范，一个优良可行的规范可以使我们的工作得心应手事半功倍，这些规范都不是唯一的标准，不存在对与错。

一般 Web 项目开发中有前后台开发之分，"网上书店"项目也不例外。前台开发主要是指非程序编程部分，主要职责是网站 AI 设计、界面设计、动画设计等。而后台开发主要是编程和网站运行平台搭建，其主要职责是设计网站数据库和网站功能模板的实现。

2.1.2 "网上书店"的需求说明书

一个网站项目的确立是建立在各种各样的需求上面的，这种需求往往来自于客户的实际需求或者是出于其自身发展的需要，其中客户的实际需求占了绝大部分。因此如何更好地了解、分析、明确用户需求，并且能够准确、清晰以文档的形式表达给参与项目开发的每个成员，以保证开发过程按照满足用户需求为目的的正确方向进行，是每个网站开发项目管理者需要面对的问题。

第一步是需要客户提供一个完整的需求信息，然后设计人员要在客户的配合下写一份详细的需求分析，最后根据需求分析确定建站理念。

在开发"网上书店"项目时，主要从以下内容着手对客户的需求做调查。

（1）网站的名称、目的、宗旨和指导思想；

（2）网站当前以及日后可能出现的功能拓展；

（3）客户对网站的性能（如访问速度）的要求和可靠性的要求；

（4）确定网站维护的要求；

（5）网站的实际运行环境；

（6）网站页面总体风格及美工效果；

（7）各种页面特殊效果；

（8）项目完成时间及进度；

（9）明确项目完成后的维护责任。

很多客户对自己的需求并不是很清楚，需要设计人员不断引导和帮助分析，挖掘出潜在的、真正的需求。配合客户写一份详细的、完整的需求说明会花很多时间，但这样做是值得的，而且一定要让客户满意，签字认可。把好这一关，可以杜绝很多因为需求不明或理解偏差造成的失误和项目失败。糟糕的需求说明不可能有高质量的网站。那么需求说明书要达到怎样的标准呢？简单说，包含以下几点。

（1）正确性：必须清楚描写交付的每个功能；

（2）可行性：确保在当前的开发能力和系统环境下可以实现每个需求；

（3）必要性：功能是否必须交付，是否可以推迟实现，是否可以在削减开支情况发生时去掉；

（4）简明性：不要使用专业的网络术语；

（5）检测性：如果开发完毕，客户可以根据需求检测。

项目任务 2.2 "网上书店"项目总体设计

拿到客户的需求说明后，并不是直接开始制作，而是需要对项目进行总体设计，制订出一份网站建设方案给客户。总体设计是非常关键的一步。它主要确定以下内容。

（1）网站需要实现哪些功能；

（2）网站开发使用什么软件，在什么样的硬件环境下进行开发；

（3）需要多少人，多少时间；

（4）需要遵循的规则和标准有哪些。

同时还需要写一份总体规划说明书，包括以下内容。

（1）网站的栏目和版块；

（2）网站的功能和相应的程序；

（3）网站的链接结构；

（4）如果有数据库，进行数据库的概念设计；

（5）网站的交互性和用户友好设计。

2.2.1 网站的前期策划

1. 定位网站的主题

通过对市场的调查和分析，确定本网站的功能为网上营销型网站，根据网站功能确定本网站最终要达到的目的是介绍本站所到新书并展示当前最畅销的书籍，提供特价信息，同时满足浏览者网上订购的愿望。结合网站的功能与目的，遵循网站名称命名的规则，确定本网站的名字为"网上书店"。该名字读起来朗朗上口，能反映出网站的题材，并且能够让浏览者一目了然，容易记住。

2. 收集整理资料

确定好主题后要开始收集与主题相符的资料，在收集资料的过程中，要注重特色。首页中的特色应该突出网站的个性特色，并把资料按类别进行分类，设置栏目，让人一目了然，栏目不要设置太多，而重点栏目应能从首页直接单击，同时保证在各种分辨率下都能有较好效果。

收集的最基本的资料包括文字和图片。这些资料可以直接从用户那里获取，比如样本书籍的图片、书籍的相关介绍及价钱等，制作者也可以编写相关文字素材和实地拍摄一些需要的照片，再根据网站的实际需要，对这些最原始的资料加工制作，获得网站建设中需要的文字素材、图片素材和其他多媒体素材。如图 2-1 所示为加工后的图片素材。

图 2-1 加工后的图片素材

3. 设计规划网站结构图

根据网站的功能和网站要展示的信息，设计出符合用户要求并能体现网站特色的网站结构图。网站结构图实质上是一个网站内容的大纲索引，对网站中涉及的栏目要突出网站的主题和特色，同时要方便访问者浏览，在设置栏目时，要仔细考虑网站内容的轻重缓急，合理安排，突出重点。"网上书店"这个网站的结构蓝图如图 2-2 所示。

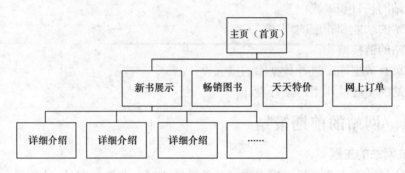

图 2-2　"网上书店"网站结构蓝图

4. 设计网站形象

（1）网站的标志。网站标志即 LOGO。就一个网站来说，LOGO 即是网站的名片。而对于一个追求精美的网站，LOGO 更是它的灵魂所在，即所谓的"点睛"之处，一个好的 LOGO 往往会反映网站及制作者的某些信息，特别是对一个商业网站来说，可以从中基本了解到这个网站的类型或者内容。此外，一个好的 LOGO 可以让人记忆深刻。

图 2-3　"网上书店"网站的
LOGO

为了能体现出本网站的特色和内涵，设计出一个好的 LOGO 至关重要。LOGO 中可以只有图形，也可以有特殊的文字等。"网上书店"网站的 LOGO 设计如图 2-3 所示。

（2）网站的色彩搭配。色彩是人的视觉最敏感的东西，在网站设计工作中很难把握，它是确立网站风格的前提，决定着网站给浏览者的第一印象。页面的整体色调有活泼或庄重、雅致或热烈等不同的趋向，在用色方面也有繁简之分。不同内容的网站或网站的不同部分，在这方面都会有所不同。网页的色彩处理得好，可以锦上添花，达到事半功倍的效果。

设计"网上书店"网站的色彩搭配和设计网站结构一样，在考虑有关具体工作之前，考虑到传统文化、流行趋势、浏览人群、个人偏好等一些因素确定本网站的色彩搭配为：

主色调："蓝+白+黑"；

辅助色："绿+橙+黄+灰"。

网站的色彩搭配如图 2-4 所示。

（3）网站的标准字体。标准字体是指用于正文、标志、标题、主菜单的特有字体。一般网站制作默认的字体是宋体。为了体现站点的"与众不同"和特有风格，可以根据需要选择一些特别字体。例如，为了体现专业可以使用粗仿宋体，体现设计精美可以用广告体，体现亲切随意可以用手写体等。可以根据网站所表达的内涵，选择更贴切的字体。目前常见的中文字体有二三十种，常见的英文字体有近百种，网络上还有许多专用英文艺术字体下载，要寻找一款满意的字体并不算困难。需要说明的是使用非默认字体只能用图片的形式，因为很可能浏览者的计算机里没有安装这类特别字体，那么制作者的辛苦设计制作便付之东流。

图 2-4 "网上书店"网站的色彩搭配

"网上书店"网站的字体设置如下：

正文：宋体、12 像素、行高 16 像素、深灰色；

标题：宋体、14 像素、加粗、深灰色；

版块标题：特殊字体（迷你简稚艺）处理成图片的格式。

5. 设计网页布局

在制作网页前首先要设计网页的版面布局。就像传统的报刊杂志编辑一样，将网页看做一张报纸、一本杂志来进行排版布局。版面指的是浏览器看到的完整的一个页面（可以包含框架和层）。因为每个浏览者的显示器分辨率不同，所以同一个页面的大小可能出现不同尺寸。布局，就是以最适合浏览的方式将图片和文字排放在页面的不同位置。

"网上书店"网站的页面布局设计如下。

首页——"三"字形（上、中、下）；中：分三栏（左、中、右），如图 2-5 所示。

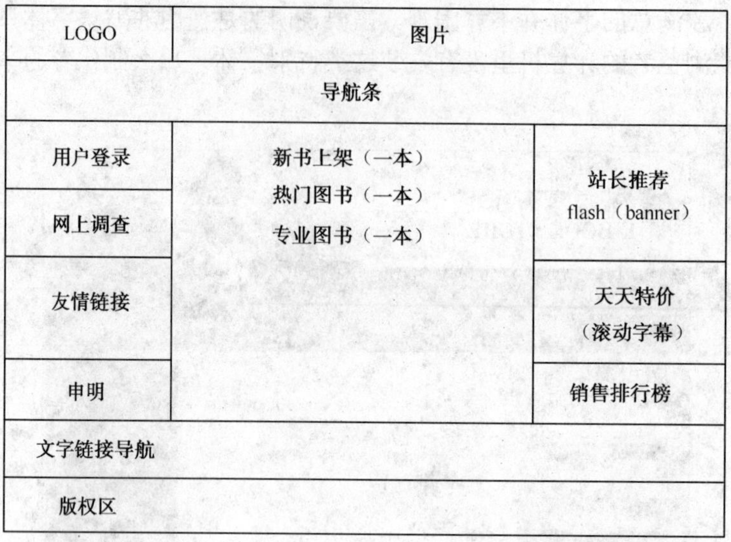

LOGO	图片	
导航条		
用户登录	新书上架（一本） 热门图书（一本） 专业图书（一本）	站长推荐 flash（banner）
网上调查		
友情链接		天天特价 （滚动字幕）
申明		销售排行榜
文字链接导航		
版权区		

图 2-5 "网上书店"首页布局图

子页——新书展示：三字形（上、中、下）；中：分两栏（左、右），如图 2-6 所示。

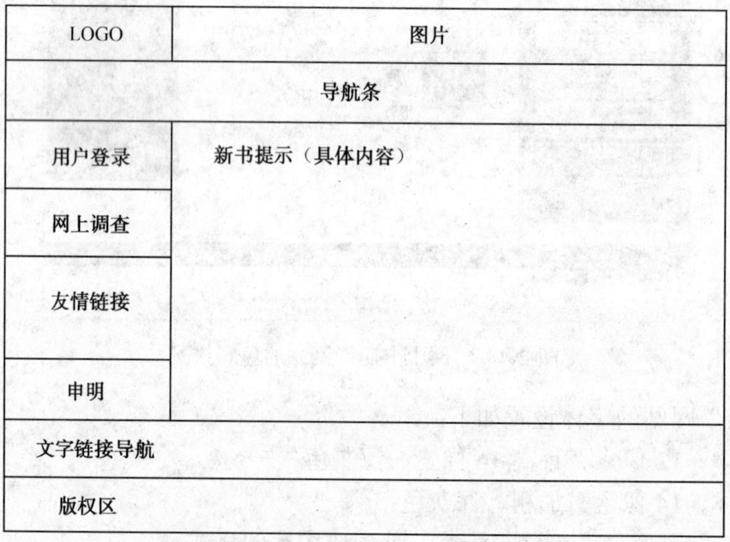

LOGO	图片
导航条	
用户登录	新书提示（具体内容）
网上调查	
友情链接	
申明	
文字链接导航	
版权区	

图 2-6 "网上书店"子页布局图

2.2.2 首页及二级页面效果设计

设计是一种审美活动，成功的设计作品一般都很艺术化。但艺术只是设计的手段，而并非设计的任务。设计的任务是要实现设计者的意图，而并非创造美。

网页设计的任务，是指设计者要表现的主题和要实现的功能。站点的性质不同，设计的任务也不同。

设计首页的第一步是设计版面布局。可以将网页看做传统的报刊杂志来编辑，这里面有文字、图像及动画等，要用最合适的方式将图片和文字排放在页面的不同位置。这就需要图片处理软件 Fireworks 将原先在纸上画出的首页页面布局图设计制作成整体效果图。设计作品一定要有创意，这是最基本的要求，没有创意的设计是失败的。

"网上书店"网站"首页"设计效果图参见图 2-4。

为了保持网站风格的统一，在设计好的首页效果图基础上，通过使用图片处理软件 Fireworks，将网站的其他页面效果图设计出来。一般网站的页面，除了首页以外，其他子页面的布局风格基本相似，因此在设计子页效果时并不需要所有页面都设计出来。

"网上书店"网站"新书展示"子页效果图如图 2-7 所示。

图 2-7 "网上书店"网站"新书展示"子页效果图

2.2.3 在图像编辑软件中裁切设计稿

网页的效果图设计好之后，最终在浏览器中的效果就以一整张图片显示出来。为了提高浏览者浏览器下载速度和访问速度，要利用 Fireworks 的裁剪功能把整图裁剪成小块。将裁剪得到的小图片分别命名并保存到指定的目录下，最终在 Dreamweaver 中将切割开的小图片整合起来。

"网上书店"网站首页、子页裁剪如图 2-8 和图 2-9 所示。

图 2-8 "网上书店"网站首页裁剪图   图 2-9 "网上书店"网站子页裁剪图

2.2.4 站点的规划与建立

网站中所用到的各类文件很多，在规划站点时不能将所有的文件都存放在根目录下，这样会造成文件管理混乱。为了提高建设网站的工作效率和便于网站的后期维护，应该在根目录下按栏目内容或按文件类型建立子目录，将相关文件存放到对应的子目录中。在建立子目录时，目录层次不能太深，一般不超过 3 层，这样便于维护管理。此外，在命名目录时不能使用中文，也不要出现过长的目录名。

"网上书店"网站的站点规划如图 2-10 所示。

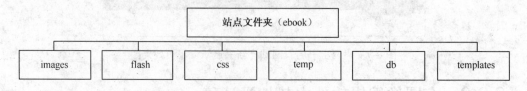

图 2-10 "网上书店"网站的站点规划

2.2.5 在网页编辑软件中制作网页

将建设网站之前必须要做的工作完成之后，就可以启动网页制作软件 Dreamweaver 开始制作网页。启动 Dreamweaver 后，首先定义站点，站点创建好之后就可以对站点内的所有文件进行统一的管理，并能很好地组织和解释它们之间的关系，减少许多不必要的链接错误。定义好的"网上书店"网站的站点如图 2-11 所示。

图 2-11 "网上书店"站点管理窗口

　　站点定义好后，开始制作首页。首页是最重要的，它是浏览者认识这个网站的第一印象。在首页上要对网站的性质和所提供的内容做出简要说明与引导，让浏览者清楚网站的特征，并且很快找到所需的内容。在首页的设计上要保持干净而清爽的原则，尽量不要放大型图形文件或其他不当的程序，增加下载时间，同时首页界面不要布置得太过杂乱无序，使浏览者找不到东西。

　　在网页中保持排版和设计的一致性很重要，因此在制作网页时要多灵活运用模板，这样可以大大提高制作效率。如果很多网页的版面设计都相同或相似，那么应该为这个版面设计一个模板，然后可以在此模板的基础上创建网页。以后如果想要改变该版面，可以只改变模板即可。

　　"网上书店"网站的首页和子页界面很相似，因此在制作好的首页基础上设计制作出一个子页的模板，再在该模板的基础上制作出子页，如图 2-12 所示。

2.2.6　测试、发布上传及后期维护

　　经过长时间的努力，网站终于初具规模了。面对站点内众多的文件和众多的链接，就要考虑到是否存在问题或错误。为了避免浏览者浏览时出现这样或那样的错误，在网站发布前就必须对网站进行测试。而 Dreamweaver 提供了极为方便的检错方法，例如，检测站点范围内的链接、创建站点报告、站点资源管理等。

　　经过检测和整理，站点会干净很多，文件也会变得更加规范，组织更加有条理。完成测试后的站点就可以发布，供广大浏览者浏览。

图 2-12 "网上书店"模板页

在上传网站之前，首先要确定已经有一个网站空间，然后利用上传工具上传网站。FTP是一种网络上的文件传输协议，FTP 主要包括文件的上传和下载。用 Dreamweaver 自带的FTP 上传功能也可以上传网站。按照要求定义好站点的远程信息后，就可以上传网站。

网站维护是网站建设中极其重要的部分，也是最容易被忽略的部分。不进行维护的网站，很快就会因内容陈旧、信息过时而无人问津，或因技术原因而无法运行。因此，网站上传后，要定期进行维护更新。网站上的信息更新是一项经常性的艰巨任务，要及时进行信息的更新，不断充实网站内容，及时回复访问者的问题；要关注竞争对手的网站，比较两者差距，对自己网站进行适当的改版，增强自己的竞争力；网站要定期备份数据，防止服务器意外故障造成的损失；还要对网站进行网络安全维护，进行查毒、杀毒等。

项目任务2.3 撰写"网上书店"项目建设方案

在总体设计出来后，一般需要给客户一个网站建设方案。很多网页制作者在接洽业务时就被客户要求提供方案。那时的方案一般比较笼统，而且在客户需求不是十分明确的情况下提交方案，往往和实际制作后的结果会有很大差异。所以应该尽量取得客户的理解，在明确需求并总体设计后提交方案，这样对双方都有益处。

网站建设方案包括以下几个部分（具体方案见附录 B）：

一、需求分析

二、网站目的及功能定位

    1．树立全新企业形象

    2．提供企业最新信息

    3．增强销售力

    4．提高附加值

三、网站技术解决方案

    1．界面结构

    2．功能模块

    3．内容主题

    4．设计环境与工具

四、网站整体结构

    1．网站栏目结构图

    2．栏目说明

       （1）网站首页

       （2）新书展示

       （3）畅销图书

       （4）天天特价

       （5）网上订单

五、网站测试与维护

六、网站发布与推广

七、网站建设日程表

八、网站费用预算

项目训练

根据主题，做小型商业网站的前期策划，并撰写小型商业网站的项目建设方案。

2.4 本章小结

    本章主要介绍了具体实例"网上书店"网站建设的基本流程。重点介绍了网站的设计步骤、网站结构规划、网页制作方法、网站上传及更新维护等的建站全过程。通过这个过程，可以更全面深入地了解网站建设的基本知识，为以后学习网站建设的实践操作奠定一个好的基础。

第3章 "网上书店"的前期准备

前面我们已经完成了网站项目建设方案，对网站的总体设计已经非常了解，接下来要利用 Fireworks 和 Flash 这两个软件，来实现网站的 LOGO 设计、网站中图片的简单处理、网站首页界面的设计与裁切、Flash 动画的制作，为网站的具体实现做好前期的素材准备工作。

项目任务 3.1 网站 LOGO 的设计与实现

在制作网站的过程中除了需要对图片进行加工处理，还需要一些创作。比如，网站的标志，它将具体的事物、事件、场景和抽象的精神、理念、方向通过特殊的图形固定下来，使人们在看到 LOGO 标志的同时自然地产生联想，从而对企业产生认同。它是站点特色和内涵的集中体现。一个好的 LOGO 设计应该是网站文化的浓缩，LOGO 设计的好坏直接关系着一个网站乃至一个公司的形象。以下是一些企业公司的 LOGO，如图 3-1 所示。

图 3-1 LOGO 欣赏

项目展示

网上书店网站的 LOGO 设计效果如图 3-2 所示。

能力要求

（1）会利用 Fireworks 工具箱中的工具制作 LOGO。
（2）会对 LOGO 进行美化处理，如特殊文字效果等。
（3）能根据网站的主题自主设计 LOGO。
（4）会利用文字阐述 LOGO 设计的思想。

设计过程

1. 打开 Fireworks，新建文件

通过"开始"菜单或其他方法打开 Fireworks，在窗口中部的"开始页"中单击"新建 Fireworks 文件"，打开如图 3-3 所示的"新建文档"对话框。

图 3-2 网上书店网站的 LOGO   图 3-3 "新建文档"对话框

在弹出的"新建文档"对话框中，设置宽度为 284 像素，高度为 128 像素，其余默认，直接单击对话框下面的"确定"按钮即可，如图 3-4 所示。

2. 导入图片

选择菜单"文件"|"导入"命令。然后在弹出的"导入"对话框中选择要导入的图片 book.jpg。单击对话框下方的"打开"按钮。

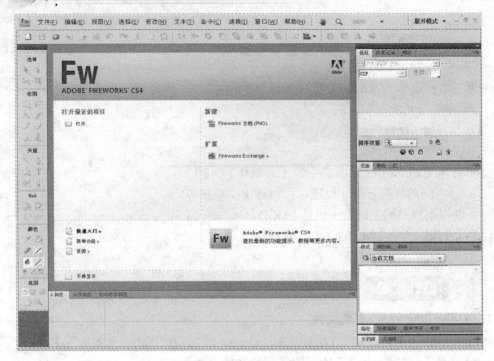

图 3-4　"新建文档"窗口

　　此时可以发现鼠标的形状变成了一个直角的形状，单击鼠标左键，将图片以原始尺寸导入，如图 3-5 所示。

图 3-5　单击鼠标导入图片

　　提示："直角"形状单击的位置决定了图片在画布中的初始坐标。除此之外，还可以在 Fireworks 的"属性"面板中（快捷键<Ctrl+F3>）设置图片在画布中的坐标。

3. 调整图片位置

　　（1）使用窗口左侧"工具"面板左上角的"指针"工具选中图片后，可以在窗口下方的"属性"面板左侧调整该图片的宽和高及图片在画布中的坐标。

　　（2）选择菜单"窗口"，打开对齐面板，选中图片，选择"到画布"，在"对齐"中选择垂直居中按钮，使图片在画布中垂直居中，如图 3-6 所示。

图 3-6　使图片垂直居中

4. 添加网站名称及宣传语

（1）选择窗口右侧的"层"面板，单击新建层按钮，新建一个图层，如图 3-7 所示。

（2）选择"工具"面板中的"文本"工具**A**，在"属性"面板上设置"字体"为"宋体"，"字体颜色"为"#153C66"，"字体大小"为"36"，然后输入网站中文名称"网上书店"，选中"书"，将其"字体"设为"迷你简淹水"，"字体大小"设为"60"。

新建层，将"字体"改为"Times New Roman"，"字体大小"改为"29"，"字体颜色"保持不变，在"网上书店"下方输入英文名称"E-BOOK STORE"。

新建层，将"字体大小"改为"12"，"字体颜色"改为"#707070"，"字体"保持不变，在"E-BOOK STORE"下方输入宣传语"THE BIGGEST CHOICE"，调整文字的位置，结果如图 3-8 所示。

图 3-7　新建图层

图 3-8　网上书店网站的 LOGO

5. 保存文件

完成以后千万不要忘记保存劳动成果。选择菜单"文件"|"保存"命令，在弹出的"另存为"对话框中选择保存文件的路径，在"文件名"一栏输入文件名，（这里为"LOGO.png"）后，单击"保存"按钮即可保存文件，如图 3-9 所示。

图 3-9　保存文件

☎提示：PNG 文件是 Fireworks 的源文件类型，以后可以很方便地再次修改编辑。

3.1.1　位图和矢量图

1. 矢量图形

矢量图形使用称为"矢量"的线条和曲线（包含颜色和位置信息）呈现图像。一片叶子的图像可以使用一系列描述叶子轮廓的点来定义，如图 3-10 所示。叶子的颜色由它的轮廓（即笔触）的颜色和该轮廓所包围的区域（即填充）的颜色决定。

编辑矢量图形时，修改的是描述其形状的线条和曲线的属性。矢量图形与分辨率无关，这意味着除了可以在分辨率不同的输出设备上显示它以外，还可以对其执行移动、调整大小、更改形状或更改颜色等操作，而不会改变其外观品质。

2. 位图图形

位图图形由排列成网格的称为"像素"的点组成。计算机的屏幕就是一个大的像素网格。在叶子的位图版本中，图像是由网格中每个像素的位置和颜色值决定的，如图 3-11 所示。每个点被指定一种颜色。在以正确的分辨率查看时，这些点像马赛克中的贴砖那样拼合在一起形成图像。

编辑位图图形时，修改的是像素，而不是线条和曲线。位图图形与分辨率有关，这意味着描述图像的数据被固定到一个特定大小的网格中。放大位图图形将使这些像素在网格中重新进行分布，这通常会使图像的边缘呈锯齿状。在一个分辨率比图像本身低的输出设备上显示位图图形也会降低图像品质。

图 3-10　矢量图形

图 3-11　位图图形

3.1.2　文件格式——GIF、JPEG 和 PNG

图片文件的格式非常多，目前网页中比较常用的图片文件格式就是 GIF、JPEG 和 PNG。这三种图片都是矢量图。

1. GIF 格式

GIF 是英文 Graphics Interchange Format（图形交换格式）的缩写。顾名思义，这种格式是用来交换图片的。GIF 格式的特点是压缩比高，磁盘空间占用较少，所以这种图像格式迅速得到了广泛的应用。

但 GIF 有个小小的缺点，即不能存储超过 256 色的图像。尽管如此，这种格式仍在网络上被广泛应用，这和 GIF 图像文件短小、下载速度快、可用许多具有同样大小的图像文件组成动画等优势是分不开的。

2. JPEG 格式

JPEG 也是常见的一种图像格式。JPEG 文件的扩展名为.jpg 或.jpeg，其压缩技术十分先进，它用有损压缩方式去除冗余的图像和彩色数据，获得极高的压缩率的同时能展现十分丰富生动的图像，换句话说，就是可以用最少的磁盘空间得到较好的图像质量。

同时 JPEG 还是一种很灵活的格式，具有调节图像质量的功能，允许用不同的压缩比例对这种文件压缩。

由于 JPEG 优异的品质和杰出的表现，它的应用也非常广泛，特别是在网络和光盘读物上，肯定都能找到它的影子。目前各类浏览器均支持 JPEG 这种图像格式，因为 JPEG 格式的文件尺寸较小，下载速度快，使得 Web 页有可能以较短的下载时间提供大量美观的图像，JPEG 同时也就顺理成章地成为网络上最受欢迎的图像格式。

3. PNG 格式

PNG（Portable Network Graphics）是一种新兴的网络图像格式。

PNG 是目前保证最不失真的格式，它汲取了 GIF 和 JPG 二者的优点，存储形式丰富，兼有 GIF 和 JPG 的色彩模式；它的另一个特点能把图像文件压缩到极限以利于网络传输，但又能保留所有与图像品质有关的信息，因为 PNG 是采用无损压缩方式来减少文件的大小，这一点与牺牲图像品质以换取高压缩率的 JPG 有所不同；它的第三个特点是显示速度很快，只需下载 1/64 的图像信息就可以显示出低分辨率的预览图像；第四，PNG 同样支持透明图像的制作，透明图像在制作网页图像的时候很有用，可以把图像背景设为透明，用网页本身的颜色信息来代替设为透明的色彩，这样可让图像和网页背景很和谐地融合在一起。

PNG 的缺点是不支持动画应用效果，如果在这方面能有所加强，简直就可以完全替代 GIF 和 JPEG 了。Macromedia 公司的 Fireworks 软件的默认格式就是 PNG。现在，越来越多的软件开始支持这一格式，而且在网络上也越来流行。

3.1.3　创建新文档

当选择"文件"|"新建"命令在 Fireworks 中创建新文档时，创建的是可移植网络图形（即 PNG）文档。PNG 是 Fireworks 的本身文件格式。在 Fireworks 中创建图形之后，可以将它们以其他熟悉的网页图形格式（如 JPEG、GIF 和 GIF 动画）导出。还可以将图形导出为许多流行的非网页用格式，如 TIFF 和 BMP。无论选择哪种优化和导出设置，原始 Fireworks PNG 文件都会被保留，以便以后进行编辑。

若要在 Fireworks 中创建网页图形，必须首先建立一个新文档或者打开一个现有文档。可以以后在"属性"检查器中调整设置选项。若要创建新文档，步骤如下。

（1）选择"文件"|"新建"命令，"新建文档"对话框打开，如图 3-12 所示。

（2）以像素、英寸或厘米为单位输入画布宽度和高度度量值。

（3）以像素/英寸或像素/厘米为单位输入分辨率。

（4）为画布选择白、透明或自定义颜色。

（5）单击"确定"按钮创建新文档。

图 3-12　新建文档

☎提示：使用"自定义"颜色框弹出窗口选择一种自定义画布颜色。

3.1.4　"文本"等常用工具的使用

Macromedia Fireworks 提供了许多文本功能，而通常只有复杂的桌面排版应用程序才会提供这些功能。可以用不同的字体和字号创建文本，并且可调整其字距、间距、颜色、字顶距和基线等。将 Fireworks 文本编辑功能同大量的笔触、填充、效果及样式相结合，能够使文本成为图形设计中一个生动的元素。可以随时对文本进行编辑（即使在应用了投影和斜角这类动态效果之后），这意味着可以很方便地对文本进行更改。还可以复制含有文本的对象并对每个副本的文本进行更改。垂直文本、变形文本、附加到路径的文本及转换为路径和图像的文本将会扩展设计的可能性。可以在导入文本的同时保留丰富的文本格式属性。同时，当导入含有文本的 Photoshop 文档时，还可以对文本进行编辑。Fireworks 在导入时处理缺少字体的方法是要求选择一种替换字体，或者允许将文本作为静态图像导入。

1. 输入文本

通过"文本"工具和"属性"检查器中的选项，可以在图形中输入文本并对其进行编辑。

☎提示：如果"属性"检查器处于最小化状态，单击右下角的扩展箭头可看到所有文本属性。

Fireworks 文档中的所有文本均显示在一个带有手柄的矩形（称为文本块）内。若要输入文本，步骤如下。

（1）选择"文本"工具，"属性"检查器将显示"文本"工具的选项。

（2）选择颜色、字体、字号、间距及其他文本特性。

（3）在文档中单击希望文本块开始的位置，将创建一个自动调整大小的文本块。

（4）输入文本。若要输入分段符，请按<Enter>键。

（5）如果需要，可以在输入文本后高亮显示文本块中的文本，然后为其重新设置格式。

（6）输入完文本后，在文本块外部任意位置单击以便确认输入完毕。

2. 编辑文本

可以像对待任何其他对象那样选择文本块并将其移动到文档中的任何位置。若要编辑文本,步骤如下。

(1)选择要更改的文本。

① 使用"指针"工具或"部分选定"工具单击文本块从而将其全部选中。若要同时选择多个块,请在选择各个块时始终按住<Shift>键。

② 使用"指针"工具或"部分选定"工具双击文本块,然后高亮显示一段文本。

③ 使用"文本"工具在文本块内单击,然后高亮显示一段文本。

(2)进行更改。更改文本属性包括"选择字体、大小和文本样式"、"应用文本颜色"、"设置字距微调"、"设置字顶距"、"设置文本方向"、"设置文本对齐方式",以及"缩进文本"。均可以通过"属性"检查器来实现,如图 3-13 所示。

图 3-13 文本属性检查器

3. 导入文本

可以从源文档中复制文本,然后粘贴到当前的 Fireworks 文档中;或者可以将文本从源文档中拖到当前文档中。也可以在 Fireworks 中打开或导入整个文本文件。

Fireworks 可以导入 RTF(丰富文本格式)和 ASCII(纯文本)格式。若要打开或导入文本文件,步骤如下。

(1)选择"文件"|"打开"命令,或者选择"文件"|"导入"命令。

(2)导航到含有该文件的文件夹。

(3)选中该文件并单击"确定"按钮。

4. 处理缺少的字体

当在 Fireworks 中打开文档时,如果该文档含有计算机上未安装的字体,Fireworks 会询问是希望替代这些字体,还是维持它们的外观。当与其他计算机上的用户共享文档时,如果这些计算机未安装同样的字体,那么该功能将非常有用。

如选择"维持外观",将会用可描绘文本外观(在使用原来字体的情况下)的位图图像替代该文本。仍然可以编辑文本,但这样做时,Fireworks 会用系统上已安装的字体替代位图图像。这可能导致文本的外观发生变化。

可以选择字体替代那些缺少的字体。替代了字体后,文档会打开,可以对文本进行编辑和保存。当该文档在含有原始字体的计算机上再次打开时,Fireworks 能记起原始字体并使用它们。

可以把需要用的字体安装到系统中再使用,若要安装字体,方法如下。

打开"控制面板",选择"字体"并打开,将要使用的特殊字体复制到"字体"文件夹中,字体便安装到当前系统中,然后就可以将特殊字体运用到文本中。

5. 其他工具简介

图 3-14　工具箱

几乎所有 Fireworks 的绘图和编辑工具都放在工具箱内，包括选择工具、位图工具、Web 工具、颜色工具和视图工具，如图 3-14 所示。

Fireworks 将一些功能比较相近的工具放在一个工作组中，如将矩形工具、椭圆工具和多边形工具组织在一起，因为它们都是用于绘制简单几何形状的工具。如果工具按钮上有一个三角符号，如，表示该按钮中含有多个同类工具。单击该按钮，并在弹出的工具组中移动鼠标，即可选择该组内其他工具。有些工具的功能会发生变化，这主要取决于编辑的是矢量对象还是位图对象。有的工具只适用于矢量对象，如部分选取工具；有的只适用于位图对象，如矩形选框工具。

根据工具的用途，工具箱中的工具可以简单分类如下。

（1）选择工具：包括指针工具、选择后方对象工具、部分选择工具、缩放工具、倾斜工具、扭曲工具、导出区域工具和裁剪工具。

（2）位图工具：包括矩形选框工具、椭圆选框工具、套索工具、多边形套索工具、魔术棒工具、刷子工具、铅笔工具、橡皮擦工具、模糊工具、锐化工具、减淡工具、烙印工具、涂抹工具、橡皮图章工具、替换颜色工具、消除红眼工具。

（3）矢量工具：包括直线工具、钢笔工具、矢量路径工具、重绘路径工具、矩形工具、椭圆工具、多边形工具、文本工具、自由变形工具、更改区域形状工具、路径洗刷工具-添加、路径洗刷工具去除和刀子工具，以及新加入的 11 种特殊形状工具等。

（4）Web 工具：包括矩形热点工具、圆形热点工具、多边形热点工具、切片工具、多边形切片工具、隐藏切片和热点工具及显示切片和热点工具。

（5）颜色工具：包括滴管工具、油漆桶工具、渐变工具、描边颜色工具、填充颜色工具、设置默认笔触/填充色工具、没有描边或填充色工具和交换笔触/填充色工具。

（6）视图工具：包括标准屏幕模式、带菜单全屏模式、全屏模式、手形工具和放大镜工具。

在操作过程中，可单击工具按钮，选择相应的工具，也可以使用快捷键，快速地从一种工具切换到另一种工具。所有的工具都有快捷键。当两个以上的工具共享一个快捷键时，连续按快捷键可以在不同的工具之间进行切换，如 R 键共可以切换 5 个工具，分别是模糊工具、锐化工具、减淡工具、烙印工具和涂抹工具。

3.1.5　保存 Fireworks 文件

当创建新文档或打开现有的 Fireworks PNG 文件时，这些文档的文件扩展名为 .png。

其他类型的文件（如 PSD 和 HTML）也以 PNG 文件形式打开，从而可以将 Fireworks PNG 文档用做源文件或工作文件。

但是，许多文件在 Fireworks 中打开时将保留原来的文件名扩展名和优化设置。

当保存文档时，Firework 默认的保存位置由以下因素确定（按照此顺序）。

（1）当前文件位置。

（2）当前导出/保存位置（在从"保存"、"另存为"、"保存副本"或"导出"对话框中的默认位置浏览时确定）。

（3）在操作系统中保存新文档或图像的默认位置。

1. 保存 Fireworks PNG 文件

当创建新文档或打开现有的 Fireworks PNG 文件时，这些文档的文件扩展名为.png。Fireworks 文档窗口中显示的文件是源文件，即工作文件。

保存新的 Fireworks 文档，步骤如下。

（1）选择"文件"|"另存为"命令。

（2）浏览到所需的位置并输入文件名，无须输入扩展名，Fireworks 会自动输入。

（3）单击"保存"按钮。

要保存现有的文档，选择"文件"|"保存"命令。

2. 以其他格式保存文档

当使用"文件"|"打开"命令来打开非 PNG 格式的文件时，可以使用 Fireworks 的所有功能来编辑图像。然后，可以选择"另存为"将所编辑的文档保存为新的 Fireworks PNG 文件；对于某些图像类型，也可以选择"保存"将文档以其原始格式保存。如果以文档的原始格式保存，图像将会拼合成一个层，此后将无法编辑添加到该图像上的 Fireworks 特有功能。

可以选择"保存"来保存任何文件类型的图像，但对于 Fireworks 不能直接保存的图像格式，将打开"另存为"对话框。可以直接保存为 Fireworks PNG、其他应用程序创建的 PNG、GIF、GIF 动画、JPG、BMP、WBMP 和 TIF（Fireworks 以 24 位颜色深度保存16 位 TIF 图像）。

其他类型的文件（如 PSD 和 HTML）会以 PNG 文件的形式打开，可以使用 Fireworks PNG 文档作为源文件。所做的任何编辑将会被应用到 PNG 文件而不是原始文件中。若要将更改以原始文件格式保存，必须将文件导出为该格式。当选择"保存"时，Fireworks 将自动显示"导出"对话框。

保存现有的 GIF、JPEG、TIFF、BMP、WBMP 或非 Fireworks PNG，步骤如下。

（1）选择"文件"|"保存"命令。

（2）如果对不能以文件原始格式进行编辑的文档进行了修改，Fireworks 将询问是否要保存此文件的 PNG 版本。

不可编辑的更改包括添加新对象、蒙版和动态效果，以及调整不透明度、应用混合模式和保存像素选区。

若要将文档导出为其他格式，步骤如下。

（1）在"优化"面板中选择文件格式。

（2）选择"文件"|"导出"命令导出文档。

归纳总结

LOGO 可以体现网站的主题，好的 LOGO 可以让人记忆深刻。LOGO 中可以只有图形，也可以有特殊的文字以及其他的一些元素，通过网上书店 LOGO 的制作，能够根据网站的主题自主设计 LOGO，并熟练使用 Fireworks 软件将 LOGO 制作出来。

项目训练

设计本组小型商业网站的 LOGO：

（1）在组内展示并阐述自己创作 LOGO 的设计思想，最终选出一个较好的设计留用。

（2）将选出 LOGO 的设计发布到学习交流平台，征求多方面的意思，并继续对 LOGO 进行修改完善。

项目任务 3.2　利用 Fireworks 处理网站中的图片

前面已经撰写好了网站建设策划书，也收集了很多相关素材。其中有很大一部分就是图片。以文字为主的网页文档看起来枯燥而空洞，利用图片可以制作出更具有魅力的网页。但是通过各种渠道收集来的图片大小、色彩各异，怎样将它们与网页和谐地融为一体，为网页增添魅力呢？这就需要对这些图片进行处理。

图形图像处理是进行网页设计必不可少的一个重要环节，图形图像处理主要包括图像的颜色调整、图像合成、图片装饰、数码图片处理等。

项目展示

1. 批量裁剪统一规格的图像

（处理前）　　　　　　　　　　　　　　　　（处理后）

图 3-15　批量裁剪图像

2. 对 Web 图像进行颜色调整

亮度/对比度：

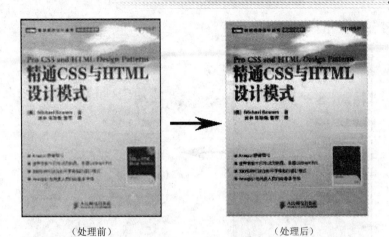

（处理前）　　　　　　　　　　（处理后）

图 3-16　亮度/对比度调整

反转：

（处理前）　　　　　　　　　　（处理后）

图 3-17　反转

曲线：

（处理前）　　　　　　　　　　（处理后）

图 3-18　曲线

自动色阶:

（处理前）　　　　　　　　　　　　（处理后）

图 3-19　自动色阶

色相/饱和度:

（处理前）　　　　　　　　　　　　（处理后）

图 3-20　色相/饱和度

色阶:

（处理前）　　　　　　　　　　　　（处理后）

图 3-21　色阶

3. 模糊处理（放射性模糊、模糊、缩放模糊、运动模糊、进一步模糊、高斯模糊）

放射性模糊：

（处理前）　　　　　　　（处理后）

图 3-22　放射性模糊

模糊：

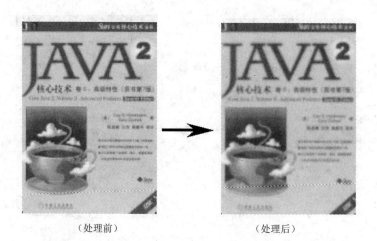

（处理前）　　　　　　　（处理后）

图 3-23　模糊

缩放模糊：

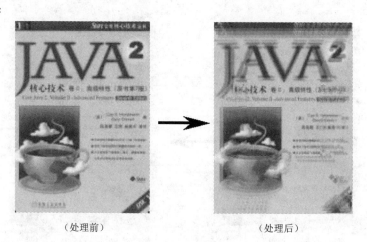

（处理前）　　　　　　　（处理后）

图 3-24　缩放模糊

运动模糊：

（处理前）　　　　　　　　　　　（处理后）

图 3-25　运动模糊

进一步模糊：

（处理前）　　　　　　　　　　　（处理后）

图 3-26　进一步模糊

高斯模糊：

（处理前）　　　　　　　　　　　（处理后）

图 3-27　高斯模糊

4. 查找边缘效果

（处理前）　　　　　　　　（处理后）

图 3-28　查找边缘效果

5. 锐化处理（锐化、进一步锐化、钝化蒙版）

锐化：

（处理前）　　　　　　　　（处理后）

图 3-29　锐化

进一步锐化：

（处理前）　　　　　　　　（处理后）

图 3-30　进一步锐化

钝化蒙版：

（处理前）　　　　　　　　（处理后）

图 3-31　钝化蒙版

6．Fireworks 样式

（处理前）　　　　　　　　（处理后）

图 3-32　Fireworks 样式

7．图像创意

图像渐隐效果：

（处理前）　　　　　　　　（处理后）

图 3-33　图像渐隐效果

添加图片框：

（处理前）　　　　　　　　　（处理后）

图 3-34　添加图片框

螺旋式渐隐：

（处理前）　　　　　　　　　（处理后）

图 3-35　螺旋式渐隐

转换为乌金色调：

（处理前）　　　　　　　　　（处理后）

图 3-36　转换为乌金色调

转换为灰度图像：

（处理前）　　　　　　　　　　（处理后）

图 3-37　转换为灰度图像

添加阴影：

FIREWORKS ⟶ FIREWORKS

（处理前）　　　　　　　　　　（处理后）

图 3-38　添加阴影

能力要求

（1）进一步理解 Web 图像格式（GIF、JPEG、PNG）。
（2）会批量裁剪统一规格的图像。
（3）会对 Web 图像调整颜色（亮度/对比度、反转、曲线、自动色阶、色相/饱和度、色阶）。
（4）会对图像进行模糊处理。
（5）会使用"查找边缘"效果。
（6）会对图像进行锐化处理。
（7）会使用 Fireworks 样式。
（8）会运用图像创意，实现图像特效。

处理过程

1. 批量裁剪统一规格的图像

（1）在 Fireworks 中打开文件 book5.jpg，选择裁剪工具，将图像的白边裁掉，双击鼠标确认裁剪，如图 3-39 所示。

（裁剪前）　　　　　　　　（裁剪后）

图 3-39　裁剪图像

（2）打开"历史记录"面板，将"修剪文档"记录保存为命令，取名"裁剪图像"，单击"确定"按钮，如图 3-40 所示。

（3）选择菜单"文件"|"批处理"命令，选择要批处理的文件 book1～book5，单击"继续"按钮打开"批处理"对话框。

（4）在"批次选项"中选择"命令"中刚才保存的命令"裁剪图像"，单击"添加"按钮，单击"继续"按钮，如图 3-41 所示。

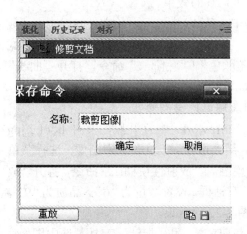 

图 3-40　保存命令　　　　　　　　图 3-41　批处理设置

（5）设置"保存文件"，选择批次输出位置及备份情况，单击"批次"按钮开始批处理。单击"确定"按钮完成，如图 3-42 所示。得到如图 3-15 所示裁剪后的图像。

2. 对 Web 图像进行颜色调整

（1）在 Fireworks 中打开原始文件 book1.jpg（裁剪后），用"指针"工具选中图像，选择菜单"滤镜"|"调整颜色"|"亮度/对比度…"命令，打开"亮度/对比度"对话框，设置亮度为"－25"，对比度为"50"，确定得到图 3-16 的效果。

（2）在 Fireworks 中打开原始文件 book1.jpg（裁剪后），用"指针"工具选中图像，

选择菜单"滤镜"|"调整颜色"|"反转"命令，得到图 3-17 的效果。

（3）在 Fireworks 中打开原始文件 book1.jpg（裁剪后），用"指针"工具 选中图像，选择菜单"滤镜"|"调整颜色"|"曲线…"命令，打开"曲线"对话框，如图 3-43 所示设置，得到图 3-18 的效果。

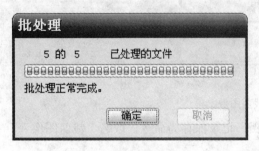

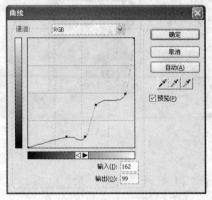

图 3-42　完成批处理　　　　　　　　　　　图 3-43　曲线参数设置

（4）在 Fireworks 中打开原始文件 book1.jpg（裁剪后），用"指针"工具 选中图像，选择菜单"滤镜"|"调整颜色"|"自动色阶"命令，得到图 3-19 的效果。

（5）在 Fireworks 中打开原始文件 book1.jpg（裁剪后），用"指针"工具 选中图像，选择菜单"滤镜"|"调整颜色"|"色相/饱和度…"命令，打开"色相/饱和度"对话框，设置色相为"100"，饱和度为"50"，确定得到图 3-20 的效果。

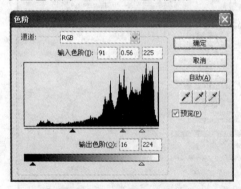

图 3-44　色阶参数设置

（6）在 Fireworks 中打开原始文件 book1.jpg（裁剪后），用"指针"工具 选中图像，选择菜单"滤镜"|"调整颜色"|"色阶…"命令，打开"曲线"对话框，如图 3-44 所示设置，得到图 3-21 的效果。

3．对图像进行模糊处理

（1）在 Fireworks 中打开原始文件 book2.jpg（裁剪后），用"指针"工具 选中图像，选择菜单"滤镜"|"模糊"|"放射性模糊…"命令，打开"放射性模糊"对话框，设置数量为"6"，品质为"9"，确定得到图 3-22 的效果。

（2）在 Fireworks 中打开原始文件 book2.jpg（裁剪后），用"指针"工具 选中图像，选择菜单"滤镜"|"模糊"|"模糊"命令，得到图 3-23 的效果。

（3）在 Fireworks 中打开原始文件 book2.jpg（裁剪后），用"指针"工具 选中图像，选择菜单"滤镜"|"模糊"|"缩放模糊…"命令，打开"缩放模糊"对话框，设置数量为"15"，品质为"20"，确定得到图 3-24 的效果。

（4）在 Fireworks 中打开原始文件 book2.jpg（裁剪后），用"指针"工具 选中图像，选择菜单"滤镜"|"模糊"|"运动模糊…"命令，打开"运动模糊"对话框，设置角度为"30"，距离为"10"，确定得到图 3-25 的效果。

（5）在 Fireworks 中打开原始文件 book2.jpg（裁剪后），用"指针"工具 选中图像，

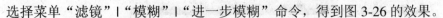

选择菜单"滤镜"|"模糊"|"进一步模糊"命令，得到图 3-26 的效果。

（6）在 Fireworks 中打开原始文件 book2.jpg（裁剪后），用"指针"工具选中图像，选择菜单"滤镜"|"模糊"|"高斯模糊…"命令，打开"高斯模糊"对话框，设置模糊范围为"2.5"，确定得到图 3-27 的效果。

4. 使用"查找边缘"效果

在 Fireworks 中打开原始文件 book4.jpg（裁剪后），用"指针"工具选中图像，选择菜单"滤镜"|"其他"|"查找边缘"命令，得到图 3-28 的效果。

5. 对图像进行锐化处理

（1）在 Fireworks 中打开原始文件 book3.jpg（裁剪后），用"指针"工具选中图像，选择菜单"滤镜"|"锐化"|"锐化"命令，得到图 3-29 的效果。

（2）在 Fireworks 中打开原始文件 book3.jpg（裁剪后），用"指针"工具选中图像，选择菜单"滤镜"|"锐化"|"进一步锐化"命令，得到图 3-30 的效果。

（3）在 Fireworks 中打开原始文件 book3.jpg（裁剪后），用"指针"工具选中图像，选择菜单"滤镜"|"锐化"|"钝化蒙版…"命令，打开"钝化蒙版"对话框，设置钝化量为"100"，像素半径为"30"，阈值为"40"，确定得到图 3-31 的效果。

6. 使用 Fireworks 样式

在 Fireworks 中打开原始文件 book7.jpg，用"指针"工具选中图像，选择菜单"窗口"|"样式"命令，打开"样式"面板，选择"style17"，确定得到图 3-32 的效果。

7. 运用图像创意，实现图像特效

（1）在 Fireworks 中打开原始文件 book6.jpg，用"指针"工具选中图像，选择菜单"命令"|"创意"|"图像渐隐"命令，打开"图像渐隐"对话框，选择第一行第三列的渐隐方式，可适当调整渐变范围，确定得到图 3-33 的效果。

（2）在 Fireworks 中打开原始文件 book6.jpg，用"指针"工具选中图像，选择菜单"命令"|"创意"|"添加图片框"命令，打开"添加图片框"对话框，选择图案"Cloth-Gray"，框大小为"15"，确定得到图 3-34 的效果。

（3）在 Fireworks 中打开原始文件 book6.jpg，用"指针"工具选中图像，选择菜单"命令"|"创意"|"螺旋式渐隐"命令，打开"螺旋式渐隐"对话框，如图 3-45 所示设置，确定得到图 3-35 的效果。

（4）在 Fireworks 中打开原始文件 book6.jpg，用"指针"工具选中图像，选择菜单"命令"|"创意"|"转换为乌金色调"命令，得到图 3-36 的效果。

（5）在 Fireworks 中打开原始文件 book6.jpg，用"指针"工具选中图像，选择菜单"命令"|"创意"|"转换为灰度图像"命令，得到图 3-37 的效果。

（6）在 Fireworks 中新建文档，选择"文本"工具，在属性面板中设置字体为"宋体"，大小为"48"，颜色为"#153C66"，创建文本"FIREWORKS"，用"指针"工具选中文本，调整到文档合适位置，选择菜单"命令"|"创意"|"添加阴影"命令，设置"阴影"属性面板，如图 3-46 所示设置，最终得到图 3-38 的效果。

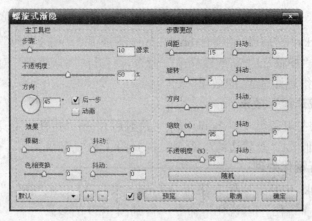

图 3-45　螺旋式渐隐参数设置

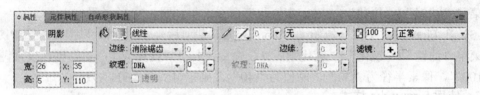

图 3-46　"阴影"属性面板

3.2.1　图像的批量处理

Macromedia Fireworks 的"批处理"功能，确实是非常实用、非常便捷、非常强大的一项批量图片处理功能。它可以做很多方式的批量处理操作，例如，批量修改图片颜色、批量修改图片格式、批量优化图片、批量旋转图片、批量缩放图片、批量裁剪图片等。

一般来讲，网站构建时，页面图片素材都放在同一个文件夹，方便管理，批量修改非常方便；很多程序的风格模板图片同样也非常方便批量修改，快速修改整站色调也很容易做到。

另外，值得一提的是，它支持执行扩展的"自定义命令"，可以自己录制一系列的复杂命令，再使用在批处理操作之中，以达到复杂的修改需求。

具体操作步骤如下：

（1）开启 Fireworks，从"文件"菜单选择"批处理"，如图 3-47 所示。

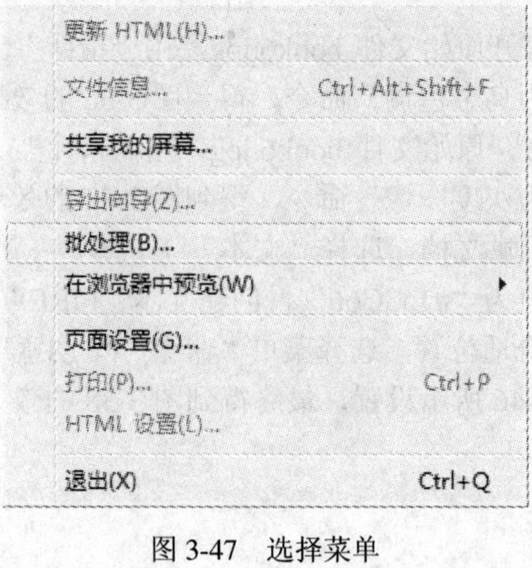

更新 HTML(H)...	
文件信息...	Ctrl+Alt+Shift+F
共享我的屏幕...	
导出向导(Z)...	
批处理(B)...	
在浏览器中预览(W)	▶
页面设置(G)...	
打印(P)...	Ctrl+P
HTML 设置(L)...	
退出(X)	Ctrl+Q

图 3-47　选择菜单

（2）先选择要批处理的文件，单击"增加"（或添加全部）按钮，再单击"继续"按钮。

（3）选择要作批处理的操作（图 3-48 中所选的是转换为灰度图像），单击"添加"按钮，再单击"继续"按钮。

（4）设置保存位置及备份情况，选择"批次"开始批处理，确定完成。

（5）如果命令中没有需要的操作，可以通过操作其中一个图像文件记录操作过程，通过历史面板存为命令再使用，如图 3-49 所示。

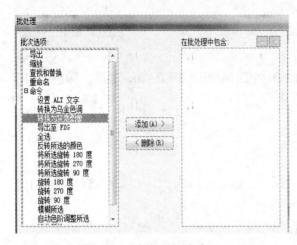

图 3-48　选择批处理命令

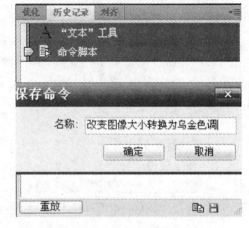

图 3-49　自定义命令

☎提示：（1）批量修改千万记得先备份。

（2）别执行太多图片或过于复杂的修改，不要企图考验 Fireworks 或挑战 CPU。

3.2.2　对 Web 图像调整颜色

1. 调整亮度/对比度

"亮度/对比度"功能修改图像中像素的对比度或亮度。这将影响图像的高亮、阴影和中间色调。校正太暗或太亮的图像时通常使用"亮度/对比度"，如图 3-50 所示。

图 3-50　原始图像和经过亮度调整后的图像

若要调整亮度或对比度，步骤如下。

（1）选择图像。

（2）执行下列操作之一打开"亮度/对比度"对话框。

① 在"属性"检查器中，单击"添加效果"按钮，然后从"添加效果"弹出菜单中选择"调整颜色" | "亮度/对比度"命令。

② 选择"滤镜" | "调整颜色" | "亮度/对比度"命令。

（3）拖动"亮度"和"对比度"滑块调整设置。

值的范围从-100 到 100。

（4）单击"确定"按钮。

2. 调整色相/饱和度

可以使用"色相/饱和度"功能调整图像中颜色的颜色阴影、色相、强度、颜色饱和度以及亮度。对比图如图 3-51 所示。

若要调整色相或饱和度，步骤如下。

（1）选择图像。

（2）执行下列操作之一打开"色相/饱和度"对话框。

① 在"属性"检查器中，单击"添加效果"按钮，然后从"添加效果"弹出菜单中选择"调整颜色" | "色相/饱和度"命令。

② 选择"滤镜" | "调整颜色" | "色相/饱和度"命令。

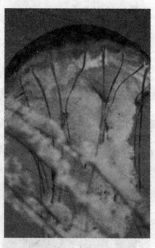

图 3-51 原始图像和调整了饱和度的图像

（3）拖动"色相"滑块调整图像的颜色。值的范围从-180 到 180。调整位图颜色和色调41。

（4）拖动"饱和度"滑块调整颜色的纯度。值的范围从-100 到 100。

（5）拖动"亮度"滑块调整颜色的亮度。值的范围从-100 到 100。

（6）单击"确定"按钮。将 RGB 图像更改为双色调图像或将颜色添加到灰度图像，可以在"色相/饱和度"对话框选择"彩色化"。

3. 反转图像的颜色值

可以使用"反相"将图像的每种颜色更改为它在色轮中的反相色。例如，将该滤镜应

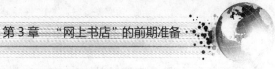

用于红色对象（R=255，G=0，B=0）会将其颜色更改为浅蓝色（R=0，G=255，B=255），
如图 3-52 和图 3-53 所示。

图 3-52　单色图像和反转后的图像

图 3-53　彩色图像和反转后的图像

若要反转颜色，步骤如下。

（1）选择图像。

（2）执行下列操作之一。

① 在"属性"检查器中，单击"添加效果"按钮，然后从"添加效果"弹出菜单中选
择"调整颜色"|"反相"命令。

② 选择"滤镜"|"调整颜色"|"反相"命令。

4. 使用"色阶"功能

一个有完整色调范围的位图，其像素应该平均分布在所有区域内。"色阶"功能校正
像素高度中在高亮、中间色调或阴影部分的位图。对比图如图 3-54 所示。

"高亮"校正使图像看起来像被洗过一样的过多加亮像素。

"中间色调"校正中间色调中使图像看起来黯淡的过多像素。

"阴影"校正隐藏了许多细节的过多暗像素。

"色阶"功能把最暗像素设置为黑色，最亮像素设置为白色，然后按比例重新分配中间
色调。这就产生了一个所有像素中的细节都描绘得很详细的图像。

图 3-54　像素集中在高亮部分的原始图像和用"色阶"调整后的图像

　　使用"色阶"对话框中的"色调分布图"可以查看位图中的像素分布。"色调分布图"是像素在高亮、中间色调和阴影部分分布情况的图形表示。

　　"色调分布图"可以帮助确定最佳的图像色调范围校正方法。像素高度集中在阴影或高亮部分说明可以应用"色阶"或"曲线"功能来改善图像。

　　水平轴显示了从最暗（0）到最亮（255）的颜色值。水平轴从左到右来读，较暗的像素在左边，中间色调像素在中间，较亮的像素在右边。

　　垂直轴代表每个亮度级的像素数目。通常应先调整高亮和阴影，然后再调整中间色调，这样就可以在不影响高亮和阴影的情况下改善中间色调的亮度值。

　　若要调整高亮、中间色调和阴影，步骤如下。

　　（1）选择位图图像。

　　（2）执行下列操作之一打开"色阶"对话框，如图 3-55 所示。

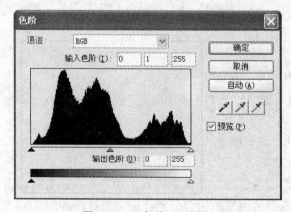

图 3-55　"色阶"对话框

　　① 在"属性"检查器中单击"添加效果"按钮，然后从"添加效果"弹出菜单中选择"调整颜色"|"色阶"命令。

　　② 选择"滤镜"|"调整颜色"|"色阶"命令。

　　（3）在"通道"弹出菜单中，选择是对个别颜色通道（红、蓝或绿）还是对所有颜色通道（RGB）应用更改。

（4）在"色调分布图"下拖动"输入色阶"滑块，调整高亮、中间色调和阴影。右边的滑块使用 255 到 0 之间的值来调整高亮。中间的滑块使用 10 到 0 之间的值来调整中间色调。左边的滑块使用 0 到 255 之间的值来调整阴影。

当滑块移动时，这些值自动输入到"输入色阶"框中。

（5）拖动"输出色阶"滑块调整图像的对比度值。右边的滑块使用 255 到 0 之间的值来调整高亮。左边的滑块使用 0 到 255 之间的值来调整阴影。

当滑块移动时，这些值自动输入到"输出色阶"框中。

5. 使用"自动色阶"功能

可以使用"自动色阶"调整色调范围。

若要自动调整高亮、中间色调和阴影，步骤如下。

（1）选择图像。

（2）执行下列操作之一选择"自动色阶"。

① 在"属性"检查器中，单击"添加效果"按钮，然后从"添加效果"弹出菜单中选择"调整颜色"Ⅰ"自动色阶"命令。

② 选择"滤镜"Ⅰ"调整颜色"Ⅰ"自动色阶"命令。

6. 使用"曲线"

"曲线"功能同"色阶"功能相似，只是它对色调范围的控制更精确一些。"色阶"利用高亮、中间色调和阴影来校正色调范围；而"曲线"则可在不影响其他颜色的情况下，在色调范围内调整任何颜色，而不仅仅是三个变量。例如，可以使用"曲线"来校正由于光线条件引起的色偏。

"曲线"对话框中的网格阐明两种亮度值："水平轴"表示像素的原始亮度，该值显示在"输入"框中；"垂直轴"表示新的亮度值，该值显示在"输出"框中。

当第一次打开"曲线"对话框时，对角线指示尚未做任何更改，所以所有像素的输入值和输出值都是一样的。

若要在色调范围内调整特定的点，步骤如下。

（1）选择图像。

（2）执行下列操作之一打开"曲线"对话框，如图 3-56 所示。

① 在"属性"检查器中，单击"添加效果"按钮，然后从"添加效果"弹出菜单中选择"调整颜色"Ⅰ"曲线"命令。

② 选择"滤镜"Ⅰ"调整颜色"Ⅰ"曲线"命令。

（3）在"通道"弹出菜单中，选择是对个别颜色通道还是对所有颜色通道应用更改。

（4）单击网格对角线上的一个控制点并将其拖动到新的位置以调整曲线。

① 曲线上的每一个控制点都有自己的"输入"值和"输出"值。当拖动一个控制点时，其"输入"值和"输出"值会自动更新。

② 曲线显示从 0 到 255 的亮度值，其中 0 表示阴影。

若要删除曲线上的控制点：将控制点拖离网格。

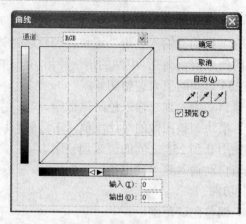

图 3-56   "曲线"对话框

3.2.3 对图像进行模糊处理

模糊处理可柔化位图图像的外观。Fireworks 提供了六种模糊选项。

① "模糊"柔化所选像素的焦点。

② "进一步模糊"的模糊处理效果大约是"模糊"的三倍。

③ "高斯模糊"对每个像素应用加权平均模糊处理以产生朦胧效果。

④ "运动模糊"产生图像正在运动的视觉效果。

⑤ "放射状模糊"产生图像正在旋转的视觉效果。

⑥ "缩放模糊"产生图像正在朝向观察者或远离观察者移动的视觉效果。

1．对图像进行模糊处理

（1）选择图像。

（2）执行下列操作之一。

① 在"属性"检查器中，单击"添加效果"按钮，然后从"添加效果"弹出菜单中选择"模糊"|"模糊"或"进一步模糊"命令。

② 选择"滤镜"|"模糊"|"模糊"命令或选择"进一步模糊"命令。

2．若要使用"高斯模糊"对图像进行模糊处理

（1）选择图像。

（2）执行下列操作之一打开"高斯模糊"对话框，如图 3-57 所示。

图 3-57   "高斯模糊"对话框

① 在"属性"检查器中，单击"添加效果"按钮，然后从"添加效果"弹出菜单中选择"模糊"|"高斯模糊"命令。

② 选择"滤镜"|"模糊"|"高斯模糊"命令。

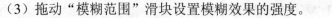

（3）拖动"模糊范围"滑块设置模糊效果的强度。

值的范围从 0.1 到 250。增大范围会产生更强的模糊效果。

（4）单击"确定"按钮。

3. 若要使用"运动模糊"对图像进行模糊处理

（1）选择图像。

（2）执行下列操作之一打开"运动模糊"对话框，如图 3-58 所示。

① 在"属性"检查器中，单击"添加效果"按钮，然后从"添加效果"弹出菜单中选择"模糊"|"运动模糊"命令。

② 选择"滤镜"|"模糊"|"运动模糊"命令。

（3）拖动"角度"转盘设置模糊效果的方向。

（4）拖动"距离"滑块设置模糊效果的强度。

值的范围从 1 到 100。增大距离会产生更强的模糊效果。

（5）单击"确定"按钮。

4. 若要使用"放射状模糊"对图像进行模糊处理

（1）选择图像。

（2）执行下列操作之一以打开"放射状模糊"对话框，如图 3-59 所示。

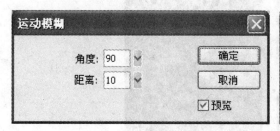 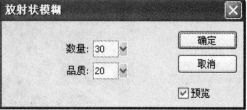

图 3-58 "运动模糊"对话框　　　图 3-59 "放射状模糊"对话框

① 在"属性"检查器中，单击"添加效果"按钮，然后从"添加效果"弹出菜单中选择"模糊"|"放射状模糊"命令。

② 选择"滤镜"|"模糊"|"放射状模糊"命令。

（3）拖动"数量"滑块设置模糊效果的强度。

值的范围从 1 到 100。增大数量会产生更强的模糊效果。

（4）拖动"品质"滑块设置模糊效果的光滑度。

值的范围 1 到 100。增大品质值会导致模糊效果与原来的图像的重复性变低。

（5）单击"确定"按钮。

5. 若要使用"缩放模糊"对图像进行模糊处理

（1）选择图像。

（2）执行下列操作之一以打开"缩放模糊"对话框，如图 3-60 所示。

① 在"属性"检查器中，单击"添加效果"按钮，然后从"添加效果"弹出菜单中选择"模糊"|"缩放模糊"命令。

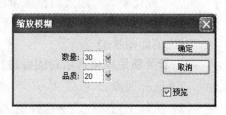

图 3-60 "缩放模糊"对话框

② 选择"滤镜"|"模糊"|"缩放模糊"命令。

（3）拖动"数量"滑块设置模糊效果的强度。

值的范围从 1 到 100。增大数量会产生更强的模糊效果。

（4）拖动"品质"滑块设置模糊效果的光滑度。

值的范围从 1 到 100。增大品质值会导致模糊效果与原来的图像的重复性变低。

（5）单击"确定"按钮。

3.2.4　使用"查找边缘"效果

"查找边缘"效果可识别图像中的颜色过渡并将它们转变成线条，从而使位图看起来像素描。对比图如图 3-61 所示。

若要将"查找边缘"效果应用于所选区域，请执行下列操作之一。

（1）在"属性"检查器中，单击"添加效果"按钮，然后从"添加效果"弹出菜单中选择"其他"|"查找边缘"命令。

（2）选择"滤镜"|"其他"|"查找边缘"命令。

图 3-61　原始图像和应用"查找边缘"后的图像

3.2.5　对图像进行锐化处理

可以使用"锐化"功能校正模糊的图像。Fireworks 提供了三种"锐化"选项。

① "锐化"通过增大邻近像素的对比度，对模糊图像的焦点进行调整。

② "进一步锐化"将邻近像素的对比度增大到"锐化"的大约三倍。

③ "钝化蒙版"通过调整像素边缘的对比度来锐化图像。该选项提供了大部分控制，因此它通常是锐化图像时的最佳选择。

对比图如图 3-62 所示。

1. 若要使用锐化选项对图像进行锐化处理

（1）选择图像。

（2）执行下列操作之一选择锐化选项。

① 在"属性"检查器中，单击"添加效果"按钮，然后从"添加效果"弹出菜单中选择"锐化"|"锐化"或"进一步锐化"命令。

② 选择 "滤镜" | "锐化" | "锐化" 或 "进一步锐化" 命令。

图 3-62 原始图像和锐化后的图像

2. 若要使用 "钝化蒙版" 对图像进行锐化处理

（1）选择图像。

（2）执行下列操作之一打开 "钝化蒙版" 对话框，如图 3-63 所示。

① 在 "属性" 检查器中，单击 "添加效果" 按钮，然后从 "添加效果" 弹出菜单中选择 "锐化" | "钝化蒙版" 命令。

② 选择 "滤镜" | "锐化" | "钝化蒙版" 命令。

（3）拖动 "锐化量" 滑块选择锐化效果的强度（从 1% 到 500%）。

（4）拖动 "像素半径" 滑块选择半径（从 0.1 到 250）。

增大半径将围绕每个像素边缘产生更大区域的鲜明对比度。

（5）拖动 "阈值" 滑块选择阈值（从 0 到 255）。

最常用的值在 2 到 25 之间。增大阈值将只锐

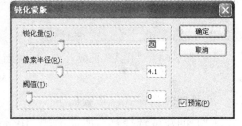

图 3-63 "钝化蒙版" 对话框

化图像中具有较高对比度的像素。如果减小阈值，则具有较低对比度的像素也在锐化范围内。如果阈值为 0，则将锐化图像中的所有像素。

（6）单击 "确定" 按钮。

提示：应用 "滤镜" 菜单中的滤镜是有破坏作用的，也就是说除非可以选择 "编辑" | "撤销" 命令，否则无法撤销此操作。若要保留调整、关闭或删除滤镜的能力，请将它作为一个动态效果来应用。

3.2.6 使用 Fireworks 样式

通过创建样式，可以保存并重新应用一组预定义的填充、笔触、效果和文本属性。将样式应用于对象后，该对象即具备了该样式的特性。

Fireworks 提供了许多预定义的样式，可以添加、更改和删除样式。Fireworks CD-ROM 和 Macromedia 网站提供了更多可导入到 Fireworks 中的预定义样式。还可将样式导出以便与其他 Fireworks 用户共享，或者从其他 Fireworks 文档导入样式。

☎提示：不能将样式应用于位图对象。

1. 应用样式

可使用"样式"面板（如图 3-64 所示）创建、储存样式及将样式应用于对象或文本。

将样式应用于对象后，便可在不影响原始对象的前提下更新该样式。Fireworks 不跟踪将哪个样式应用于对象。自定义样式一经删除，便无法恢复；但是，当前使用该样式的任何对象仍会保留其属性。如果删除的是 Fireworks 提供的样式，则可以通过"样式"面板"选项"菜单中的"重设样式"命令，将该样式和所有其他被删除的样式恢复。然而，重设样式时还会删除自定义样式。

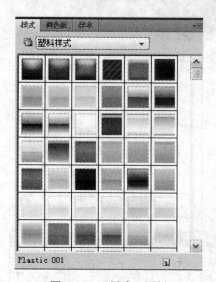

图 3-64 "样式"面板

若要将样式应用于所选对象或文本块，步骤如下。

（1）选择"窗口"|"样式"命令打开"样式"面板。

（2）单击"样式"面板中的样式。

2. 创建和删除样式

可基于所选对象的属性来创建样式。样式将显示在"样式"面板中。还可从"样式"面板中删除样式。

下列属性可以保存在样式中。

（1）填充类型和颜色，包括图案、纹理及角度、位置和不透明度等矢量渐变属性。

（2）笔触类型和颜色。

（3）效果。

（4）文本属性，如字体、字号、样式（粗体、斜体或下画线）、对齐方式、消除锯齿、自动字距调整、水平缩放、范围微调及字顶距等。

若要创建新样式，步骤如下。

（1）创建或选择具有所需笔触、填充、效果或文本属性的矢量对象或文本。

（2）单击"样式"面板底部的"新建样式"按钮。

（3）从"新建样式"对话框中选择希望该样式所具有的属性。

（4）可命名该样式，然后单击"确定"按钮。一个表示该样式的图标随即显示在"样式"面板中。

若要基于现有样式创建新样式，步骤如下。

（1）将现有样式应用于所选对象。

（2）编辑该对象的属性。

（3）通过创建新样式将这些属性保存起来（如前面过程中所述）。

若要删除样式，步骤如下。

（1）从"样式"面板中选择一个样式。

按住<Shift>键并单击可选择多个样式；按住<Ctrl>键并单击<Windows>或按住<Command>键并单击<Macintosh>可选择多个不相邻的样式。

（2）单击"样式"面板中的"删除样式"按钮。

3. 编辑样式

如果要更改样式包含的属性，可从"样式"面板对该样式进行编辑。

若要编辑样式，步骤如下。

（1）选择"选择"|"取消选择"命令取消选择画布上的任何对象。

（2）双击"样式"面板中的某个样式。

（3）在"编辑样式"对话框中，选择或取消选择希望应用的属性的组件。"编辑样式"对话框包含与"新建样式"对话框相同的选项。

（4）单击"确定"按钮将更改应用于样式。

4. 导出和导入样式

为了节省时间和保持一致性，可能希望与其他 Fireworks 用户共享样式。通过将样式导出以便在其他计算机上使用可以实现样式共享。

若要导出样式，步骤如下。

（1）从"样式"面板中选择一个样式。

按住<Shift>键并单击可选择多个样式；按住<Ctrl>键并单击<Windows>或按住<Command>键并单击<Macintosh>可选择多个不相邻的样式。

（2）从"样式"面板的"选项"菜单中选择"导出样式"。

（3）输入将包含所保存样式的文档的名称和位置。

（4）单击"保存"按钮。

若要导入样式，步骤如下。

（1）从"样式"面板的"选项"菜单中选择"导入样式"。

（2）选择要导入的样式文档。

该样式文档中的所有样式即被导入并直接放在"样式"面板中所选样式之后。

5. 使用默认样式

如果要从"样式"面板中删除所有自定义样式，并恢复所有已删除的默认样式，可以将"样式"面板重设为默认状态。还可以更改"样式"面板中显示的图标的大小。

若要将"样式"面板重设为默认样式，从"样式"面板的"选项"菜单中选择"重设样式"。

3.2.7 运用图像创意，实现图像特效

1. "图像渐隐"特效

在进行图像处理时，为了美化图像，可以为图像增添一个蒙版，用以增强图像的朦胧效果。在 Fireworks 中已经将各类效果的蒙版集中到一个面板中，非常方便使用。

要在一幅图像中使用"图像渐隐"特效请执行下列操作。

（1）使用要使用"图像渐隐"特效图像。

（2）在文档窗口的菜单栏中选择"命令"|"创意"|"图像渐隐"菜单命令。

（3）在弹出的"图像渐隐"对话框中选择一种自己较为满意的效果，如图 3-65 所示。

（4）单击"确定"按钮，便完成对所选"图像渐隐"效果的运用，如图 3-33 所示。

第 3 章

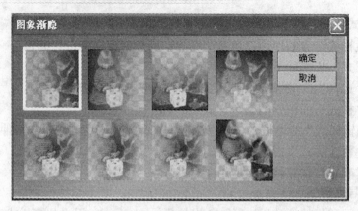

图 3-65 "图像渐隐"对话框

2. 添加图片框

在对图像的处理过程中，有时候需要为图像添加一个美丽的边框。这些处理对于有美术功底的读者来说不是太困难，但对于缺乏美术基础的读者可能需要绞尽脑汁考虑使用什么样的边框颜色及边框的宽度是多少。使用"创意"菜单中的"添加图片框"菜单命令，这些问题就能迎刃而解。

要在一幅图像中使用"添加图片框"特效请执行下列操作。

（1）选择要使用"添加图片框"特效图像。

（2）在文档窗口的菜单栏中选择"命令"│"创意"│"添加图片框"菜单命令。

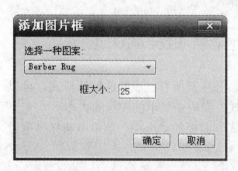

图 3-66 "添加图片框"对话框

（3）在弹出的"添加图片框"对话框中选择一种自己较为满意的效果。在"选择一种图案"的下拉菜单中选择一种要设置为边框图像的图案；并在"框大小"下的文本域中输入自己所希望边框的宽度，如图 3-66 所示。

（4）单击"确定"按钮，便完成对所选"添加图片框"效果的运用，如图 3-34 所示。

3. 螺旋式渐隐

"螺旋式渐隐"可将任何选定的对象处理成漩涡效果，使用两个或两个以上的对象时，将会产生向内旋转的螺旋形图案。使用方法可总结为："设置所需的步骤数目"→"各步骤之间的间距、旋转的度数和不透明度"→单击"应用"按钮。

要在一幅图像中使用"螺旋式渐隐"特效请执行下列操作。

（1）选择要使用"螺旋式渐隐"特效图像。

（2）在文档窗口的菜单栏中选择"命令"│"创意"│"螺旋式渐隐"菜单命令。

（3）在弹出的"螺旋式渐隐"对话框中选择一种自己较为满意的效果。在"选择一种图案"的下拉菜单中选择一种要设置为边框图像的图案；并在"框大小"下的文本域中输入自己所希望边框的宽度，如图 3-67 所示。

（4）单击"确定"按钮，便完成对所选"螺旋式渐隐"效果的运用，如图 3-35 所示。

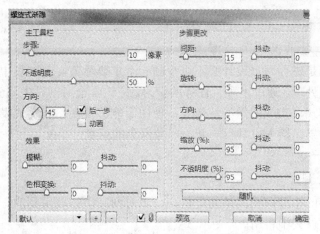

图 3-67 "螺旋式渐隐"对话框

4. 转换为乌金色调

要在一幅图像中使用"转换为乌金色调"特效请执行下列操作。

（1）选择要使用"转换为乌金色调"特效图像。

（2）在文档窗口的菜单栏中选择"命令"|"创意"|"转换为乌金色调"菜单命令，便完成对所选"转换为乌金色调"效果的运用，如图 3-36 所示。

5. 转换为灰度图像

要在一幅图像中使用"转换为灰度图像"特效请执行下列操作。

（1）选择要使用"转换为灰度图像"特效图像。

（2）在文档窗口的菜单栏中选择"命令"|"创意"|"转换为灰度图像"菜单命令，便完成对所选"转换为灰度图像"效果的运用，如图 3-37 所示。

6. 添加阴影

在 Fireworks 中还可以对路径或文本对象添加阴影效果。

要对路径或文本对象使用"添加阴影"特效请执行下列操作。

（1）选择要使用"添加阴影"特效的路径或文本对象。

（2）在文档窗口的菜单栏中选择"命令"|"创意"|"添加阴影"菜单命令。

（3）在打开的"阴影"属性面板（如图 3-68 所示）中可以设置阴影的宽度和高度、位置、颜色、边缘、纹理、描边种类等效果，选择一种自己较为满意的效果，调整阴影形状，便完成对所选"添加阴影"效果的运用，如图 3-38 所示。

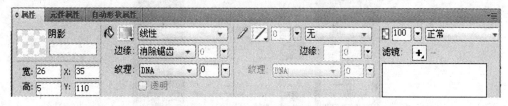

图 3-68 "阴影"属性面板

归纳总结

图形图像处理是进行网页设计必不可少的一个重要环节，对网页中需要用到的图像必须进行必要的加工处理。通过本项目任务的学习，应该学会对网站中用到的图像统一规格，调整颜色，运用样式，实现图像的特效等，使图像能够直观、真实地表现网页中的内容，起到很好的装饰效果，给人以耳目一新、印象深刻的感觉。

项目训练

根据本组承接的小型商业网站的定位，分工对网站中需要用到的一些图片进行加工处理，保存到素材文件夹中备用。

项目任务 3.3　利用 Fireworks 设计网页首页界面

网页的界面是整个网站的门面，好的门面会吸引越来越多的访问者，因此网页界面的设计也就显得非常重要。网页的界面设计主要包括首页和子页的设计，其中首页的设计最为重要。

网页界面的设计包括色彩、布局等多方面的元素。在第 2 章中已经在策划书中把网页界面的框架描绘出来。现在要做的就是根据策划书中的框架结构及色彩等的要求利用 Fireworks 软件进行创作。

项目展示

本实例中的首页包括 LOGO、导航、banner、用户登录、网上调查、友情链接、申明、站长推荐、天天特价、销售排行及版权等几个部分，最终完成的效果如图 3-69 所示。

图 3-69　首页界面设计图

能力要求

（1）能合理布局使网页内容的分布主次分明，便于操作。

（2）能合理运用色彩搭配，满足客户的需求。

（3）能熟练使用 Fireworks 软件创作网页界面。

（4）培养艺术欣赏能力。

（5）培养权益意识。

（6）培养协作能力和交流能力。

设计过程

1. 设置网页大小

（1）打开 Fireworks，执行菜单"文件"|"新建"命令。在新建文档对话框中设置宽度为"745px"、高度为"917px"。对于网页来说，一般只用于屏幕显示，所以分辨率为"72"、画布颜色设置为"白色"，如图 3-70 所示。

图 3-70　界面属性设置

（2）双击视图工具栏中的"缩放工具"按钮 ，使场景按 100%的比例显示，此时的效果如图 3-71 所示。

（3）利用参考线和标尺工具将页面进行划分，分成上部、中部、底部，中部分成左中右三部分，效果如图 3-72 所示。

2. 设计首页上部

首页上部包括网站 LOGO、banner、导航。在网站设计中 LOGO 的设计是不可缺少的一个重要环节。LOGO 是网站特色和内涵的集中体现，它作用于传递网站的定位和经营理念、同时便于人们识别。LOGO 的规格要遵循一定的国际标准，便于互联网上信息的传播。Banner 区域都用来放置广告，可以是 Flash 动画或者图片广告，这个区域主要是留给企业自身或者是别的企业进行广告宣传。通过单击导航条上的链接可以进入网站的其他页面。

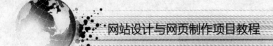
为了突出导航条的效果，通常要对导航条进行特别的设计，以区别其他的网页元素。具体设计如下：

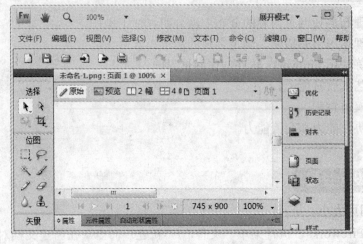

图 3-71 场景 100%显示效果

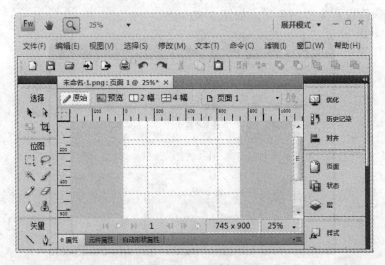

图 3-72 页面划分

（1）在 Fireworks 中，在图层面板创建新层 top，用于放置首页上部对象。选择"文件"|"导入"命令，将已经设计好的 LOGO、banner 图片以原始大小导入，并调整到合适的位置，如图 3-73 所示。

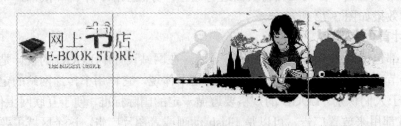

图 3-73 LOGO、banner

（2）利用参考线确定导航条的位置，设置填充色为"#0282B3"，选择圆角矩形工具，设置相应属性，在适当的位置绘制第一个导航按钮图形，右击圆角矩形，选择"平面化所选"，用矩形选框工具选中按钮下方的圆角部分删除，复制该图形，并将其颜色改为黑色"#000000"，移动到第二个按钮的位置，继续复制该图形三遍，将按钮移动到合适的位置，如图 3-74 所示。

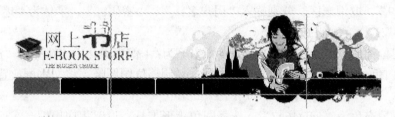

图 3-74　导航条

（3）在对应的按钮上输入文字，分别为首页、新书展示、畅销图书、天天特价、网上订单，字体为"迷你简少儿"，字号"18 点"，颜色"#FFFFFF"，如图 3-75 所示。

图 3-75　导航条文字

（4）在 top 中，新建位图图像，使用矩形选框工具，在首页按钮下方起至页面最右端绘制一个矩形区域，填充颜色为"#0282B3"，取消选区。

（5）继续新建位图图像，在 banner 图片下面运用画笔工具，绘制装饰线条，颜色为黑色，至此，首页上部设计完毕，效果如图 3-76 所示。

图 3-76　首页上部

☎提示：首页各模块如导航的制作，需要设计导航的背景、文字、图片等，这些元素都是分散在不同的图层，如果要对导航条移动位置，就需要对涉及到导航内容的对象一一移动，为了便于操作，可以将这些相关图层放在一个图层组中。

3. 设计首页中部

1）中左部

（1）用户登录。在 Fireworks 中，在图层面板创建新层 left-login，用于放置"用户登录"图层。

① 新建位图图像，设置填充色为 "#4D4647"，选择圆角矩形工具，设置相应属性，在适当的位置绘制 "用户登录" 标题图形，右击圆角矩形，选择 "平面化所选"，用矩形选框工具选中按钮下方的圆角部分删除，在标题图形上输入文字，字体为 "迷你简少儿"，字号 "18 点"，颜色 "#0282B3"。

② 新建位图图像，使用矩形选框工具，在标题图形下方绘制一个矩形区域，填充颜色为 "#E9E9E9"，取消选区。分别输入 "用户名："、"密码："，字体为 "迷你简少儿"，字号 "18 点"，颜色 "#FFFFFF"。

③ 新建位图图像，选择矩形工具，设置铅笔为 "1 像素柔化"，颜色为 "##4D4647"，填充颜色为白色 "#FFFFFF"，绘制文本框，复制该位图图像，将文本框放置在文字后面合适位置。

④ 设置填充色为 "#4D4647"，选择圆角矩形工具，设置相应属性，在适当的位置绘制注册与登录按钮，并在按钮上输入对应文字，字体为 "迷你简少儿"，字号 "14 点"，颜色 "#0282B3"，如图 3-77 所示。

（2）网上调查。在 Fireworks 中，在图层面板创建新层 left-dc，用于放置 "网上调查" 图层。

方法同 "用户登录"，标题图形和矩形区域颜色为 "#478900"。标题图形上的文字字体为 "迷你简少儿"，字号 "18 点"，颜色 "#FFFFFF"，矩形区域上的文字字体为 "迷你简稚艺"，字号 "14 点"，颜色 "#FFFFFF"。按钮同上，如图 3-78 所示。

图 3-77　用户登录

图 3-78　网上调查

（3）友情链接。在 Fireworks 中，在图层面板创建新层 left-link，用于放置 "友情链接" 图层。

① 设置填充色为 "#E26500"，选择圆角矩形工具，设置相应属性，在适当的位置绘制 "友情链接" 标题图形，右击圆角矩形，选择 "平面化所选"，用椭圆形选框工具选中按钮右半部分，设置前景色为 "#EE8D00"，用油漆桶工具填充前景色，在标题图形上输入文字，字体为 "迷你简少儿"，字号 "18 点"，颜色分别为 "#FFF911" 和 "#FFFFFF"。

② 新建位图图像，使用矩形选框工具，在标题图形下方绘制一个矩形区域，填充颜色为 "#575757"，取消选区。

③ 新建三个位图图像，使用矩形选框工具，在标题图形下方绘制一个矩形区域，填充颜色为 "#FFFFFF"，取消选区。分别在三个图层中放入当当网、joyo 卓越网、贝塔斯曼书友会的 LOGO 图标，调整到适当位置，如图 3-79 所示。

（4）申明。在 Fireworks 中，在图层面板创建新层 left-shm，用于放置"申明"图层。方法同"网上调查"，如图 3-80 所示。

2）中右部

在 Fireworks 中，在图层面板创建新层 right，用于放置"首页中右部"图层。

中右部大部分类似于中左部内容，这里不再重复。注意一些图形图片的使用及透明按钮制作，即调节图层上不透明度选项，效果如图 3-81 所示。

图 3-79 友情链接图

图 3-81 中右部

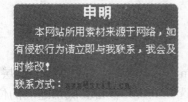

图 3-80 申明

3）中中部

在 Fireworks 中，在图层面板创建新层 mid-new，用于放置"新书上架"图层。

① 设置填充色为"#FFFFFF"，选择圆角矩形工具，设置相应属性，在适当的位置绘制一个矩形框，用于介绍新书上架的内容。

② 新建位图图像，设置铅笔颜色为"#E9E9E9"。在适当位置绘制一条水平线，得到一条合适的分割线。

③ 在分割线上面输入文字"新书上架"，字体为"迷你简少儿"，字号"16 点"，颜色分别为"#000000"。

④ 导入已经准备好的图书"Dreamweaver MX 2004 从入门到精通"图片，将其复制到合适位置，在右侧输入文字，设置相应属性，效果如图 3-82 所示。

⑤ 同样的方法创建图层 mid-hot，mid-exp，将图书与文字改成"热门图书"及"专业图书"。

至此，中中部也完成制作，效果如图 3-83 所示。

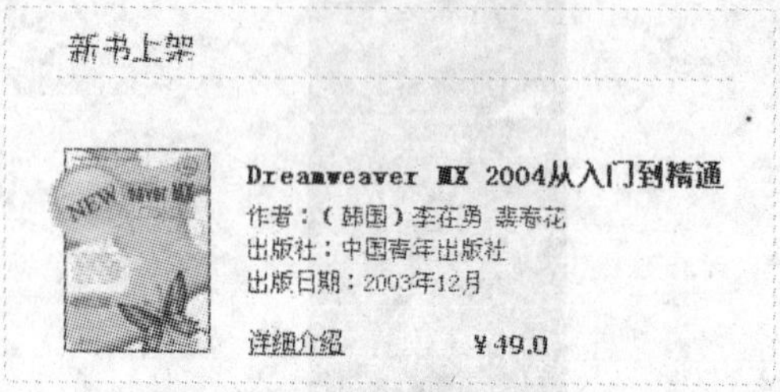

新书上架

Dreamweaver MX 2004从入门到精通
作者：(韩国)李在勇 裴春花
出版社：中国青年出版社
出版日期：2003年12月

详细介绍　　　　　￥49.0

热门图书

PHOTOSHOP CS2技术精粹与特效设计
作者：饶艺视觉
出版社：中国青年出版社
出版日期：2007年04月

详细介绍　　　　　￥56.1

新书上架

Dreamweaver MX 2004从入门到精通
作者：(韩国)李在勇 裴春花
出版社：中国青年出版社
出版日期：2003年12月

详细介绍　　　　　￥49.0

专业图书

别具光芒(CSS属性浏览器兼容与网页布局)
作者：李烨
出版社：人民邮电出版社
出版日期：2008年09月

详细介绍　　　　　￥50.1

图 3-82　新书上架 　　　　　　　　　图 3-83　中中部

4. 设计首页底部

在 Fireworks 中，在图层面板创建新层 bottom，用于放置"首页底部"图层。

（1）设置填充色为"#0083B3"，选择矩形选框工具，在首页底部适当的位置绘制一个矩形框，填充颜色。

（2）选择椭圆选框工具，同时按住<Shift>键利用添加到选区命令，在矩形左下方绘制 4 个大小不一、互相连接的椭圆，并填充颜色为"#0083B3"。

（3）在矩形框中输入文字"首页|新书展示|畅销图书|天天特价|网上订单"，字体为"迷你简少儿"，字号"12 点"，颜色分别为"#FFFFFF"。

（4）在矩形框下面输入版权文字"Copyright © 2008 All rights reserved，by xxx 苏州工业职业技术学院 •信息工程系"，字体为"迷你简少儿"，字号"12 点"，颜色分别为"#505050"，如图 3-84 所示。

首 页 ｜ 新书展示 ｜ 畅销图书 ｜ 天天特价 ｜ 网上订单

Copyright © 2008 All rights reserved. by xxx
苏州工业职业技术学院·信息工程系

图 3-84　首页底部

至此，首页设计全部完成，最终效果如图 3-69 所示。图层结构如图 3-85 所示。

由于商业网站的规模都相当庞大，会出现多个级别的页面，且各个级别的页面之间有很强的延续性，但与一级页面又不完全相同。因此，通常设计好主页面以后，还要对二级、三级页面进行设计，目的是为了区分页面的等级，以便浏览者的浏览。因此，只需要保持页面的整体风格，在结构上做一些调整即可，如图 3-86 所示。

图 3-85　图层结构

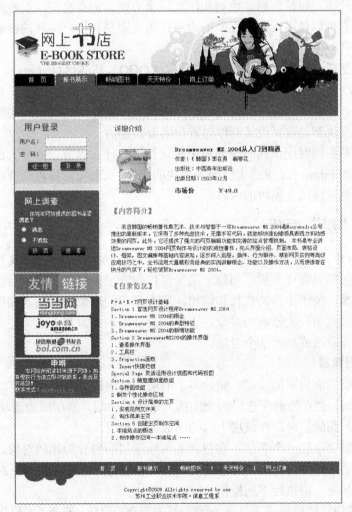

图 3-86　子页设计

3.3.1　页面大小的设置

网页的大小是不能随意设置的，这要看设计的页面主要是针对分辨率是多少的用户，并且尽量要避免在浏览器中浏览页面时出现水平滚动条。如果不按相应的匹配设置，在浏览页面时就可能看不到完整的页面效果。建议可按以下方式设置网页大小。

（1）显示器 800×600 分辨率模式下浏览网页，网页宽度保持在 778 以内，就不会出现水平滚动条，高度则视版面和内容决定。

（2）显示器 1024×768 分辨率模式下浏览网页，网页宽度保持在 1002 以内，如果满框显示的话，高度是 612～615 之间，就不会出现水平滚动条和垂直滚动条。

（3）页面长度原则上不超过 3 屏，宽度不超过 1 屏。

以后可以在网页中建议用户以相应的分辨率访问该页面以确保视觉效果。

3.3.2　规划首页页面，确定版块及配色方案

网站页面设计主要包括创意、色彩和版式三个方面。创意会使网页在众多的竞争对手中脱颖而出；色彩可以使网页获得生命的力量；版式则是和用户沟通的核心，所以三者缺一不可。

一般的站点都需要这样一些版块：网站名称（LOGO）、广告区（banner）、导航区（menu）、新闻（what's new）、搜索（search）、友情链接（links）、邮件列表（maillist）、计数器（count）、版权（copyright）等版块，这些版块也可以称为模块。选择哪些模块，实现哪些功能，是否需要添加其他模块都是首页设计制作时首先需要确定的。

在设计页面草稿图时应该同时想到每个模块打算放什么内容，占多大比例等。可以利用参考线与标尺在 Fireworks 中确定页面各模块的比例。页面布局好以后要确定整个网站风格及配色方案，然后确定各模块的内容。

3.3.3　"层"面板

在 Fireworks 中，"层"面板列出文档中所有的对象，层将 Fireworks 文档分成不连续的平面，一个文档可以包含许多层，而每一层又可以包含很多对象，默认情况下每一个对象单独放在一个平面，便于用户的选择和编辑。所有插入的对象按照插入顺序，从下到上依次排列在"层"面板中，先插入的对象在下面，后插入的对象在上面。在"层"面板中可以很方便地选中、隐藏或显示某个对象。

1.　添加和删除层

可以使用"层"面板添加新层、删除多余的层及复制现有的层和对象。

在创建新层时，会在当前所选层的上面插入一个空白层。新层成为活动层，且在"层"面板中高亮显示。删除层时，在该层上面的层成为活动层。

创建复制层时会添加一个新层，它包含当前所选层所包含的相同对象。复制的对象保留原对象的不透明度和混合模式。可以对复制的对象进行更改而不影响原对象。

（1）若要添加层，请执行下列操作之一。

① 在未选择任何层的情况下单击"新建/复制层"按钮。选择"编辑"|"插入"|"层"命令。

② 从"层"面板的"选项"菜单中选择"新建层"并单击"确定"按钮。

（2）若要删除某层，请执行下列操作之一。

① 在"层"面板中，将该层拖到垃圾桶图标上。

② 在"层"面板中选择该层并单击垃圾桶图标。

（3）若要复制层，请执行下列操作之一。

① 将层拖到"新建/复制层"按钮上。

② 选择层并从"层"面板的"选项"菜单中选择"复制层"。然后选择要插入的复制层的数目及在堆叠顺序中放置它们的位置。

（4）若要复制对象：按住<Alt>键（在 Windows 中）将对象拖到所需的位置。

2. 查看层

"层"面板以层次结构显示对象和层。如果文档中包含许多对象和层，"层"面板将变得混乱，在其中导航会很困难。折叠层的显示有助于消除混乱。当需要在层中查看或选择特定对象时，可以展开层。还可以同时展开或折叠所有层。

3. 组织层

在"层"面板中，可以通过命名并重新排列文档中的层和对象来组织它们。对象可以在层内或层间移动。

在"层"面板中移动层和对象将更改对象出现在画布上的顺序。在画布上，层顶端的对象出现在层中其他对象的上方。最顶层上的对象出现在下面层上对象的前面。

☎提示：将层或对象向上或向下拖动到可视区域的边界以外时，"层"面板将自动滚动。

（1）若要命名层或对象：在"层"面板中双击层或对象。为层或对象输入新名称并按<Enter>键。

☎提示："网页层"无法重命名。但是，可以命名"网页层"内的网页对象，如切片和热点。

（2）若要移动层或对象：在"层"面板中，将层或对象拖到所需的位置。

① 若要将层上的所有所选对象移到另一个位置：将层的蓝色选择指示器拖到另一层，层上的所有所选对象将同时移动到另一层。

② 若要将层上的所有所选对象复制到另一个位置：按住<Alt>键（在 Windows 中）并将层的蓝色选择指示器拖到另一层。Fireworks 会将层上的所有所选对象复制到另一层。

4. 保护层和对象

"层"面板提供了许多用来控制对象可访问性的选项。可以保护文档中的对象不被意外地选择和编辑。锁定个别对象可以防止选择或编辑该对象。锁定层可以防止选择或编辑该层上的所有对象。"单层编辑"功能保护活动层以外的所有层上的对象不被意外地选择或更改。还可以使用"层"面板来控制对象和层在画布上的可见性。当对象或层在"层"面板中被隐藏时，它不会出现在画布上，因此不会被意外地更改或选择。

3.3.4 部分工具的使用

1. 使用"工具"面板的"颜色"部分

"工具"面板的"颜色"部分包含用于激活"笔触颜色"和"填充颜色"框的控件，这些

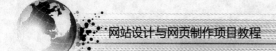

控件又决定所选对象的笔触或填充是否受颜色选择的影响。此外，"颜色"部分还包含用于快速将颜色重设为默认值、将笔触和填充颜色设置设为"无"及交换填充和笔触颜色的控件。

（1）若要使"笔触颜色"或"填充颜色"框变为活动状态：在"工具"面板中，单击"笔触颜色"或"填充颜色"框旁边的图标。活动颜色框区域在"工具"面板中显示为一个被按下的按钮，如图3-87所示。

　　☎提示："颜料桶"工具使用"工具"面板的"填充颜色"框中显示的颜色来填充像素选区和矢量对象。

（2）若要将颜色重设为默认值：单击"工具"面板或混色器中的"默认颜色"按钮。

（3）若要使用"没有描边或填充"按钮删除所选对象中的笔触和填充：单击"工具"面板的"颜色"部分中的"没有描边或填充"按钮。笔触或填充的活动特性的设置变成"无"。

（4）若要将不活动的特性也设置为"无"，请再次单击"没有描边或填充"按钮。

（5）若要交换填充和笔触颜色：单击"工具"面板或混色器中的"交换颜色"按钮。

图3-87　"工具"面板中的颜色框和颜色弹出窗口

　　☎提示：也可以通过下面任一方法将所选对象的填充或笔触设置为"无"：单击任意"填充颜色"或"笔触颜色"框弹出窗口中的"透明"按钮，或者从"属性"检查器的"填充选项"或"笔触选项"弹出菜单中选择"无"。

2．绘制基本的线形、矩形和椭圆

可以使用"直线"、"矩形"或"椭圆"工具快速绘制基本形状。"矩形"工具将矩形作为组合对象进行绘制。若要单独移动矩形的角点，必须取消组合矩形或使用"部分选定"工具。

若要绘制直线、矩形或椭圆：从"工具"面板中选择"直线"工具、"矩形"工具或"椭圆"工具。

若要在"属性"检查器中设置笔触和填充属性。在画布上拖动以绘制形状。对于"直线"工具，按住<Shift>键并拖动可限制只能按 45°的倾角增量来绘制直线。对于"矩形"或"椭圆"工具，按住<Shift>键并拖动可将形状限制为正方形或圆形。

3. 创建像素选区选取框

"工具"面板的"位图"部分中的"选取框"、"椭圆选取框"和"套索"工具可用于选择位图图像的特定像素区域，方法是在它们的周围绘制一个选取框。

若要选择一个矩形区域或椭圆形区域：选择"选取框"或"椭圆选取框"工具。在"属性"检查器中设置"样式"和"边缘"选项。拖动以绘制一个选区选取框，该选取框定义像素选区。

若要绘制其他方形或圆形选取框，请按住<Shift>键并拖动"选取框"或"椭圆选取框"工具。

若要选择一个自由变形像素区域：选择"套索"工具。在"属性"检查器中选择一种"边缘"选项。在要选择的像素周围拖动指针。

☎提示：可以使用组合键手动将像素添加（Shift）到选取框边框或从选取框边框中删除（Alt）像素。

归纳总结

一个网站运作的成功与否，关键在于访问量。对于网站的访问者来说，"第一印象"的重要性不言而喻，所以网站首页的制作是网页设计的重中之重。通常在动手制作网站内的文件之前应该先做好设计和规划工作，这样在具体制作时才能做到胸有成竹、有的放矢。为此必须培养一定的艺术欣赏能力，熟练使用 Fireworks 软件合理布局，合理运用色彩设计出首页效果图。

项目训练

根据策划书中定好的小型商业网站网页结构，绘制首页及其他页面的草图。小组讨论草图的最终方案。根据草图进行分工设计，并最后进行整合，在 Fireworks 中完成小型商业网站首页的制作。交给客户审核，并根据客户的需求进行修改。

项目任务 3.4　在 Fireworks 中裁切设计稿

整体页面的效果制作完成后，需要将效果图切片，然后导入到 Dreamweaver 中进行重新布局排版，在 Fireworks 中裁切设计稿非常方便。本项目任务就是要在 Fireworks 中将"网上书店"首页设计图进行裁切，获取网页制作的素材文件，如图 3-88 和图 3-89 所示。

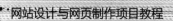

图 3-88　首页切片

图 3-89　切片导出素材

（1）熟练使用 Fireworks 软件裁切网页设计稿。

（2）掌握创建和编辑切片的方法。

　　"网上书店"首页设计图需要裁切的主要是网站的 LOGO、banner、导航、一些装饰性图片线条、一些特殊图形图像及运用了特殊文字的标题图片等。具体切片时要遵循以下原则：

　　① 切片是 Dreamweaver 中如何使用表格来布局的依据，切片的过程要先总体后局部，即先把网页整体切分成几个大部分，再细切其中的小部分。

　　② 对于渐变的效果或圆角等图片特殊效果，需要在页面中表现出来的，要单独切出来。

　　③ 切割的时候要注意平衡，比如右侧切割了，那么左侧也要等高地切一刀，这样在使用 Dreamweaver 表格布局的时候不容易乱。

　　④ 把在 Dreamweaver 中处理的纯色背景部分设为无图像，并以相应的切片背景色填充。

　　⑤ 如果某个对象的范围正好是要切割的大小，可以直接使用"右键插入矩形切片"功能。

⑥ 如果区域面积不大，可以不需要细致划分，只需将其整体切割即可。

⑦ 如果图片上面不需要添加文字，因此也没有必要将其作为背景图案，直接将图像作为图片处理即可。

⑧ 在设计动态站时，还需考虑到与程序员的接口，因为程序员学出的程序实现的页面一般都是四四方方的，圆滑的设计与程序模块会有正面抵触，因而如果是为动态网站进行设计，那么就要酌情考虑相互间的取舍，最终要以大局为重！

（1）使用 Fireworks 打开网上书店 PNG 文件，观察一下页面中必须作为图片导出的区域。选择"工具"面板中的"切片"工具 ，在页面中按照网页的结构和图片的特点将所有需要导出的图片进行切片。

（2）选中相应的切片，可以使用优化面板进行优化，如图 3-90 所示。

图 3-90　优化面板

（3）在层面板中选择网页层中所有优化后的切片，选择"文件"|"导出"命令，在"导出"对话框中，选择导出类型为"仅图像"，切片为"导出切片"，并选择"仅已选切片"，导出到新建文件夹 images 中，如图 3-91 所示。

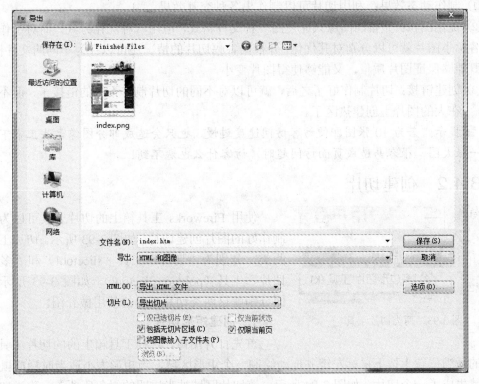

图 3-91　导出切片

（4）更改导航条上按钮的颜色，再次选择按钮切片导出，以便在 Dreamweaver 中制作交互图像。

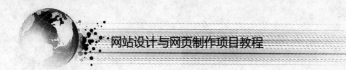

（5）打开 images 文件夹，修改图片至合适的名字备用，如图 3-92 所示。

ml_chx.gif   ml_chx_ac.gif   ml_sy.gif

图 3-92　为切片命名

3.4.1　切片在网页制作中的作用

在网页上的图片较大时，浏览器下载整个图片的话需要花很长的时间，切片的使用使得整个图片分为多个不同的小图片分开下载，这样下载的时间就大大地缩短了，能够节约很多时间。在目前互联网带宽还受到条件限制的情况下，运用切片来减少网页下载时间而又不影响图片的效果，这不能不说是一个两全其美的办法。

除了减少下载时间之外，切片也还有其他一些优点。

① 制作动态效果：利用切片可以制作出各种交互效果。

② 优化图像：完整的图像只能使用一种文件格式，应用一种优化方式，而对于作为切片的各幅小图片就可以分别对其优化，并根据各幅切片的情况还可以存为不同的文件格式。这样既能够保证图片质量，又能够使得图片变小。

③ 创建链接：切片制作好了之后，就可以对不同的切片制作不同的链接了，而不需要在大的图片上创建热区了。

☎提示：若为 10 张图即便访客访问速度过慢，也只会造成部分图像无法正常下载，若是一张大图，很容易造成页面访问超时，访客什么也看不到！

3.4.2　创建切片

图 3-93　两类切片工具

使用 Fireworks 工具箱上的切片工具可以为已经制作好的图片创建切片，如图 3-93 所示。切片工具有两类，分别为"切片"工具（slicetool）和"多边形切片"工具（polygonslicetool），如图 3-93 所示。下面分别就这两类切片工具的使用做介绍。

1. 创建矩形切片

首先打开图像，选择工具箱上的的切片工具，在图像的适当位置上按下鼠标左键并拖动绘制一个矩形区域，当矩形大小适当时释放鼠标，这样就生成了一个切片，如图 3-94 所示。该切片区域被半透明的绿色所覆盖，称为切片对象，另外 Fireworks 根据切片对象的位置以红色分割线对图像进行了分割，称为切片向导。

要使切片与对象区域紧密匹配，可以和热点一样先选中要制作成为切片的对象，然后单击"编辑"菜单，选择"插入"|"矩形切片"命令；如果选择了多个对象，则会出现一

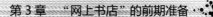

个如图 3-95 所示的对话框,单击"多重"按钮,可以创建多个切片,如图 3-96 所示。

2. 创建多边形切片

可以利用多边形切片工具在多边形的每个顶点单击制作多边形切片,如图 3-97 所示。

由上图可见,图像中的切片向导仍然是水平和垂直的,生成的切片文件也还是矩形的。实际上多边形切片的形状主要是用于设置相应的行为触发区域的。如果切片对象被设置了链接,那么在浏览器中显示的时候,只有单击到多边形区域时才会实现链接跳转,而在这个切片的其他区域则不会出现链接跳转。

同理,如果切片和对象区域完全符合或者说用户是基于路径对象制作切片,只需单击"编辑"菜单,再选择"插入"|"多边形切片"命令即可。

图 3-94　绘制矩形切片

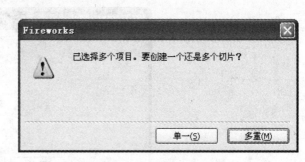

图 3-95　提示对话框

图 3-96　制作多个切片

图 3-97　制作多边形切片

3.4.3　编辑切片及添加链接

如果要选取切片,可以利用指针工具、部分选定工具来选中它,也可以使用层面板来进行;选中切片之后,若要移动切片可以利用鼠标、方向键或者属性面板的位置值。

默认情况下切片是透明的绿色,如果需要改变切片的颜色,只需要在图 3-98 所示的切片属性面板中的切片颜色框中选择所需要的颜色即可。

图 3-98　切片属性面板

在切片属性面板中,类型栏的下拉菜单中有图像和HTML两项,选择HTML会出现图3-99所示的面板,单击"编辑"按钮,在图3-100所示的弹出对话框中设置HTML代码可以创建一个文本链接。

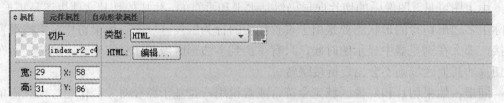

图 3-99　将切片类型改为 HTML

图 3-100　"编辑 HTML 切片"对话框

此外,在属性面板的优化下拉列表中还有几类优化方式,可以依据实际情况选择一种优化方式,如图3-101所示。

可以利用工具箱上的"隐藏切片和热点工具"来将选中的切片隐藏起来,需要显示切片的时候单击"显示切片和热点工具"即可将切片显示出来。同样还可以利用层面板上的眼睛图标显示和隐藏该切片。

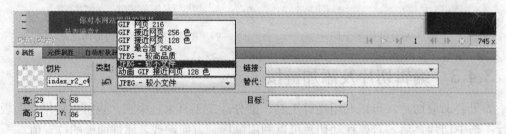

图 3-101　选择优化方式

为切片添加链接同样有两种方法,一是利用属性面板,二是利用 url 面板。当选定某个切片之后,可以在这两个面板中为该切片设置链接地址和链接属性。

3.4.4　命名切片

在 Fireworks 中命名切片有如下三种方式:自动命名切片文件、自定义命名切片文件和更改默认的自动命名惯例。

1. 自动命名切片文件

如果用户没有在属性面板或层面板中输入切片名称，则 Fireworks 会为切片自动命名。自动命名将根据默认的命名惯例自动为每个切片文件指定一个唯一的名称。在导出经过切片的图像时，于"导出"对话框的"文件名"文本框中输入一个名称。注意不要添加文件扩展名，因为 Fireworks 会在导出时自动向切片文件添加文件扩展名。

2. 自定义命名切片文件

为了能够在站点文件结构中轻松地标识切片文件，用户可以为切片自行命名。自定义命名切片有两种方法：在画布上选择切片，在属性面板的切片框中输入一个名称，然后按 <Enter>键；在层面板中双击切片的名称，输入一个新名称，然后按 <Enter>键。

3. 更改默认的自动命名惯例

还可以在"HTML 设置"对话框的"文档特定信息"选项栏中更改切片的命名惯例。单击"文件"菜单，选择下拉菜单的"HTML 设置"，如图 3-102 所示。在弹出的对话框中选择"文档特定信息"选项栏。可以用多种多样的命名选项来生成自己的命名惯例，创建的命名惯例最多可包含六个元素。

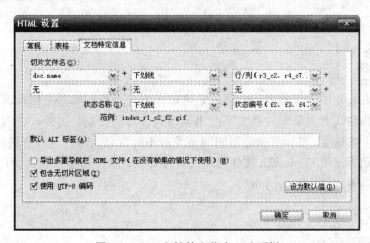

图 3-102 "文档特定信息"选项栏

3.4.5 导出切片

介绍完命名原则之后，下面介绍切片导出的具体步骤。

（1）打开切片图像。

（2）选择"文件" | "导出"命令，会弹出"导出"对话框。选择需要保存的文件夹，在文件名中输入文件名称，如图 3-103 所示。

（3）在切片下拉列表中选择三个选项：

① 导出切片：表示根据切片对象导出多个切片文件。

② 无：表示不生成切片文件，只是将文件导出为一个图像文件。

③ 沿辅助线切片：表示依据文件中现有切片向导导出切片。

另外，如果只希望导出一部分切片，只需要选中所需要导出的切片，右击鼠标在快捷菜单中选择"导出所选切片"即可。

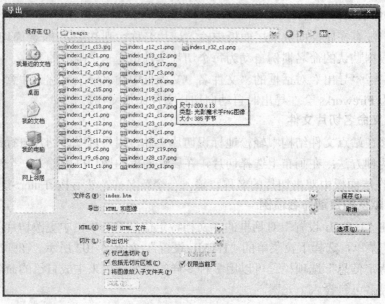

图 3-103 导出切片

切片是网页设计中非常重要的一环，它可以很方便地标明哪些是图片区域，哪些是文本区域，使版块格式尤其是图片和文字的比例得到合理的控制。另外，合理的切图还有利于加快网页的下载速度、设计复杂造型的网页及对不同特点的图片进行分格式压缩等优点。因此必须学会熟练使用 Fireworks 软件裁切网页设计稿，掌握创建和编辑切片的方法，以简化后面在网页编辑软件中网页的布局。

在 Fireworks 中将完成的小型商业网站首页设计稿进行裁切，获取制作首页的素材文件。

项目任务 3.5 利用 Flash 制作网站中的动画

Flash 动画是目前网络上最流行的一种矢量动画格式，它是由美国 Macromedia 公司于 1999 年 6 月推出的优秀网页动画设计软件 Flash 软件编辑而成的，具有体积小、兼容性好、直观动感、互动性强大、支持 MP3 音乐等诸多优点。动感绚丽的 Flash 动画可以给网站浏览者以极大的冲击力；可以生动地体现一个网站的性质和形象。一个好的 Flash 动画具有很高的艺术欣赏性，对于增强网站浏览者对网站的友好度非常有好处。

在网站中使用较多的 Flash 动画属于演示类，是单纯的以展示为目的的动画，包括专题片头、网站广告、图片播放器、动态 banner、Flash 按钮及部分电子杂志的内页等。

项目展示

1. 图片播放器（见图3-104～图3-106）

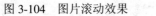
图 3-104　图片滚动效果

图 3-105　图片渐隐效果

图 3-106　图片切换效果

2. Flash 按钮（见图3-107）

弹起状态

指针经过状态

图 3-107　动态按钮效果

3. Flash 导航（见图3-108）

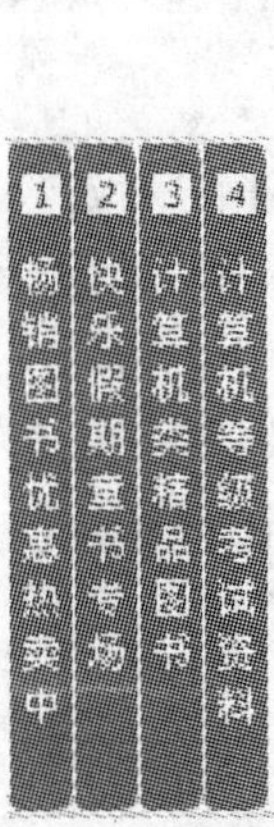

图 3-108　导航

4. Flash 广告（见图 3-109）

图 3-109　促销广告

（1）熟悉 Flash 的界面及基本工具。

（2）掌握基本动画的制作：逐帧动画、形状渐变动画、运动渐变动画、引导线动画、遮罩动画。

（3）能制作按钮和导航。

（4）会综合运用基本动画制作的技能制作广告、图片播放器。

1. 图片播放器

当需要在网页中列出一些推荐的产品、特价的产品或者其他需要引起别人关注的内容、新闻时，图片播放器是个不错的选择。图片播放器的播放效果形式多样，下面以网上书店中要推荐的图书为例来介绍 3 种常见播放效果的制作过程。

1）图片播放器：图片滚动效果

（1）启动 Flash CS4，执行"文件"|"新建"菜单命令，在打开的"新建文档"对话框中选择 Flash 文件（ActionScript 3.0）项，新建一个 Flash 文件。

（2）选择"文件"|"保存"菜单命令，将该文件保存为"ch03-5-1.fla"。

（3）选择"文件"|"导入"|"导入到库（L）..."菜单命令，打开"导入到库"对话框，如图 3-110 所示，选择需要用到的图书图片，单击"打开"按钮，这些图片将会自动载入到 Flash CS4 的库中。

图 3-110 选择导入到库的图片

（4）执行"修改"|"文档"菜单命令，出现如图 3-111 所示的"文档属性"对话框，并将其中的尺寸改为导入图片的大小，本例应改为：100 像素（宽），130 像素（高）。

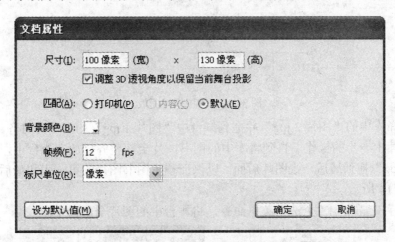

图 3-111 "文档属性"对话框

（5）执行"窗口"|"库"菜单命令，则在右侧面板区域打开库面板并列出库中的项目（本例即导入到库中的图书图片），如图 3-112 库面板所示。

（6）选择库中的"图片 1.jpg"并拖到舞台中，切换到属性面板，将图片的 X、Y 轴的值均设为 0，如图 3-113 所示。

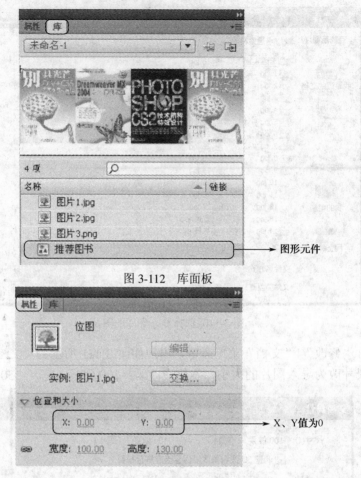

图 3-112　库面板

图形元件

位图

实例: 图片1.jpg　交换...

位置和大小

X: 0.00　Y: 0.00 —— X、Y值为0

宽度: 100.00　高度: 130.00

图 3-113　位图属性面板

（7）选择库中的"图片2.jpg"并拖到舞台中"图片1.jpg"的右侧并对齐。

（8）继续上一步的操作，直到将库中的图书图片全部整齐排放在舞台上，最后将库中的"图片1.jpg"拖到最后一张图片后面，以保证整排图书图片的第一张和最后一张是相同的，如图3-114所示。

（9）执行"编辑"|"全选"菜单命令，将舞台中的图片全部选中。

图 3-114　图片的排放

（10）执行"修改"|"转换为元件"菜单命令，出现如图3-115所示的元件属性对话框，输入元件名称，本例为推荐图书，在元件类型的下拉列表中选择"图形"后单击"确定"按钮，生成"推荐图书"图形元件，最终效果如图3-112所示。

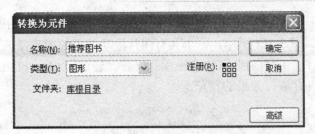

图 3-115 元件属性对话框

（11）选择时间轴上的第 30 帧并右击，在弹出的快捷菜单中选择"插入关键帧"。

（12）将第 30 帧处"推荐图书"元件的位置调整到最后一张图片处于舞台中，如图 3-116 所示。

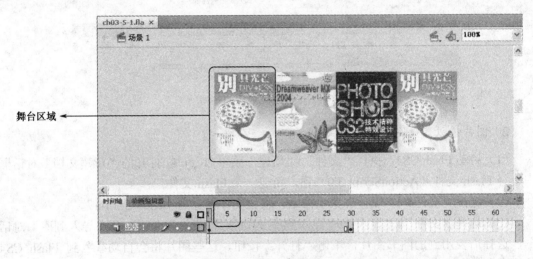

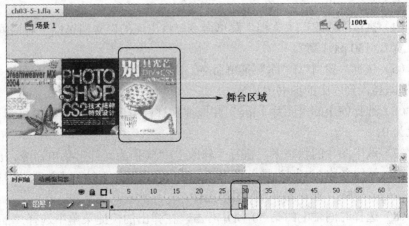

图 3-116 第 1 帧和第 30 帧处图书图片的在舞台中的位置

📞提示：Flash 是循环播放的，即从第一帧播放到最后一帧后仍返回第一帧开始播放，如果第一帧和最后一帧图片不相同则在循环播放时有跳动的效果出来，所以必须保证整排图片的第一张和最后一张相同。

（13）选择时间轴中第 1 帧到第 29 帧中的任意一帧并右击，在弹出的快捷菜单中选择"创建传统补间"，如图 3-117 所示，一个具有图片滚动效果的图片播放器就制作成功了。

（14）选择"文件" | "保存"菜单命令保存文件。通过<Ctrl> +<Enter>组合键可以将其发布为.swf 格式文件并进行效果的预览。

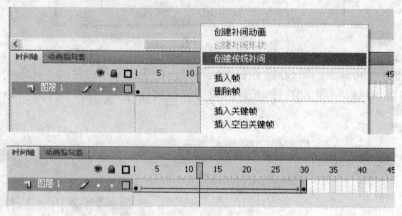

图 3-117　制作完成后的时间轴

2）图片播放器：图片渐隐效果

（1）启动 Flash CS4，执行"文件" | "新建"菜单命令，在打开的"新建文档"对话框中选择 Flash 文件（ActionScript 3.0）项，新建一个 Flash 文件。

（2）选择"文件" | "保存"菜单命令，将该文件保存为"ch03-5-2.fla"。

（3）选择"文件" | "导入" | "导入到库（L）…"菜单命令，打开"导入到库"对话框，选择需要用到的图书图片，单击"打开"按钮，这些图片将会自动载入到 Flash CS4 的库中。

（4）执行"修改" | "文档"菜单命令，将出现的"文档属性"对话框的尺寸改为：100 px（宽），130 px（高）。

（5）执行"窗口" | "库"菜单命令，则在右侧面板区域打开库面板并列出库中的项目（本例即导入到库中的图书图片）。

（6）选择库中的"图片 1.jpg"并拖拽到舞台中，在属性面板中将图片的 X、Y 轴的值均设为 0。

（7）选中图片的状态下，执行"修改" | "转换为元件"菜单命令，出现元件属性对话框，输入元件名称，本例为推荐图书 1，在元件类型的下拉列表中选择"图形"后单击"确定"按钮，生成"推荐图书 1"图形元件。

（8）选择时间轴上的第 50 帧并右击，在弹出的快捷菜单中选择"插入关键帧"，用同样的方法在第 75 帧和第 100 帧处插入关键帧。

（9）选择时间轴上第 50 帧中的"推荐图书 1"元件，设置属性面板"色彩效果"的样式为"Alpha"，并将 Alpha 的值设为 0%，如图 3-118 所示，用同样的方法将第 75 帧处元件的 Alpha 值也设为 0%。

图 3-118 属性面板中的色彩效果设置

（10）选择时间轴中第 1 帧到第 49 帧中的任意一帧并右击，在弹出的快捷菜单中选择"创建传统补间"，用同样的方法在第 75 帧到第 100 帧之间也设置成"传统补间"动画，如图 3-119 所示。

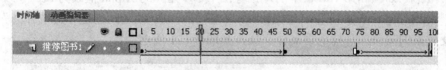

图 3-119 设置"传统补间"后的时间轴

（11）双击时间轴上的 图层 1，弹出如图 3-120 所示的图层属性对话框，将名称改为"推荐图书 1"后单击"确定"按钮，如图 3-119 所示。

（12）保持"推荐图书 1"图层选中状态，单击左下角的"新建图层"按钮 ，则在该图层上方插入一个新图层"图层 2"，用上一步骤中提到的方法将图层名改为"推荐图书 2"。

（13）选中"推荐图书 2"图层中的第 25 帧并右击，在弹出的快捷菜单中选择插入"空白关键帧"。

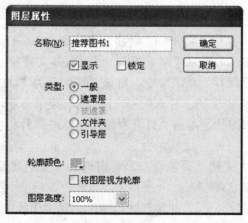

图 3-120 "图层属性"对话框

（14）选择库中的"图片 2.jpg"并拖到舞台中，在属性面板中将图片的 x、y 轴的值均设为 0。

（15）选中图片的状态下，执行"修改"|"转换为元件"菜单命令，出现元件属性对话框，输入元件名称，本例为推荐图书 2，在元件类型的下拉列表中选择"图形"后单击"确定"按钮，生成"推荐图书 2"图形元件。

（16）在"推荐图书2"图层的第50帧和第75帧处分别选择"插入关键帧"。

（17）将第25帧和第75帧中的"推荐图书2"元件在属性面板"色彩效果"中的样式设置为"Alpha"，并将Alpha的值设为0%。

（18）分别为第25帧到第50帧及第50帧到第75帧创建"传统补间"动画。

（19）选择"推荐图书2"图层，单击左下角的"新建图层"按钮，在该图层上方插入一个新图层"图层3"，并将图层名改为"推荐图书3"。

（20）在"推荐图书3"图层的第50帧处插入空白关键帧，并将库中的"图片3.jpg"拖拽到舞台中，执行"修改"|"转换为元件"菜单命令，转换为图形元件，元件名：推荐图书3。

（21）在"推荐图书3"图层的第75帧和第100帧处分别选择"插入关键帧"。

（22）将第50帧和第100帧中的"推荐图书3"元件的Alpha值设为0。

（23）分别在第50帧到第75帧以及第75帧到第100帧之间创建"传统补间"动画，一个渐变效果的简单图片播放器制作完成，如图3-121所示。

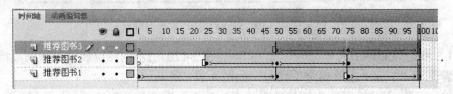

图3-121　制作完成后的时间轴

（24）选择"文件"|"保存"菜单命令保存文件。通过<Ctrl>+<Enter>组合键可以将其发布为.swf格式文件并进行效果的预览。

3）图片播放器：图片切换效果

（1）启动Flash CS4，执行"文件"|"新建"菜单命令，在打开的"新建文档"对话框中选择Flash文件（ActionScript 3.0）项，新建一个Flash文件。

（2）选择"文件"|"保存"菜单命令，将该文件保存为"ch03-5-3.fla"。

（3）选择"文件"|"导入"|"导入到库（L）…"菜单命令，打开"导入到库"对话框，选择需要用到的图书图片，单击"打开"按钮，这些图片将会自动载入到Flash CS4的库中。

（4）执行"修改"|"文档"菜单命令，将出现的"文档属性"对话框的尺寸改为：100像素（宽），130像素（高）。

（5）选择库中的"图片1.jpg"并拖到舞台中，在属性面板中将图片的x、y轴的值均设为0。

（6）选择时间轴上的第150帧并右击，在弹出的快捷菜单中选择"插入帧"。

（7）双击时间轴上的 图层1，弹出图层属性对话框，将名称改为"推荐图书1"后单击"确定"按钮，如图3-122所示。

（8）保持"推荐图书1"图层选中状态，单击左下角的"新建图层"按钮，在该图层上方插入一个新图层"图层2"，并将该图层名改为"推荐图书2"。

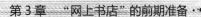

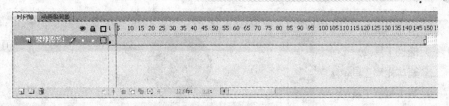

图 3-122 "推荐图书 1"的时间轴

（9）选中"推荐图书 2"图层中的第 10 帧并右击，在弹出的快捷菜单中选择"插入空白关键帧"。

（10）打开库面板，选择库中的"图片 2.jpg"并拖到舞台中，调整图片的位置使其能将图片 1 覆盖住。

（11）选择"推荐图书 2"图层中的第 111 帧至第 150 帧并右击，在弹出的快捷菜单中选择"删除帧"，如图 3-123 所示。

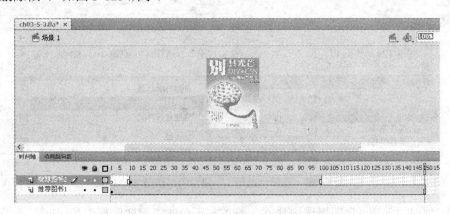

图 3-123 "推荐图层 2"效果

（12）保持"推荐图书 2"图层选中状态，单击左下角的"新建图层"按钮 🔲，在该图层上方插入一个新图层"图层 3"，并将图层名改为"遮罩 1"。

（13）选择"遮罩 1"图层中的第 10 帧并右击，在弹出的快捷菜单中选择"插入关键帧"。

（14）选择"工具箱"中的"椭圆工具"，设置边线颜色为无，填充色为默认，如图 3-124 所示，在舞台中绘制一个椭圆，确保可以将图片 2 覆盖住。

（15）选择"遮罩 1"图层中的第 50 帧并右击，在弹出的快捷菜单中选择"插入关键帧"。

（16）重新选择"遮罩 1"图层中的第 10 帧，将此关键帧处舞台中的"椭圆"图形移到舞台外的灰色区域，如图 3-125 所示。

（17）选择"遮罩 1"图层中第 10 帧到第 49 帧中的任意一帧并右击，在弹出的快捷菜单中选择"创建补间形状"，如图 3-126 所示。

（18）选择"遮罩 1"图层中的第 111 帧到第 150 帧并右击，在弹出的快捷菜单中选择"删除帧"。

（19）选择"遮罩 1"图层并右击，在弹出的快捷菜单中选择"遮罩层"，"推荐图片 1"到"推荐图片 2"的切换效果制作完成，如图 3-127 所示。

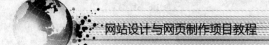
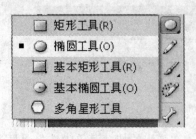

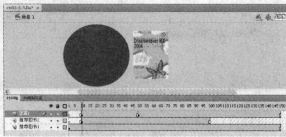

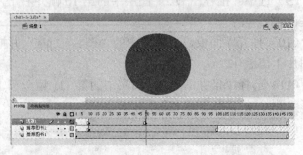

图 3-124　工具箱　　　　　图 3-125　"遮罩 1"中第 10、50 帧效果

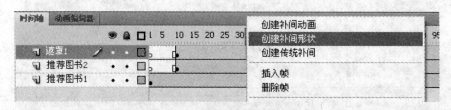

图 3-126　设置"遮罩 1"图层的形状渐变动画

（20）保持"遮罩 1"图层选中状态，单击左下角的"新建图层"按钮 🔳，在该图层上方插入一个新图层"图层 4"，并将图层名改为"推荐图书 3"。

（21）选择"推荐图书 3"图层中的第 60 帧并右击，在弹出的快捷菜单中选择"插入关键帧"命令。

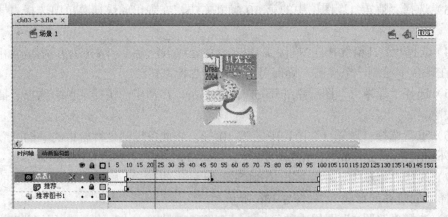

图 3-127　"推荐图片 1"到"推荐图片 2"的切换效果

（22）打开库面板，选择库中的"图片 3.jpg"并拖到舞台中，调整图片的位置使其能将图片 2 覆盖住。

（23）保持"推荐图书 3"图层选中状态，单击左下角的"新建图层"按钮，在该图层上方插入一个新图层"图层 5"，并将图层名改为"遮罩 2"。

（24）选择"遮罩 2"图层中的第 60 帧并右击，在弹出的快捷菜单中选择"插入关键帧"。

（25）选择"工具箱"中的"矩形工具"，设置边线颜色为无，填充色为默认，在舞台中绘制一个矩形，确保可以将图片 3 覆盖住。

（26）选择"遮罩 2"图层中的第 100 帧并右击，在弹出的快捷菜单中选择"插入关键帧"，同样的方法在第 110 帧和第 150 帧处插入关键帧。

（27）选择"遮罩 2"图层中的第 60 帧，将此关键帧处舞台中的"矩形"元件移到舞台外的灰色区域，同样的方法将第 150 帧处的"矩形"元件移到舞台外的灰色区域。

（28）选择"遮罩 2"图层中第 60 帧到第 99 帧中的任意一帧，在弹出的快捷菜单中"创建补间形状"，同样的方法在第 110 帧到第 150 帧之间创建形状补间动画。

（29）选择"遮罩 2"图层并右击，在弹出的快捷菜单中选择"遮罩层"，一个图片切换效果的简单图片播放器制作完成，如图 3-128 所示。

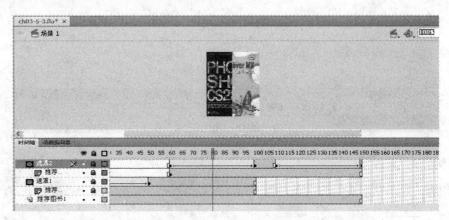

图 3-128　制作完成后的时间轴和效果

（30）选择"文件"|"保存"菜单命令保存文件。通过<Ctrl>+<Enter>组合键可以将其发布为.swf 格式文件并进行效果的预览。

2. 按钮的制作

（1）启动 Flash CS4，执行"文件"|"新建"菜单命令，在打开的"新建文档"对话框中选择 Flash 文件（ActionScript 3.0）项，新建一个 Flash 文件。

（2）选择"文件"|"保存"菜单命令，将该文件保存为"ch03-5-4.fla"。

（3）执行"修改"|"文档"菜单命令，将出现的"文档属性"对话框中的尺寸改为：500px（宽），200px（高）。

（4）选择"插入"|"新建元件"，出现如图 3-129 所示的"创建新元件"对话框，输入元件名称：按钮 1，元件类型为"按钮"后单击"确定"按钮，进入按钮编辑状态，如图 3-130 所示。

（5）选择工具箱中的"矩形"工具，在属性面板中将矩形工具的笔触颜色改为白色：#FFFFFF，填充颜色改为：#669900，如图 3-131 所示。

（6）在属性面板的矩形选项中，设置边角半径为 3 点，如图 3-132 所示。

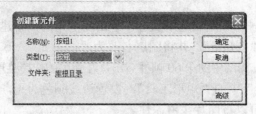

图 3-129 "创建新元件"对话框

图 3-130 按钮编辑状态

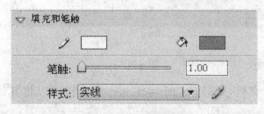

图 3-131 矩形的"填充和笔触"选项

图 3-132 矩形选项设置

（7）在按钮编辑区域的舞台中绘制一个 20 像素（宽）×200 像素（高）的矩形，此时

"弹起"帧由 ┌弹起┐ 变为 ┌弹起┐。

（8）选中"点击"帧并右击，在弹出的快捷菜单中选择"插入帧"，如图 3-133 所示。

（9）在"图层 1"上方新建"图层 2"。

（10）选择工具箱中的"矩形工具"，在属性面板中将矩形工具的笔触颜色改为无色，填充颜色改为：#FFFFFF，如图 3-134 所示。

（11）在绘制的绿色矩形条上绘制一个 12 像素×12 像素的正方形。

（12）选择工具箱中的文本工具，在属性面板中设置字符的"系列"（字体）为 Verdana，"大小"为 10px，"颜色"为灰色（#666666），如图 3-135 所示，并在白色正方形上输入文字"1"，如图 3-136 所示。

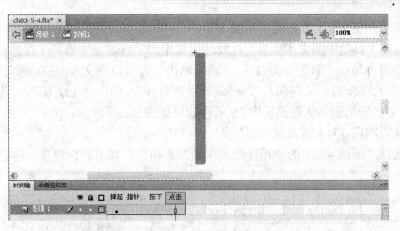

图 3-133　绘制的矩形

图 3-134　矩形的"填充和笔触"选项

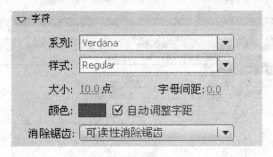

图 3-135　字符属性设置

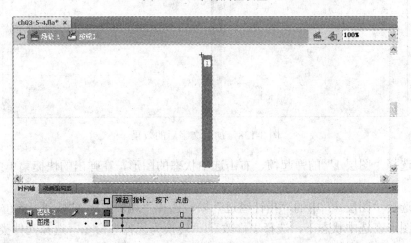

图 3-136　制作编号

（13）在"图层 2"上方新建"图层 3"。

（14）选择工具箱中的文本工具，在属性面板中的字符选项中设置字符的"系列"为宋体，"大小"为 12px，"颜色"为白色，"消除锯齿"为"位图文本[无消除锯齿]"；段落选项中"方向"为"垂直，从左向右"，格式为"顶对齐"，如图 3-137 所示，并在白色正方形下输入文字"畅销图书优惠热卖中"，最终效果如图 3-138 所示。

（15）在"图层 3"上方新建"图层 4"。

（16）选择"图层 4"中的"指针经过"帧并右击，在弹出的快捷菜单中选择"插入关键帧"命令。

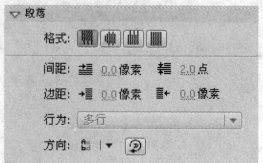

图 3-137　字符属性和段落属性设置

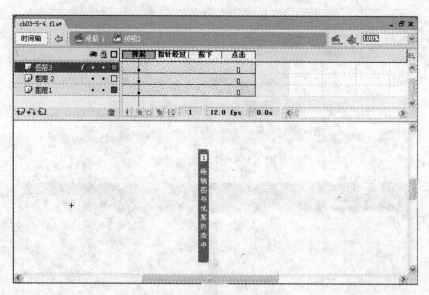

图 3-138　加上文字后的效果

（17）选择"图层 1"的弹起帧，右击选中状态的图形，在弹出的快捷菜单中选择"复制"命令。

（18）选择"图层 4"中的"指针经过"帧，选择"编辑"|"粘贴到当前位置"命令。

（19）图形在选中状态下，选择"修改"|"转换为元件"命令，选择元件类型为图形，并在属性面板的色彩效果选项中设置样式为高级，按如图 3-139 所示的内容对高级选项中的各项值进行设置。

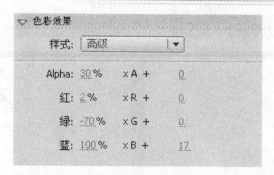

图 3-139 高级选项设置

（20）单击左上方 ← 场景 1 按钮1 中的"场景 1"，从按钮元件编辑状态切换到场景 1，选择"窗口"|"库"命令，在右侧打开库面板，可以看到库面板中列出了刚刚编辑好的图形元件和按钮元件。选中按钮元件可将其拖拽到舞台中。

3．导航

利用 Flash 制作的导航实际是将一组按钮横向或竖向排列而成。按钮的制作方法见上例。下面介绍导航的实现。

（1）打开文件"ch03-5-4.fla"，选择"窗口"|"库"菜单命令打开库面板，选中"按钮1"元件右击选择"直接复制"，出现如图 3-140 所示的"直接复制元件"对话框，并将名称改为"按钮 2"，单击"确定"按钮后在库面板中即可看到复制了的按钮，如图 3-141 所示。

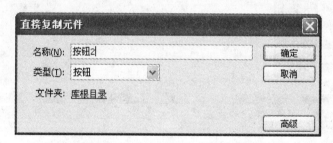

图 3-140 "直接复制元件"对话框

（2）双击"按钮 2"，进入按钮 2 编辑状态，选择"图层 2"，将文字"1"改为"2"，再选择"图层 3"，并将图层 3 中的文字改为"快乐假期图书专场"。

（3）单击左上方 ← 场景 1 按钮1 中的"场景 1"，从按钮元件编辑状态切换到场景 1，用同样的方法继续制作"按钮 3"、"按钮 4"，分别将文字改为"3""计算机类精品图书"、"4"、"计算机等级考试资料"。

（4）返回到"场景 1"，将制作好的 4 个按钮拖到舞台并从左往右依次排放，如图 3-142 所示，这样 Flash 导航就制作完成了。

4．广告

Flash 广告也是网站中常见的元素，广告的形式多样，但最终目的都是宣传。下面介绍本网上书店中的一个 Flash 广告的制作。

（1）打开文件"ch03-5-4.fla"，选择"文件"|"导入"|"导入到库"菜单命令，将广告需要用到的图片导入到舞台中（同图片播放器中导入外部图片的步骤）。

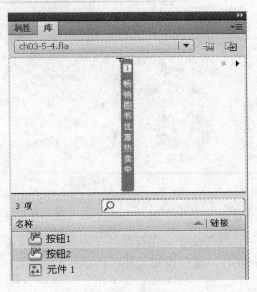

图 3-141　库面板

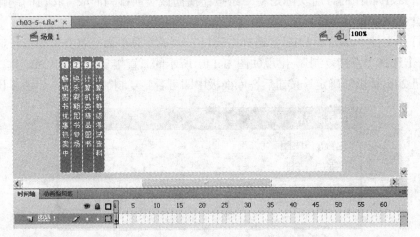

图 3-142　导航效果

（2）选择导航所在"图层 1"的第 4 帧并右击，在弹出的快捷菜单中选择"插入帧"命令。

（3）在"图层 1"的上方新建"图层 2"，选中"图层 2"并将其拖拽到"图层 1"下方。

（4）将库中的"畅销图书.jpg"拖拽到"图层 2"的第 1 帧，并适当调整图片的位置使其如图 3-143 所示。

（5）选中"图层 2"的第 2 帧并右击，在弹出的快捷菜单中选择"插入空白关键帧"命令，将库中的"童书专场.jpg"拖到该帧中。

（6）调整"童书专场.jpg"的位置，使其显示在"畅销图书.jpg"的位置。

（7）选中"图层 2"的第 3 帧并右击，在弹出的快捷菜单中选择"插入空白关键帧"命令，并将库中的"计算机类图书.jpg"拖到该帧。

（8）调整"计算机类图书.jpg"的位置，使其显示在"畅销图书.jpg"的位置。

（9）与第 6 步操作类似，在第 4 帧中放入"计算机等级考试.jpg"。

图 3-143 图片的位置

（10）添加 ActionScript：选中"图层 1"的第 1 帧，按<F9>键打开动作面板，在右侧空白区域输入"stop();"，同样的方法为图层 2 的第 1、2、3、4 帧加入"stop（）;"语句，如图 3-144 所示。

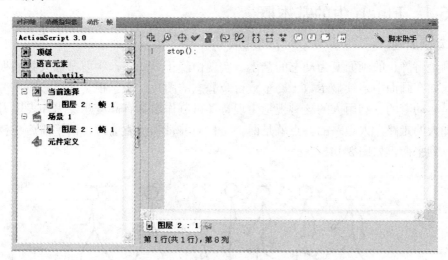

图 3-144 动作面板

（11）选择"按钮 1"元件，在属性面板中设置"按钮 1"的实例名为"btn1"。并分别设置"按钮 2"、"按钮 3"、"按钮 4"的实例名为"btn2"、"btn3"和"btn4"。

（12）选择"图层 1"的第一帧，按<F9>键打开动作面板，并输入如下代码：

```
btn1.addEventListener(MouseEvent.CLICK,onClick1);
function onClick1(evt:MouseEvent){
gotoAndStop(1);
}


btn2.addEventListener(MouseEvent.CLICK,onClick2);
```

```
function onClick2(evt:MouseEvent){
gotoAndStop(2);
}


btn3.addEventListener(MouseEvent.CLICK,onClick3);
function onClick3(evt:MouseEvent){
gotoAndStop(3);
}


btn4.addEventListener(MouseEvent.CLICK,onClick4);
function onClick4(evt:MouseEvent){
gotoAndStop(4);
}
```

(13) Flash 广告制作完成，选择"文件"|"保存"菜单命令保存文件。通过<Ctrl>+<Enter>组合键可以将其转换为 swf 格式并进行效果的预览。

3.5.1　Flash 中的基本概念

1.　动画原理

动画是将静止的画面变为动态的艺术。实现由静止到动态，主要是靠人眼的视觉残留效应。比如在画面中连续显示数十乃至数百个静态的图片，由于视觉残留效应使得我们认为物体是运动着的。利用人的这种视觉生理特性可制作出具有高度想象力和表现力的动画影片。如人的走路，人走路的特点就是两脚交替向前带动身躯前进，两手前后交替摆动，使动作得到平衡，如图 3-145 所示。

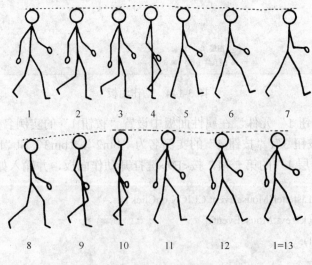

图 3-145　人的走路

2. Flash 动画的制作方式

（1）用帧做动作来制作动画，可以在每帧上放上不同的图片，在一定的时间内快速地播放完每一帧便是动画，也可以自己运算一定的变形动作，这需要一定的美术基础。

（2）用脚本控制动画，用它可以实现更多的效果，主要运用在交互式的动画中，如游戏网站的菜单可以用 Flash 来做，做好需要一定的编程基础。

3. Flash 中的几个概念

1）时间轴和时间轴面板

在 Flash 当中，可以通过时间轴面板来进行动画的控制。时间轴面板是用来管理图层和处理帧的，主要有左边的图层面板、右边的时间轴，以及下边的状态栏三部分组成。时间轴由图层、帧、播放头组成，时间轴面板如图 3-146 所示。

2）帧

帧是 Flash 中最小的时间单位。与电影的成像原理一样，Flash 动画也是通过对帧的连续播放实现动画效果的，通过帧与帧之间的不同状态或位置的变化实现不同的动画效果。制作和编辑动画实际上就是对连续的帧进行操作的过程，对帧的操作实际就是对动画的操作。

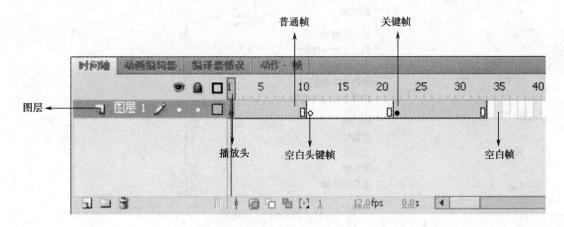

图 3-146 时间轴面板

对不同帧含义的正确理解是制作动画的关键，下面来认识一下这些帧。

（1）空白帧：帧中不含任何 Flash 对象，相当于一张空白的影片。在 Flash CS4 中除了第一帧外其余的帧均为空白帧。

（2）关键帧：显示为实心的圆圈，是有关键内容的帧。用来定义动画变化、更改状态的帧，即编辑舞台上存在实例对象并可对其进行编辑的帧。（快捷键<F6>）

（3）空白关键帧：显示为空心的圆圈，空白关键帧是没有包含舞台上的实例内容的关键帧。可以随时添加实例内容，当添加了实例内容后，空白关键帧就自动转换为关键帧。（快捷键<F7>）

（4）普通帧：显示灰色方格，普通帧是用于延续关键帧的内容，也称为延长帧。在普通帧上绘画和在前面关键帧上绘画的效果是一样的，用一个空白的矩形框表示结束。（快捷键<F5>）

（5）过渡帧：是将过渡帧前后的两个关键帧进行计算得到，它所包含的元素属性的变化是计算得来的。包括形状渐变帧和运动渐变帧，如果过渡帧制作不成功则还会有不可渐变帧。

关键帧、空白关键帧和普通帧的区别如下。

（1）同一层中，在前一个关键帧的后面任一帧处插入关键帧，是复制前一个关键帧上的对象，并可对其进行编辑操作。

（2）如果在前一个关键帧的后面插入的是普通帧，则延续前一个关键帧上的内容，不可对其进行编辑操作。

（3）如果在前一个关键帧的后面插入的是空白关键帧，可清除该帧后面的延续内容，可以在空白关键帧上添加新的实例对象。

（4）关键帧和空白关键帧上都可以添加帧动作脚本，普通帧上则不能。

选择时间轴上的空白帧并右击，弹出的快捷菜单中可以实现各类帧操作，如图 3-147 所示。

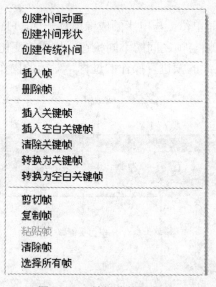

图 3-147　帧操作快捷菜单

3）图层

图层就相当于完全重合在一起的透明纸，可以任意选择其中一个图层绘制图形、修改图形、定义图形。每一个层之间相互独立，都有自己的时间轴，包含自己独立的多个帧，而不会受到其他层上图形的影响。在相应的图层上进行绘制和添加图形，再给每个图层一个名称作为标识（双击图层名能重命名），然后重叠起来就是一幅完整的动画了，如图 3-148 所示。

在图层名称右方有图层的三种编辑模式。

（1）显示/隐藏模式：可以使该图层的图形对象隐藏起来。

（2）锁定/解锁模式：锁定图层，使之不能被编辑。

（3）轮廓/轮廓与填充模式：只显示轮廓，便于修改轮廓。

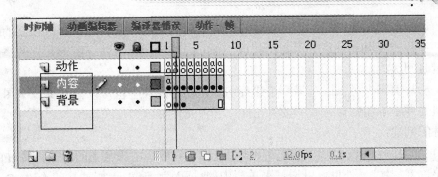

图 3-148 有多个图层的时间轴面板

图层的类型：

（1）普通层：通常制作动画、安排元素所使用的图层，和 Photoshop 中的层是类似的概念和功能。

（2）遮罩层：只用遮罩层的可显示区域来显示被遮罩层的内容，与 Photoshop 的遮罩类似。

（3）运动引导层：运动引导层包含的是一条路径，运动引导线所引导的层的运动过渡动画将会按照这条路径进行运动。

（4）注释说明层：是 Flash MX 以后新增加的一个功能，本质上是一个运动引导层。可以在其中增加一些说明性文字，而输出的时候层中所包含的内容将不被输出。

4）元件与实例

元件是指在 Flash 中创建且保存在库中的图形、按钮或影片剪辑，可以自始至终在影片或其他影片中重复使用，是 Flash 动画中最基本的元素。

元件的分类：

（1）图形元件（　）：是可以重复使用的静态图像，或连接到主影片时间轴上的可重复播放的动画片段。图形元件与影片的时间轴同步运行。

（2）影片剪辑元件（　）：可以理解为电影中的小电影，可以完全独立于主场景时间轴并且可以重复播放。

（3）按钮元件（　）：实际上是一个只有 4 帧的影片剪辑，但它的时间轴不能播放，只是根据鼠标指针的动作做出简单的响应，并转到相应的帧。

元件存放在库中，通过按<Ctrl>+<L>组合键或者<F11>键可以打开库面板，可以把库理解为是保存图符的文件夹。通过拖曳操作便可将元件从库中取出，反复加以应用。由于使用元件不增加文件的尺寸，尽可能重复利用 Flash 中的各种元件，减小文件的尺寸。

文件从库拖到工作区中之后，应用于影片的元件对象被称为"实例"。

几种元件的相同点是都可以重复使用，且当需要对重复使用的元素进行修改时，只需编辑元件，而不必对所有该元件的实例一一进行修改。

几种元件的区别及应用中需注意的问题：

（1）影片剪辑元件和按钮元件的实例上都可以加入动作语句，图形元件的实例上则不能；影片剪辑里的关键帧上可以加入动作语句，按钮元件和图形元件则不能。

（2）影片剪辑元件和按钮元件中都可以加入声音，图形元件则不能。

（3）影片剪辑元件的播放不受场景时间线长度的制约，它有元件自身独立的时间线；按钮元件独特的 4 帧时间线并不自动播放，而只是响应鼠标事件；图形元件的播放完全受制于场景时间线；

（4）影片剪辑中可以嵌套另一个影片剪辑，图形元件中也可以勘套另一个图形元件，但是按钮元件中不能勘套另一个按钮元件；三种元件可以相互嵌套。

元件的创建：

舞台上的任何一个元素均可以转化成为元件，只要选中舞台上的对象，按<F8>键或通过右键菜单来创建，另外也可以通过菜单栏中的"插入"\"新建元件"或按组合键<Ctrl>+<F8>组合键来创建新的元件。

☏提示：实例可以称为位于工作区中的元件的复制品。元件的实例可以多次应用于工作区之中，而且每一个实例都可以有不同的大小以及颜色。设置于实例的属性将不会影响到元件本身，而对元件的修改将反映在每一个实例当中。

按钮是一个特殊元件，只有四帧，分别为弹起、指针经过、按下、单击。制作按钮时，首先要制作与不同的按钮状态相关联的图形，为了使按钮有更好的效果，还可以在其中加入影片剪辑或音效文件，如图 3-149 所示。

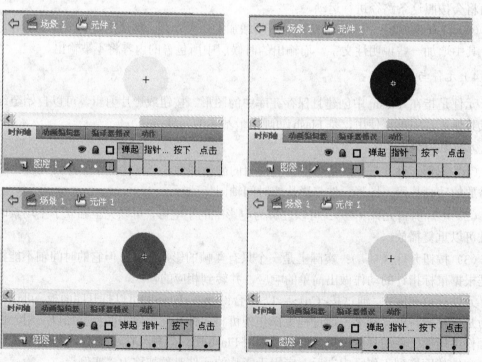

图 3-149 按钮编辑状态

☏提示：弹起（Up）：不受鼠标影响时的状态。

按下（Down）：鼠标按下时的状态。

指针经过（Over）：鼠标移到元件之上的状态。

单击（Hit）：用于设置按钮区域的帧，实际上看不见。

5）库及其管理

库面板是存储和组织在 Flash 中创建的各种元件的地方，还用于存储和组织导入的文件，包括位图、声音和视频，如图 3-150 所示。双击库中的元件可以进入元件的编辑；双击元件名称可以对元件重命名；选中元件按<Delete>键可以删除元件；同时可以添加文件夹来分类放置各元件。

图 3-150　库面板

3.5.2　Flash 中的基本操作

Flash 文档的基本操作包括新建 Flash 文档、打开和关闭 Flash 文档及保存 Flash 文档，Flash 文档的扩展名为.fla。

1. 新建 Flash 文件

（1）执行"文件"|"新建"菜单命令，出现"新建文档"对话框，如图 3-151 所示。

（2）在弹出的对话框的选项卡中选择文档类型为"Flash 文档"。

（3）完成后单击"确定"按钮。

这样就新建了一个.fla 文档，新建文档的默认文档名是"未命名-*.fla"（*号表示按照新建次序系统设定的数字）。

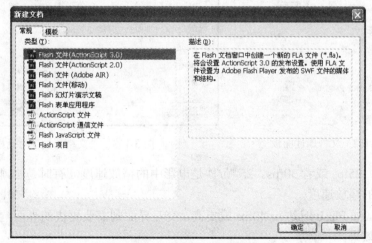

图 3-151　"新建文档"对话框

2. 打开和关闭 Flash 文件

（1）执行"文件"|"打开"菜单命令，出现打开文档对话框。

（2）浏览找到想要打开的文档。

（3）单击"打开"按钮，Flash 文件即被打开。

要关闭 Flash 文档，可以选择"文件"|"关闭"命令。选择"文件"|"全部关闭命令"命令可以将所有打开的 Flash 文档关闭。

3. 保存 Flash 文件

（1）执行"文件"|"保存"命令就可以保存对文档的修改。

（2）如果是保存新建的文档，则会出现"另存为"对话框，在此对话框中可设置保存路径和文档名，系统默认的文档名为"未命名-*.fla"，在"文件名"文本框输入自己命名的文档名，单击"保存"按钮即可保存文档。

4. 设置文档属性

选择工具箱中的选择工具 ，然后单击舞台中的任意位置，就可以在如图 3-152 所示的属性面板中对文档属性进行设置。单击"大小"后的按钮，打开"文档属性"对话框，可以进行进一步的设置，如图 3-153 所示。

帧频是动画播放的速度，以每秒播放的帧数为度量，最多每秒 120 帧。帧频太慢会使动画看起来一顿一顿的，帧频太快会使动画的细节变得模糊。在 Web 上，每秒 12 帧(fps)的帧频通常会得到最佳的效果。QuickTime 和 AVI 影片通常的帧频就是 12fps，但是标准的运动图像速率是 24fps。

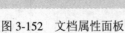

图 3-152　文档属性面板

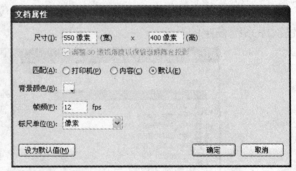

图 3-153　"文档属性"对话框

片头动画：25fps 或者 30fps。25 帧/秒是电影中的播放速度（有时是 24 帧/秒），30 帧/秒则是电视中的播放速度。

交互界面（如 Flash 网站）：40fps 或更高。交互界面则需要更快的界面响应，以及更流畅的界面动画效果。

Flash 游戏：一般情况下将游戏设为 30fps 也可以有不错的效果，或者将帧频设为 50fps 或 60fps，这样如果游戏中出现视频动画，则可以使用每 2 帧播放一幅画面的方法来播放和整合视频动画。可以不用丢帧更流畅的播放设计好的视频，且可以同步好时间。当然有时候游戏也会使用定时器来刷新画面，这时候可以使用 120fps 的极限帧速率。

动漫：一般 15～25fps。因为播放 Flash 矢量动画需要每帧刷新屏幕数据（每次缩放和平移时，特别是整个场景移动时），这个时候 CPU 的开销会很大。

5. 发布 Flash 文件

如果将网站的 Flash 文件下载下来，会发现它是一个.swf 格式的文件，而利用 Flash 软件编辑的文件以 "*.fla" 的格式保存。所以需要将其发布成 "*.swf" 的文档。当然也可以发布成其他格式的文档如 GIF、JPEG、PNG 和 QuickTime 等格式。

（1）发布 swf 文件。

① 通过执行 "文件" | "导出影片" 命令可以生成 swf 文件。

② 制作影像文件过程中按<Ctrl>+<Enter>组合键，会自动生成 swf 文件，同时可以进行制作效果的预览。

③ 制作影像文件的途中按<F12>键，则可以通过网页浏览器将 swf 运行为 HTML 格式。

（2）发布 Image 文件。

① 通过执行 "文件" | "导出图象" 命令可以将当前 Flash 文件另存为 JPEG、BMP、AI、PNG 等格式。

② 还可以根据图像的形式设置图像质量或版本的属性。

（3）同时发布多个文件格式。

① 通过执行 "文件" | "发布" 命令可以同时制作各种格式的文件。

② 通过执行 "文件" | "发布设置" 命令可以在弹出的对话框中选择要制作的文件格式，如图 3-154 所示。

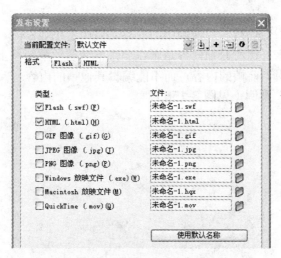

图 3-154 "发布设置"对话框

3.5.3 Flash 逐帧动画

逐帧动画是由位于时间线上同一动画轨道上的一个连续的关键帧序列组成的。对于动画帧序列的每一帧中的内容都可以单独进行编辑，使得各帧展示的内容不完全相同，在作品播放时，由各帧顺序播放产生动画效果。由于是一帧一帧的动画，所以逐帧动画具有非常大的灵活性，几乎可以表现任何想表现的内容。

逐帧动画在时间轴上的表现为连续的关键帧，如图 3-155 所示。

图 3-155   逐帧动画的时间轴显示效果

1. 创建逐帧动画的方法

（1）逐帧绘制帧内容，用鼠标在场景中一帧帧地画出每帧的内容。

（2）通过导入静态图片来建立逐帧动画，如把 JPG、PNG 等格式的静态图片连续导入 Flash 中，建立一段逐帧动画。

（3）用文字作为元件，制作跳跃、旋转等效果的逐帧动画。

2. 绘图纸的使用

绘图纸的功能是帮助定位和编辑动画，对制作逐帧动画特别有用。通常情况下，Flash 工作区中一次只能显示动画序列的单个帧。使用绘图纸功能后，就可以在舞台中一次查看两个或多个帧了。

使用绘图纸功能后的场景。当前帧中的内容是以全彩色显示的，而其他帧的内容是以半透明显示的，看起来好像所有帧内容是画在一张半透明的绘图纸上，这些内容相互层叠在一起。此时只能编辑当前帧的内容，而不能编辑其他帧的内容。

3. "烧焦的小鸟"案例（见图 3-156）

图 3-156   "烧焦的小鸟"案例

（1）打开素材文件"ch03-5-5.fla"，选择"背景"图层中的第20帧，利用快捷键<F5>插入普通帧，"背景"图层制作完毕。

（2）在"背景"图层上方新建一个图层命名为"小鸟"。

（3）利用快捷键<F11>或<Ctrl>+<L>组合键打开库面板，将库中的图形元件"烤焦01"拖至舞台中阳光下合适的位置。

（4）选择"小鸟"图层中的第2帧，快捷键<F7>插入空白关键帧。

（5）单击绘图纸外观按钮，如图 3-157 所示，将库中的"烧焦02"拖至舞台并与半透明显示的第1帧的小鸟的重叠。

（6）依次类推，将剩下来的"烧焦03"～"烧焦16"用相同的方法放置到对应的位置。

（7）为了使其有眨眼睛的效果，我们将第15和16帧的内容再重复做2遍，即第17、19帧与第15帧内容相同，第18、20帧与第16帧的内容相同。这样"烧焦的小鸟"的逐帧动画的案例就制作完成了。

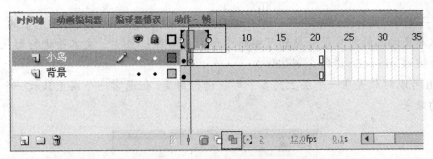

图 3-157　绘图纸外观按钮效果

3.5.4　Flash 补间动画

补间动画是 Flash 中非常重要的表现手法之一，可以运用它制作出奇妙的效果。补间动画一般有形状补间动画和运动补间动画两种。

1. 形状补间动画

在 Flash 时间轴面板上的某一个关键帧绘制一个形状，然后在另一个关键帧更改该形状或绘制另一个形状，Flash 根据二者之间帧的值或形状来创建的动画被称为形状补间动画。

形状补间动画可以实现两个图形之间颜色、形状、大小、位置的相互变化，其变形的灵活性介于逐帧动画和动作补间动画之间，使用的元素为用鼠标绘制出的形状，如果使用图形元件、按钮或文字，必须先"打散"再变形。

形状补间动画建好后，时间轴面板的背景色变为淡绿色，在起始帧和结束帧之间产生一个长长的箭头，如图 3-158 所示。

（1）创建形状补间动画的方法。在时间轴面板上动画开始播放的地方创建或选择一个关键帧并设置要开始变形的形状，在动画结束处创建或选择一个关键帧并设置要变成的形状，单击右键，在弹出的菜单中选择"创建补间形状"，此时一个形状补间动画就创建完毕。

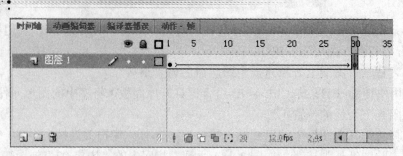

图 3-158　形状补间动画在时间轴面板上的表现

（2）形状补间动画的属性面板。Flash 的"属性"面板随鼠标选定的对象不同而发生相应的变化。当建立了一个形状补间动画后，单击时间帧，"属性"面板如图 3-159 所示。

　　📞提示：━━━━━━━━━━━━━━━━━━━━━━━━━━━━━━━━：形状渐变是在起始关键帧用一个黑色圆点表示，中间的帧有一个浅绿色背景的黑色箭头。

　　●------------------------------：虚线表示渐变动画最断的或者不完整的。

　　形状渐变动画的对象是分离的可编辑图形（点阵图），图片、文本等进行形状渐变必须通过组合键<Ctrl>+<B>进行分解组件。

　　Flash 可以对放置在一个层上的多个形状进行形变，但通常一个层上只放一个形状会产生较好的效果。

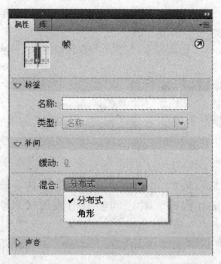

图 3-159　形状补间动画"属性"面板

（3）简单形状补间动画案例：六个小圆慢慢变成一个大圆，如图 3-160 所示。

① 新建 Flash 文件，并保存为"ch03-5-6.fla"。

② 选择工具箱中的椭圆工具 ○ ，设置椭圆的边线为无色，填充色为#99CC00，如图 3-161 所示，并在舞台中绘制一个较小的圆形。

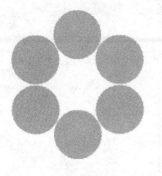

起始帧效果　　　　　　　　　中间帧效果　　　　　　　　　结束帧效果

图 3-160　简单形状补间动画案例

图 3-161　椭圆属性面板

③ 选择工具箱中的任意变形工具  后，选中刚绘制的小圆，如图 3-162 所示小圆选中状态。当鼠标移到中心的空心圆处（轴中心点）后鼠标变为黑色实心状态，按住鼠标将轴中心点移到小圆的外面，如图 3-163 所示。

图 3-162　小圆选中状态　　　　　　图 3-163　移至小圆外的轴中心点

④ 选择"窗口"|"变形"菜单命令打开变形面板，并设置为旋转 60°，重复单击"重置选区和变形"按钮如图 3-164 所示，即可制作出如图 3-160 中起始帧效果的图像。

图 3-164　变形面板

⑤ 在"图层 1"的第 30 帧处插入"空白关键帧"（快捷键<F7>），并在舞台中绘制一个边线为无色，填充色为#99CC00 的大圆。

⑥ 选择 1～29 帧中的任意一帧，在属性面板中将动作设置为"形状"，简单的形状补间动画制作完成。

2. 运动补间动画

动作补间动画也是 Flash 中非常重要的表现手段之一。与形状补间动画不同的是，动作补间动画的对象必须是元件。

在 Flash 时间轴面板上的一个关键帧放置一个元件，然后在另一个关键帧改变这个元件的大小、颜色、位置、透明度等，Flash 根据二者之间的帧值创建的动画被称为动作补间动画。

构成动作补间动画的元素是元件，它包括影片剪辑、图形元件、按钮等。用户绘制的图形和分离的组件等其他元素不能创建动作补间动画，都必须先转换成元件，只有转换成元件后才可以做动作补间动画。

动作补间动画建立后，时间轴面板的背景色变为淡紫色，在起始帧和结束帧之间产生一个长长的箭头，如图 3-165 所示。

图 3-165　动作补间动画在时间轴上的表现

（1）创建动作补间动画的方法。在时间轴面板上动画开始播放的地方创建或选择一个关键帧并设置一个元件，在动画要结束的地方创建或选择一个关键帧并设置该元件的属性，单击右键，在弹出的菜单中选择"创建传统补间"，就建立了动作补间动画。

📞提示: ●━━━━━━━━━━━━━━━━━━━▮▮: 运动渐变式在起始关键帧用一个黑色圆点指示，中间的帧有一个浅蓝色背景的黑色箭头。

●∙∙∙∙∙∙∙∙∙∙∙∙∙∙∙∙∙∙∙∙∙∙∙∙∙∙∙∙∙▮▮: 虚线表示渐变动画是断的或者不完整的。

（2）动作补间动画的属性面板。

① 在时间轴动作补间动画的起始帧上单击，帧属性面板如图 3-166 所示。

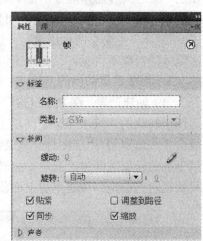

② "缓动"选项：初始值为"0"，填入具体的数值可以设置动画的缓动效果。正值为又快到慢的变化，负值为由慢到快的变化。

③ "旋转"选项：该选项有四个选择：选择"无"（默认设置）禁止元件旋转；选择"自动"可以使元件在需要最小动作的方向上旋转一次；选择"顺时针"或"逆时针"，并在后面输入数字，可使元件在运动时顺时针或逆时针旋转相应的圈数。

④ "调整到路径"：将补间元素的基线调整到运动路径，此项功能主要用于引导线运动。

⑤ "同步"复选框：使图形元件实例的动画和主时间轴同步。

图 3-166　帧属性面板

⑥ "贴紧"选项：可以根据其注册点将补间元素附加到运动路径上，此项功能也用于引导线运动。

（3）汽车运动案例，如图 3-167 所示。

图 3-167　汽车运动案例

① 打开素材文件"ch03-5-7.fla"，选择"汽车"图层，打开库，从库中将汽车元件拖到该图层，并适当调整它的大小。

② 在"背景"图层的 30 帧处插入一个普通帧（快捷键<F5>）。

117

③ 在"汽车"图层的 30 帧处插入一个关键帧（快捷键<F6>），并将其中的"汽车"元件由左侧移至右侧。

④ 单击 1～29 帧中的任意一帧，在属性面板中将动作设置为"运动"。

3.5.5 Flash 遮罩动画

"遮罩"，顾名思义就是遮挡住下面的对象。在 Flash CS4 中，"遮罩动画"是通过"遮罩层"来达到有选择地显示位于其下方的"被遮罩层"中的内容。在一个遮罩动画中，"遮罩层"只有一个，"被遮罩层"可以有任意个。

"遮罩"主要有两种用途，一是用在整个场景或一个特定区域，使场景外的对象或特定区域外的对象不可见，二是用来遮罩住某一元件的一部分，从而实现一些特殊的效果。

1. 创建遮罩动画的方法

（1）创建遮罩。在 Flash CS4 中没有一个专门的按钮来创建遮罩层，遮罩层其实是由普通图层转化的。只需在某个图层上单击右键，在弹出菜单中把"遮罩"前打个勾，该图层就会生成遮罩层，"层图标"就会从普通层图标变为遮罩层图标，系统会自动把遮罩层下面的一层关联为"被遮罩层"，在缩进的同时图标变为，如果想关联更多层被遮罩，只要把这些层拖到被遮罩层下面就行了，如图 3-168 所示。

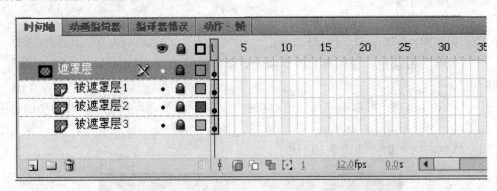

图 3-168 多层遮罩动画

（2）构成遮罩和被遮罩层的元素。遮罩层中的图形对象在播放时是看不到的，遮罩层中的内容可以是按钮、影片剪辑、图形、位图、文字等，但不能使用线条，如果一定要用线条，可以将线条转化为"填充"。

被遮罩层中的对象只能透过遮罩层中的对象被看到。在被遮罩层，可以使用按钮、影片剪辑、图形、位图、文字、线条。

（3）遮罩中可以使用的动画形式。可以在遮罩层、被遮罩层中分别或同时使用形状补间动画、动作补间动画、引导线动画等动画手段，从而使遮罩动画变成一个可以施展无限想象力的创作空间。

2. 遮罩原理

遮罩层的基本原理是：能够透过该图层中的对象看到"被遮罩层"中的对象及其属性（包括它们的变形效果），但是遮罩层中的对象中的许多属性如渐变色、透明度、颜色和线条样式等却是被忽略的。例如，不能通过遮罩层的渐变色来实现被遮罩层的渐变色变化。

3. 寄信动画案例（见图 3-169）

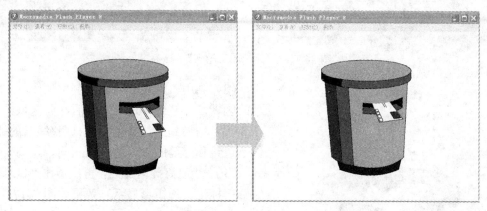

图 3-169　寄信动画案例

（1）打开素材文件"ch03-5-8.fla"，打开库，从库中将 box、letter 元件分别拖到"box"和"letter"图层。

（2）选择工具箱中的任意变形工具，调整邮筒和信件的大小以及方向，具体效果如图 3-169 中"letter"图层第 1 帧处所示。

（3）选择"box"图层，在第 30 帧处插入普通帧。

（4）选择"letter"图层，在第 30 帧处插入关键帧，并调整信件的位置到图 3-170 中"letter"图层第 30 帧处所示。

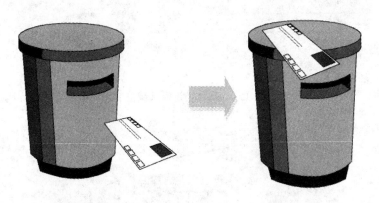

　　"letter"图层第 1 帧处　　　　　　　　　"letter"图层第 30 帧处

图 3-170　信件移动效果

（5）选择"letter"图层的第 1 帧至第 29 帧中的任意一帧，创建运动渐变，即可看到如图 3-170 所示的效果。

（6）选择"masker"图层并在 30 帧处插入普通帧。

（7）在"masker"图层中绘制一个矩形，颜色任意，和舞台一样的大小，然后单击"显示图层轮廓"标记，如图 3-171 所示，则该图层的矩形仅显示其轮廓。

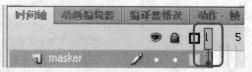

图 3-171 "显示图层轮廓"标记

（8）利用"直线工具"绘制出如图 3-172 所示的区域，保证信件进入邮筒后在此区域中。

（9）切换到"选择工具"，调整线条的弧度，使下边线和邮筒的入口的弧度相同。

（10）绘制好此区域后，再次单击"显示图层轮廓"标记，使矩形显示，效果如图 3-172 左图所示。

（11）选择黑线内的区域，按<Delete>键将其删除，其效果如图 3-173 右图所示。

（12）选择"masker"图层，右击，在弹出的菜单中选择遮罩层，如图 3-174 所示，这样一个寄信的动画就制作成功了，制作完成后的时间轴如图 3-175 所示。

图 3-172 用直线框出信件进入邮筒后的区域

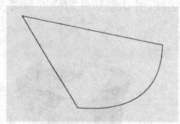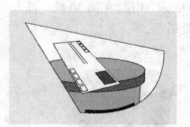

图 3-173 删除黑线内区域前后

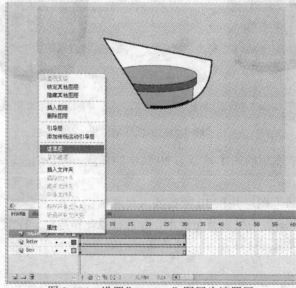

图 3-174 设置"masker"图层为遮罩层

图 3-175 寄信动画的时间轴表现

3.5.6 Flash 引导线动画

利用引导线可以制作出比直线运动更加自然的曲线移动效果，如自行车上下山时的山路高低起伏，如果用运动补间动画来实现，其效果肯定就不理想了。

引导线动画的制作需要有引导层，也就是引导图层，其作用是辅助其他图层（被引导层）对象的运动或定位。在运动引导层中绘制路径，可以使被引导层中运动渐变动画中的对象沿着指定的路径运动，在一个运动引导层下可以建立一个或多个被引导层。另外在这个图层上可以创建网格或对象，以帮助对齐其他对象。

1. 引导层动画的创建方法

最基本的引导层动画由两个图层组成，上面一层是引导层，它的图层图标为，下面一层是被引导层，图层图标为。引导层动画也可以由两个以上的图层组成，一个引导层下可以建立一个或多个被引导层。

在普通图层上右击选择"添加传统运动引导层"，该层的上面就会添加一个引导层，该普通层就缩进成为被引导层，如图 3-176 所示。引导层中的内容在动画播放时是看不见的，引导层中的内容一般是用铅笔、线条、椭圆工具、矩形工具、画笔工具等绘制出来的线段作为运动轨迹。被引导层中的对象是跟着引导线走的，可以使用影片剪辑、图形元件、按钮、文字等。引导层动画的动画形式是动作补间动画。

📖提示：制作引导层动画成功的关键是要使被引导层中的对象的中心点在动画的起点和终点位置上一定要对准引导线的两个端点。另外，引导层中的引导线不要过于陡峭，要绘制得平滑一些，否则动画不宜成功。

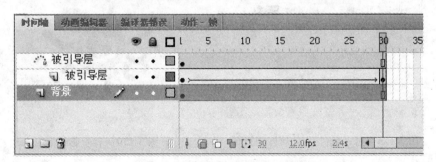

图 3-176 引导层的显示效果

2．自行车上、下山坡动画案例（见图 3-177）

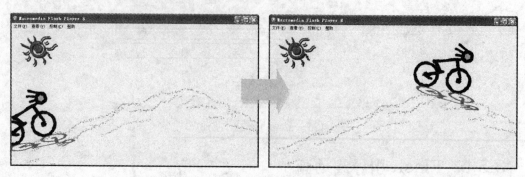

图 3-177　自行车上、下山坡动画案例

（1）打开素材文件"ch03-5-9.fla"，并把库面板打开。

（2）将库面板中的"sun"元件拖放到"earth+sun"图层的左上角，并在属性面板中设置它的色调为灰色以作为太阳的阴影，如图 3-178 所示。

（3）从库中再次拖放一个"sun"元件到舞台，使该元件与作为阴影的"sun"元件略有偏差地交叠在一起，从而达到立体的视觉效果，如图 3-179 所示。

（4）将"earth+sun"元件拖放到"earth+sun"图层的底部，并在该图层的第 30 帧处添加普通帧，如图 3-180 所示。

（5）将"biker"元件拖放到"biker"图层中，并放在最左边，并利用自由变形工具调整其大小和方向。

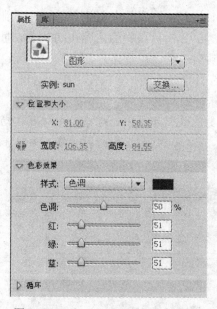

图 3-178　对"sun"元件属性的设置

图 3-179　有阴影的太阳

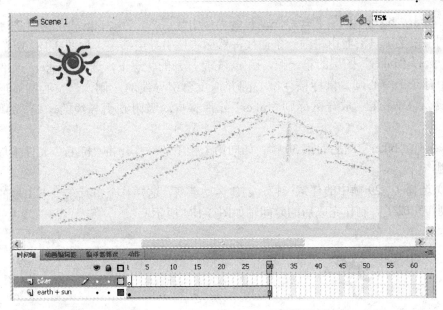

图 3-180　　"earth+sun"图层的制作效果

（6）在"biker"图层的第 30 帧处插入关键帧，并调整 biker 的位置至最右边，并适当调整它的方向，如图 3-181 所示。

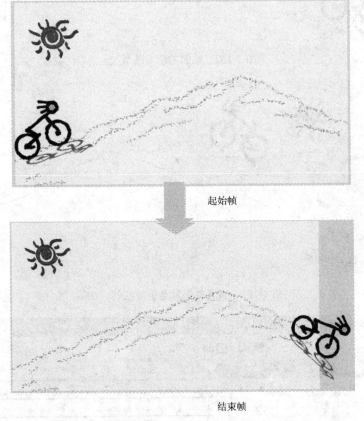

图 3-181　　"biker"图层起始帧和结束帧中自行车的位置

123

（7）右击"biker"图层选择"添加传统动作引导层"，在"biker"图层上增加一个引导层，利用铅笔工具沿着山路画一条曲线，然后将该引导层锁定，如图 3-182 所示。

（8）选择"biker"图层的第一帧，确定 🔒 是打开的状态下，选中"biker"元件将会看到元件中有一个空心圆，鼠标按住空心圆并拖曳至引导线的左侧，当空心圆靠近引导线时其边线会自动变粗，放开鼠标则"biker"元件将自动吸附到引导线的一端，如图 3-183 所示。

（9）选择"biker"图层的第 30 帧，如同第 1 帧中的操作，将"biker"元件拖放到引导线的右侧。

（10）选择 1～29 帧中的任意一帧，创建运动渐变，这样一个自行车上下山坡的引导线动画就制作完成了，制作完成后的时间轴如图 3-184 所示。

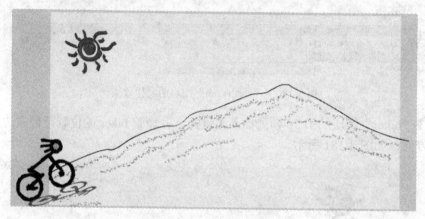

图 3-182　绘制的引导线效果

图 3-183　将元件拖放至引导线的一端

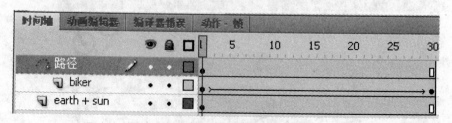

图 3-184　制作完成后的时间轴

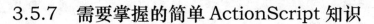

3.5.7 需要掌握的简单 ActionScript 知识

动作脚本是 Flash 的脚本语言，利用动作脚本可以控制 Flash 动画在播放过程中响应用户事件，以及同 Web 服务器之间交换数据。利用动作脚本可以制作出精彩的游戏、窗体、表单以及像聊天室一样的实时交互系统。

在 Flash CS4 中使用的是 Actionscript 3.0。ActionScript 1.0 和 ActionScript 2.0 使用的都是 AVM1(ActionScript 虚拟机1)，因此它们在需要回放时本质上是一样的，而 ActionScript 3.0 运行在一种新的专门针对 ActionScirpt 3 代码的虚拟机 AVM2 上。所以 ActionScript 3.0 影片不能直接与 ActionScript 1 和 ActionScript 2 影片直接通信，这也使我们刚开始使用 Flash CS4 时感到非常不适应。

在 Flash CS4 中编写 ActionScript 代码时，应使用"动作"面板或"脚本"窗口。"动作"面板和"脚本"窗口包含全功能代码编辑器（称为 ActionScript 编辑器），其中包括代码提示和着色、代码格式设置、语法亮显、语法检查、调试、行数、自动换行等功能，并在两个不同视图中支持 Unicode。

在 ActionScript 1 和 ActionScript 2 中，可以在时间线上编写代码，也可以在选中的对象如按钮或是影片剪辑上编写代码，代码加入在 on()或是 onClipEvent()代码块中及一些相关的事件如 press 或是 enterFrame。这些在 ActionScript 3.0 都不再可能了。代码只能被编写在时间上，所有的事件如 press 和 enterFrame 现在都同样要写在时间线上。

下面来介绍一下在广告案例制作中用到的事件和函数。

1. stop 函数

stop() : Void

功能说明：停止当前正在播放的 swf 文件。此动作最通常的用法是用按钮控制影片剪辑，或控制时间轴。

2. addEventListener 函数

fl.addEventListener(eventType, callbackFunction)

功能说明：为一个事件添加一个监听，比如鼠标单击，键盘某个键被按下等。现在的程序都是事件驱动的，也就是必须要知道用户有哪些动作，才能知道要如何处理，事件监听就是起到这个作用的。

参数说明：

（1）eventType：一个字符串，指定要传递给此回调函数的事件类型。可接受值为 "documentNew"、"documentOpened"、"documentClosed"、"mouseMove"、"documentChanged"、"layerChanged" 和 "frameChanged"。

（2）callbackFunction：一个字符串，指定每次事件发生时要执行的函数。

示例：下面的示例在文档关闭时在"输出"面板中显示一条消息。

```
myFunction = function () {
    fl.trace('document was closed'); }
fl.addEventListener("documentClosed", myFunction);
```

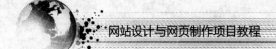
3. gotoAndPlay()

gotoAndPlay(scene, frame)

功能说明：转到指定场景中指定的帧并从该帧开始播放。如果未指定场景，则播放头将转到当前场景中的指定帧。

参数说明：

（1）scene：转到的场景的名称。

（2）frame：转到的帧的编号或标签。

示例：在下面的示例中，当用户单击已为其分配 gotoAndPlay() 的按钮时，播放头会移动到当前场景中的第 16 帧并开始播放 swf 文件。

```
on(keyPress "7") {
    gotoAndPlay(16);
}
```

4. gotoAndStop()

gotoAndStop(scene, frame)

功能说明：将播放头转到场景中指定的帧并停止播放。如果未指定场景，则播放头将转到当前场景中的帧。

参数说明：

（1）scene：转到的场景的名称。

（2）frame：转到的帧的编号或标签。

示例：在下面的示例中，当用户单击已为其分配 gotoAndStop() 的按钮时，播放头将转到当前场景中的第 5 帧并且停止播放 swf 文件。

```
on(keyPress "8") {
    gotoAndStop(5);
}
```

归纳总结

要制作哪些 Flash 元素是根据网页的实际需求，否则只会是画蛇添足。Flash 元素的制作要围绕网页的主题，不易过大，从而破坏网页的层次及主次结构。在 Flash 元素的制作中必须学会熟练制作各种基本动画：逐帧动画、形状渐变动画、运动渐变动画、引导线动画、遮罩动画；会综合地运用基本动画制作的技能制作图片播放器和广告；能综合运用各种基本动画，制作特殊效果的按钮和导航。

项目训练

小型商业网站的产品展示等 Flash 动画的制作。

（1）通过小组分析讨论的方式确定网站中有哪些地方需要用到 Flash 元素，并进行合理的分工。

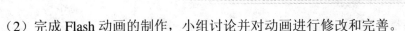

（2）完成 Flash 动画的制作，小组讨论并对动画进行修改和完善。

（3）专人负责对每次的讨论以及讨论的结果进行记录。

3.6　本章小结

本章主要是网站建设的前期准备，包括网站 LOGO 的设计制作，网站图片素材的收集美化处理，利用 Fireworks 软件设计网站页面及对设计稿裁切获取网页制作的素材，利用 Flash 软件制作网页动画等内容。通过本章的学习，要求熟练掌握 Fireworks 的基本操作，掌握 LOGO 设计的思想，学会规划网站界面，灵活运用色彩原理，网页布局知识，设计中多加入好的创意，根据网页的实际需求制作适合主题的网页动画来点缀页面。在出现问题时要努力想办法来解决，吸取每次的经验和教训，这样就一定可以设计出满意的网页。

3.7　技能训练

3.7.1　制作和优化页面图像

【操作要求】在考生文件夹（C:\test）中的 root 文件夹中新建 J3-7-1 文件夹，参照样图完成以下操作。

1）制作页面图像

（1）设置文档或导入图像：启动 Fireworks，新建一个文档，设置宽度和高度为 500 像素×400 像素，分辨率为 72DPI，背景颜色为#FFCCCC。

（2）绘制页面图像：参照【样图 A】完成该页面图像框架。在页面左上角导入 S3-7-1.gif 图像，并将图像的白色设置为透明。设置图像宽度为 80，高度为 80，位于（10，5）处。在文档的（120，30）处输入文本 http://www. Fireworks MX.com，样式为 Style23，字号为35，文本宽度为 320，高度为 30。

（3）按钮、样式和特效的使用：在页面左列插入宽度为 110 像素、高度为 28 像素的按钮。按钮类型为 4-state Button 中的一种，设置文本字体为隶书、粗体，大小为 25. 放置位置从上到下依次为（3，100）、（3，150）和（3，200）。在（3，250）位置创建按钮，圆角度为 30°，按钮的宽度为 110，高度为 28。铅笔为"1 像素柔化"，颜色为黑色，理纹为纤维 80%，按钮为"实心"，填充颜色为"#509949"。按钮中文本字体为隶书，大小为 25，颜色为"#663300"。设置按钮中文本的颜色在鼠标"滑过"时为红色，鼠标"按下"时为黑色。

（4）设定交互图像或文本：创建鼠标移动到 4 个按钮（首页、教程、论坛和技巧）上交互图像的效果，交互图像宽度为 200 像素，高度为 200 像素，在（220，150）的区域中显示。4 个按钮的交互图像从上到下依次与 S3-7-1\ S3-7-1A.gif～S3-7-1D.gif 图像对应，初始状态显示 S3-7-1A.gif 图像。创建当鼠标从上到下移到 4 个按钮上时分别显示对应替代文本，"首页"按钮为"首页导航"，"教程"按钮为"教程导航"，"论坛"按钮为"论坛导航"，"技巧"按钮为"技巧导航"。

将以上操作结果以 J3-7-1.png 文件名保存到 J3-7-1 文件夹中。

2）优化页面图像

（1）优化图像：设置为选择"JPEG 较小文件"选项，品质为 60，平滑为 2。

（2）建立切片：参照【样图 B】完成对图像的切片操作。

（3）导出为 HTML 文档：将页面图像导出到 J3-7-1 文件夹中，命名为 J3-7-1.htm。

【样图 A】 　　　　　　　　　　　　　　　　　　　　　【样图 B】

3.7.2　Flash 动画设计

在考生文件夹的 root 文件夹中新建 J3-7-2 文件夹。

1．绘制菱形

【操作要求】

1）新建源文件

（1）启动 Flash，新建一个名为 J3-7-2A.fla 的影片源文件。

（2）设置影片属性，帧频为 20fps，影片大小为 300 像素×300 像素。

2）布置时间轴

（1）将第一层命名为"背景"，在该层上方添加 5 个层，从上到下依次命名为"动画"、"上左"、"上右"、"下右"、"下左"。

（2）分别在"上左"层的第 14 帧、"上右"层的第 15 帧和第 29 帧、"下右"层的第 30 帧和第 45 帧、"下左"层的第 46 帧和第 60 帧处插入关键帧。

（3）在层"上左"、"上右"、"下右"的第 60 帧处插入非关键帧。

3）制作动画

（1）导入 J3-7-2A.bmp 文件到"背景"层舞台的中央，作为影片的背景。

（2）按以下要求绘制关键帧：

① 在层"上左"第 1 帧舞台的（35，140）处绘制线条，其笔触颜色为#FFFFFF，笔触高度为 5 像素，宽度为 10 像素，高度为 10 像素。

② 在层"上左"第 14 帧舞台的（35，35）处绘制线条，其笔触颜色为#FFFFFF，笔触高度为 5 像素，宽度为 115 像素，高度为 115 像素。

③ 在层"上右"第 15 帧舞台的（150，35）处绘制线条，其笔触颜色为#FFFFFF，笔触高度为 5 像素，宽度为 10 像素，高度为 10 像素。

④ 在层"上右"第 29 帧舞台的（150，35）处绘制线条，其笔触颜色为#FFFFFF，笔触高度为 5 像素，宽度为 115 像素，高度为 115 像素。

⑤ 在层"下右"第 30 帧舞台的（255，150）处绘制线条，其笔触颜色为#FFFFFF，笔触高度为 5 像素，宽度为 10 像素，高度为 10 像素。

⑥ 在层"下右"第 45 帧舞台的（150，150）处绘制线条，其笔触颜色为#FFFFFF，笔触高度为 5 像素，宽度为 115 像素，高度为 115 像素。

⑦ 在层"下左"第 46 帧舞台的（140，255）处绘制线条，其笔触颜色为#FFFFFF，笔触高度为 5 像素，宽度为 10 像素，高度为 10 像素。

⑧ 在层"下左"第 60 帧舞台的（35，150）处绘制线条，其笔触颜色为#FFFFFF，笔触高度为 5 像素，宽度为 115 像素，高度为 115 像素。

⑨ 在以上操作的基础上设置相关关键帧的属性，使影片产生绘画矩形的效果。

4）制作影片剪辑

（1）复制"动画"、"上左"、"上右"、"下右"、"下左"层的所有帧。

（2）新建一个名为"动画"的影片剪辑元件，将复制的帧粘贴到影片剪辑的时间轴上。

（3）删除主时间轴上的"动画"、"上左"、"上右"、"下右"、"下左"层的所有帧，把影片剪辑"动画"放在"动画"层第 1 帧的舞台中。

（4）设置动画实例的 X 为 35，Y 为 140。

5）发布影片：保存影片源文件，并生成 swf 文件

【样图 A】

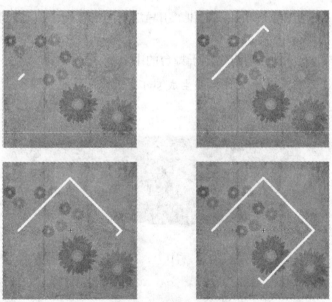

2. 沿轨迹运动

【操作要求】

1）新建源文件

（1）启动 Flash，新建一个名为 J3-7-2B.fla 的影片源文件。

（2）设置影片属性，帧频为 20fps，影片大小为 400 像素×300 像素。

2）布置时间轴

（1）将第一层命名为"背景"，在该层上方添加 3 个层，从上到下依次命名为"注释"、"引导"和"动画"。

（2）锁定"注释"图层。

（3）将层"注释"设置为引导层，将层"引导"设置为层"动画"的运动引导层。

3）制作动画

（1）导入 J3-7-2B.jpg 文件到"背景"层舞台的上，调整其尺寸与舞台相同，定位于舞台中央。

（2）在"动画"层的舞台上用放射渐变填充画一个填充色为#FFFFFF、#FF9900 和#FFCC66 的球（无轮廓），其直径为 100 像素。

（3）将球转换成名为小球、注册点在中心的图形元件。

（4）用小球做一个沿波浪线的一端，从舞台的左方到右方的 30 帧补间动画（不要求波浪线尺寸的精度），小球的直径从动画开始时的 100 像素到动画结束时减小到 20 像素，动画关键的"简易"属性值为-100。

4）制作影片剪辑

（1）复制"动画"层和"引导"层的所有帧。

（2）新建一个名为"动画"、注册点在中央的影片剪辑元件，将复制的帧粘贴到该元件时间轴的第 1 层中。

（3）删除主时间轴上的"动画"层和"引导"层的所有帧，把影片剪辑"动画"放在"动画"层第 1 帧的舞台中。

（4）将"动画"实例的注册点定位于舞台的中央。

5）发布影片：保存影片源文件，并生成 swf 文件

【样图 B】

3. 文字变化

【操作要求】

1）新建源文件

（1）启动 Flash，新建一个名为 J3-7-2C.fla 的影片源文件。

（2）设置影片属性，帧频为 20fps，影片大小为 400 像素×300 像素。

2）布置时间轴

（1）将第一层命名为"背景"，在该层上方添加两个层，从上到下依次命名为"动画"和"文字"。

（2）导入 J3-7-2C.jpg 文件到"背景"层舞台的中央，作为影片的背景。

（3）锁定"背景"图层。

3）制作动画

（1）在"文字"图层舞台中央输入文字"网站设计"，设置字体为华文琥珀，字号 70，每个字对应的颜色分别为：#FF6600、#99CC00、#FF3399、#009999，并将其分离成形状。

（2）在"动画"层的第 5、10、15 帧上添加关键帧。

（3）按以下要求添加形状：

① 将"文字"层中的形状"网"复制到"动画"层第 1 帧的舞台上，并将其颜色调整为浅灰色，位置不变。

② 将"文字"层中的形状"站"复制到"动画"层第 5 帧的舞台上，并将其颜色调整为浅灰色，位置不变。

③ 将"文字"层中的形状"设"复制到"动画"层第 10 帧的舞台上，并将其颜色调整为浅灰色，位置不变。

④ 将"文字"层中的形状"计"复制到"动画"层第 15 帧的舞台上，并将其颜色调整为浅灰色，位置不变。

⑤ 将"动画"层第 1、5、10 的属性设置为"形状渐变"。

4）制作影片剪辑

（1）复制"动画"层的所有帧。

（2）新建一个名为"动画"、注册点在中央的影片剪辑元件，将复制的帧粘贴到该元件时间轴的第 1 层中。

（3）删除主时间轴上的"动画"层中的所有帧，把影片剪辑"动画"放在"动画"层第 1 帧的舞台中。

（4）将"动画"实例的"网"与"文字"层中的"网"重合。

5）发布影片：保存影片源文件，并生成 swf 文件

【样图 C】

4. 一箭穿心

【操作要求】

1）新建源文件

（1）启动 Flash，新建一个名为 J3-7-2D.fla 的影片源文件。

（2）设置影片属性，帧频为 20fps，影片大小为 400 像素×300 像素。

2）布置时间轴

（1）将第一层命名为"背景"，在该层上方添加 3 个层，从上到下依次命名为"右心"、"动画"和"左心"。

（2）导入 J3-7-2D.jpg 文件到"背景"层舞台的中央，作为影片的背景。

（3）锁定"背景"图层。

3）制作动画

（1）参照样图在"左心"层中绘制一个红色的心形，大小控制在 150 像素左右（不要求精确），定位于舞台中央。

（2）将心形的右半部分剪切到"右心"层，位置不变。

（3）在"动画"层的舞台上绘制一个杆身高为 5 像素、长度为 200 像素的箭。颜色为 #FF9900，将其定位于（200，150）处。

（4）把箭转换成名为"箭"的图形元件后将该元件的实例复制到动画层的第 40 帧中，定位于（400，150）处。将"动画"层第 1 帧的属性设置为"运动渐变"。

4）制作影片剪辑

（1）复制"动画"层的所有帧。

（2）新建一个名为"动画"、注册点在中央的影片剪辑元件，将复制的帧粘贴到该元件时间轴的第一层中。

（3）删除主时间轴上的"动画"层中的所有帧，把影片剪辑"动画"放在"动画"层第 1 帧的舞台中。

（4）将"动画"实例的注册点定位于舞台的中央。

5）发布影片：保存影片源文件，并生成 swf 文件

【样图 D】

5. 钟摆式公告牌动画

【操作要求】

1）新建源文件

（1）启动 Flash，新建一个名为 J3-7-2E.fla 的影片源文件。

（2）设置影片属性，帧频为 20fps，影片大小为 400 像素×300 像素。

2）布置时间轴

（1）将第一层命名为"背景"，在该层上方添加"动画"层。

（2）导入 J3-7-2E.bmp 文件到"背景"层舞台的中央，作为影片的背景。

（3）锁定"背景"图层。

3）制作动画

（1）参照样图在"动画"层中绘制一个写有"网上论坛"的公告牌，公告牌为颜色 #6633CC、大小宽 120 像素，高 45 像素的圆角矩形。矩形文字为黑体、24 像素白色。用灰色线系住，在线中间用 7×7 像素的灰色小球固定悬挂，小球渐变色为#FFFFFF、#000000。

（2）将公告牌转换成名为"公告牌"、注册点在正上方的图形元件，将其定位于主时间轴舞台的（140，100）处。

（3）制作"公告牌"摆动角度与垂线成±30°的 20 帧补间动画。

4）制作影片剪辑

（1）复制"动画"层的所有帧。

（2）新建一个名为"动画"、注册点在中央的影片剪辑元件，将复制的帧粘贴到该元件时间轴的第 1 层中。

（3）删除主时间轴上的"动画"层中的所有帧，把影片剪辑"动画"放在"动画"层第 1 帧的舞台中。

（4）将"动画"实例的注册点定位于舞台的中央。

5）发布影片：保存影片源文件，并生成 swf 文件

【样图 E】

3.7.3　Flash 交互界面开发

1. 按钮控制影片播放

【操作要求】

在考生文件夹的 root 文件夹中新建 J3-7-3 文件夹，将练习素材文件夹中的 S3-7-3\S3-7-3A.fla 影片文件复制到 J3-7-3 文件夹中，重命名为 J3-7-3A .fla。打开 J3-7-3A .fla 影片源文件，完成以下操作。

（1）创建按钮元件：将主时间轴舞台上的按钮形状转换成名为"按钮"的按钮元件。

（2）定义按钮的状态。

① 在"按钮"元件的"指针经过"帧和"按下"帧处插入关键帧。

② 修改"按钮"元件的"指针经过"帧，将帧中形状的填充色改为#FF9900。

③ 修改"按钮"元件的"按下"帧，将帧中形状的填充色改为#FF0000。

（3）添加音效：用 Flash 公用声音库中的声音元件为按钮添加响应鼠标经过的声音 Plastic Button；为按钮添加响应鼠标按下的声音 Plastic Click。

（4）添加动作：

① 为主时间轴 action 层的第 1 帧添加 fscommand（）动作，使影片的尺寸不随播放器窗口的变化而变化。

② 为主时间轴舞台上的按钮添加动作，使按钮按下时"动画"实例停止播放，按钮松开时"动画"实例开始播放。

（5）导出影片：导出与源文件同名的.swf 影片文件和.swd 允许调试文件。

【样图 F】

按钮形状

2. 计算

【操作要求】

在考生文件夹的 root 文件夹中新建 J3-7-3 文件夹，将练习素材文件夹中的 S3-7-3\S3-7-3B.fla 影片文件复制到 J3-7-3 文件夹中，重命名为 J3-7-3B .fla。打开 J3-7-3B .fla 影片源文件，完成以下操作。

（1）创建按钮元件：将舞台中的文字"答案"转换成名为"button"的按钮元件，元件的注册点位于正中央。

（2）定义按钮的状态。

① 修改"button"按钮元件，使其在鼠标经过时颜色为#FF6600，文字增大 2 个像素。

② 修改"button"按钮元件，使其在鼠标按下时颜色为#FF0000、文字大小还原。

③ 修改"button"按钮元件，在点击区域绘制一个矩形大小能将文字盖住。

（3）添加音效：用 Flash 公用声音库中的声音元件为按钮添加响应鼠标经过的声音 Camera Shutter 35mm SLR；为按钮添加响应鼠标按下的声音 Industrial Door Switch。

（4）添加动作：

① 为主时间轴 action 层的第 1 帧添加 fscommand（）动作，使影片的尺寸不随播放器窗口的变化而变化。

② 为主时间轴舞台上的"答案"按钮添加动作，使按钮释放时在其右侧的文本框中显示上两个文本框中输入数字之和。

（5）导出影片：导出与源文件同名的.swf 影片文件和.swd 允许调试文件。

【样图 G】

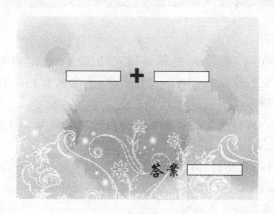

3. 重新定位

【操作要求】

在考生文件夹的 root 文件夹中新建 J3-7-3 文件夹，将练习素材文件夹中的 S3-7-3\S3-7-3C.fla 影片文件复制到 J3-7-3 文件夹中，重命名为 J3-7-3C.fla。打开 J3-7-3C .fla 影片源文件，完成以下操作。

（1）创建按钮元件：将舞台右下角的图形转换成名为"button"的按钮元件，元件的注册点位于中央。

（2）定义按钮的状态。

① 修改"button"按钮元件，使其在鼠标经过时颜色为#FF6600。

② 修改"button"按钮元件，使其在鼠标按下时颜色为#FF0000。

（3）添加音效：用 Flash 公用声音库中的声音元件为按钮添加响应鼠标经过的声音 Camera Latch Metal Jingle；为按钮添加响应鼠标按下的声音 Keyboard Type Sngl。

（4）添加动作：

① 为主时间轴 action 层的第 1 帧添加 fscommand（）动作，使影片的尺寸不随播放器窗口的变化而变化。

② 为主时间轴舞台上的"button"按钮添加动作，使按钮按下时舞台上的小狗根据左下角两个输入文本域中填写的数值重新定位。

（5）导出影片：导出与源文件同名的.swf 影片文件和.swd 允许调试文件。

【样图 H】

4. 音量调节器

【操作要求】

在考生文件夹的 root 文件夹中新建 J3-7-3 文件夹，将练习素材文件夹中的 S3-7-3\S3-7-3D.fla 影片文件复制到 J3-7-3 文件夹中，重命名为 J3-7-3D .fla。打开 J3-7-3D.fla 影片源文件，完成以下操作。

（1）创建按钮元件：将舞台上的音量调节滑块转换成名为"滑块"的按钮元件。

（2）定义按钮的状态

① 在"滑块"元件的"指针经过"帧和"按下"帧处插入关键帧。

② 修改"滑块"按钮元件的"指针经过"帧，将帧中形状填充色改为#FFFF00。

③ 修改"滑块"按钮元件的"按下"帧，将帧中形状轮廓线的颜色改为#00FF00。

（3）添加音效：用 Flash 公用声音库中的声音元件为按钮添加响应鼠标经过的声音 Camera Latch Metal Jingle；为按钮添加响应鼠标按下的声音 Latch Metal Click Verb。

（4）添加动作：在"滑块"按钮添加动作，使其被按下时"滑块"随着鼠标横向移动（不允许纵向移动），"滑块"注册点的移动范围在音量调节器内。

（5）导出影片：导出与源文件同名的.swf 影片文件和.swd 允许调试文件。

【样图 I】

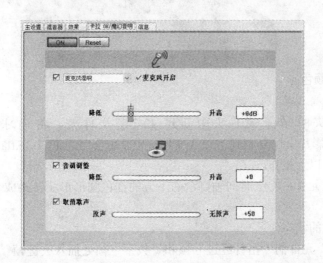

5. 射击

【操作要求】

在考生文件夹的 root 文件夹中新建 J3-7-3 文件夹，将练习素材文件夹中的 S3-7-3\S3-7-3E.fla 影片文件复制到 J3-7-3 文件夹中，重命名为 J3-7-3E.fla。打开 J3-7-3E.fla 影片源文件，完成以下操作。

（1）创建按钮元件：

① 在主时间轴"按钮"层的舞台上绘制一个填充色红色的圆（无轮廓）。

② 圆的直径为 30 像素，定位于（580，340）。

③ 选中圆形，将其转换成名为"发射"的按钮元件。

（2）定义按钮的状态。

① 在"发射"元件的"指针经过"帧和"按下"帧处插入关键帧。

② 修改"发射"按钮元件的"指针经过"帧，将帧中图形的填充色改为黄色#FFFF00。

③ 修改"发射"按钮元件的"按下"帧，将帧中图形的填充色改为绿色#00FF00。

（3）添加音效：用 Flash 公用声音库中的声音元件为按钮添加响应鼠标经过的声音 Camera Latch Metal Jingle；为按钮添加响应鼠标按下的声音 Latch Metal Click Verb。

（4）添加动作：为主时间轴舞台上的按钮添加动作，使按钮按下时用舞台中的"动画"实例附加元件库中的"动画"，从而实现用"发射"按钮指挥射击的效果（单击一次按钮发射一发子弹）。

（5）导出影片：导出与源文件同名的.swf 影片文件和.swd 允许调试文件。

【样图 J】

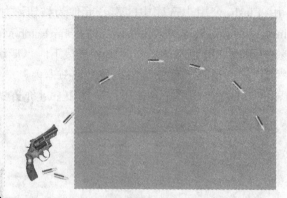

6. 给汽车换颜色

【操作要求】

在考生文件夹的 root 文件夹中新建 J3-7-3 文件夹，将练习素材文件夹中的 S3-7-3\S3-7-3F.fla 影片文件复制到 J3-7-3 文件夹中，重命名为 J3-7-3F.fla。打开 J3-7-3F .fla 影片源文件，完成以下操作。

（1）创建按钮元件：将主时间轴舞台右下方的红色圆形形状转换成名为"色彩"的按钮。

（2）定义按钮的状态。

① 在"色彩"元件的"指针经过"帧和"按下"帧处插入关键帧。

② 修改"色彩"按钮元件的"指针经过"帧，将帧中形状的填充色改为黑色#000000。

③ 修改"色彩"按钮元件的"按下"帧，将帧中图形的填充色改为蓝色#0000FF。

（3）添加音效：用 Flash 公用声音库中的声音元件为按钮添加响应鼠标经过的声音 Plastic Button；为按钮添加响应鼠标按下的声音 Plastic Click。

（4）添加动作：为"色彩"实例添加动作，使舞台中央的"汽车"实例的颜色与"色彩"同步。

📞提示：舞台中央的"汽车"实例包含 3 个关键帧，每个关键帧的舞台中央有一个图形实例，分别为"红色汽车"、"黑色汽车"、"蓝色汽车"。

（5）导出影片：导出与源文件同名的.swf 影片文件和.swd 允许调试文件。

【样图 K】

7. 杯子

【操作要求】

在考生文件夹的 root 文件夹中新建 J3-7-3 文件夹，将练习素材文件夹中的

S3-7-3\S3-7-3G.fla 影片文件复制到 J3-7-3 文件夹中，重命名为 J3-7-3G.fla。打开 J3-7-3G.fla 影片源文件，完成以下操作。

（1）创建按钮元件：将舞台中"杯子"实例中的形状转换成名为"杯子"、注册点在中央的按钮元件。

（2）定义按钮的状态。

① 在"杯子"元件的"指针经过"帧和"按下"帧处插入关键帧。

② 修改"杯子"按钮元件的"指针经过"帧，将帧中形状添加颜色为#FFFF00、笔触样式为"极细"的轮廓线。

③ 修改"杯子"按钮元件的"按下"帧，将帧中形状添加颜色为#FFFCC00、笔触样式为"极细"的轮廓线。

（3）添加音效：用 Flash 公用声音库中的声音元件为按钮添加响应鼠标经过的声音 Plastic Button；为按钮添加响应鼠标按下的声音 Plastic Click。

（4）添加动作：在"杯子"实例上添加动作，使"杯子"实例可以被鼠标拖拽；当"杯子"被释放时"杯盖"的注册点随"杯子"放置的位置重新与"杯子"的注册点重合。

（5）导出影片：导出与源文件同名的.swf 影片文件和.swd 允许调试文件。

【样图 L】

第4章 在Dreamweaver中制作网页

在第3章中已经使用 Fireworks 设计出网站首页及相关子页的效果图，接下来使用 Dreamweaver 将设计好的效果图实现为能够在互联网上供浏览者浏览的网页。为了顺利地制作出完整的网站，首先需要在本地磁盘上制作网站，然后再把网站上传到互联网的 Web 服务器上，我们把在本地磁盘上的网站称为本地站点，位于互联网的 Web 服务器里的网站称为远程站点。

项目任务 4.1　创建网站的本地站点

就像盖房子时需要足够的土地一样，制作网站也需要充分的操作空间。在制作网站之前，首先指定网站的操作空间——本地站点，然后再进入正式的操作阶段。操作者应该养成在开始所有操作之前预先设置本地站点，并保存文档的好习惯。

在网站开发初期，对站点进行仔细的规划和组织，可以为后期的工作节约时间，提高网页制作的效率。如果是以团队的形式开发网站，还可以使用设计备注与小组成员进行沟通。

 项目展示

图 4-1　站点结构

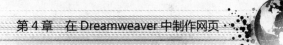

能力要求

（1）会对站点进行规划和组织。
（2）能按照策划书中的内容创建站点的基本结构。
（3）能将不同的文件进行分类，分别放置于不同的文件夹中以便管理。

实现过程

1. 规划站点的结构

根据项目任务 1.3 中制定的项目策划书，将第 3 章中准备好的素材进行归类整理，并设计网站的站点结构。

（1）在 D 盘根目录下为站点创建一个根文件夹 ebook。

（2）在根文件夹下建立公共文件夹 images（公共图片）、styles（样式表）、common（脚本语言）、doc（文字资料）、media（动画、视频多媒体文件）、backup（网站数据备份）等。

（3）为网站主要栏目内容分别建立子目录，例如，新书展示的内容放在 xszs 文件夹中。

（4）每个主要栏目文件夹下都建立独立的 images 文件夹，根文件夹下的 images 用来放首页和一些次要栏目的图片。

☎提示：站点目录的层次不要超过 3 层，以方便维护。

规划完成后的网站站点部分目录结构如图 4-2 所示。

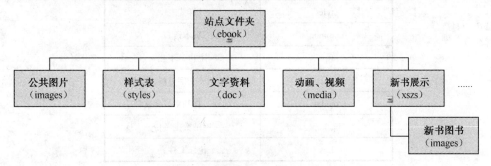

图 4-2　规划完成后的网站站点部分目录结构

2. 创建本地站点

（1）启动 Dreamweaver，选择"站点"|"新建站点"命令。

（2）在"站点定义"对话框中，单击"高级"选项卡，如图 4-3 所示。

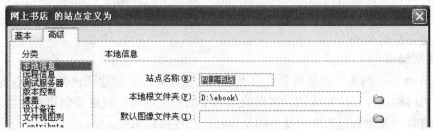

图 4-3　"高级"选项卡

（3）默认分类为"本地信息"，在"站点名称"中输入相应主题的网站名称，如"网上书店"。

（4）在"本地根文件夹"中，指定网站所在的文件夹，如"D:\ebook\"。

☎提示：可以单击"文件夹图标" 🗀 来浏览并选择相应的文件夹。

4.1.1　建立站点的目录结构

1. 建立站点目录结构的注意点

（1）符合文件或文件夹的一般命名规范。

（2）使用见名知义的原则对文件或文件夹进行命名。

（3）使用小写的英文或拼音进行命名，不要使用过长的目录。

（4）按栏目内容建立子目录。

（5）在每个一级目录或二级目录下都建立独立的 images 目录。

（6）目录的层次不要太深，建议不要超过 3 层，方便维护管理。

2. 公共文件夹的命名约定

由于网站开发大多数是以团队的形式进行的，所以公共文件夹的命名就显得尤其重要，表 4-1 是常用公共文件夹的命名约定。

表 4-1　常用公共文件夹的命名约定

文件夹的命名	存 放 内 容
images	公共图片
styles	样式表
common	脚本语言
ftps	上传、下载
doc	网站相关文字资料、文档
media	动画、视频多媒体文件
backup	网站数据备份
bbs	论坛文件夹

4.1.2　创建本地站点

Dreamweaver 提供了一个将全部元素置于一个窗口中的集成布局。在集成的工作区中，全部窗口和面板都被集成到一个更大的应用程序窗口中，如图 4-4 所示。

Dreamweaver 是一个站点创建和管理的工具，因此使用它不仅可以创建单独的文档，还可以创建完整的 Web 站点。

1. 规划站点

创建 Web 站点的第一步是规划。为了达到最佳效果，在创建任何 Web 站点页面之前，应对站点的结构进行设计和规划。根据策划书中的相关内容，决定要创建多少页，每页上显示什么内容，页面布局的外观及页面是如何互相连接起来的。

2. "文档"工具栏　　3. "文档"窗口　　1. "插入"工具栏

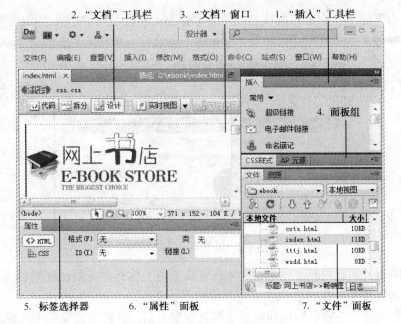

5. 标签选择器　　6. "属性"面板　　7. "文件"面板

图 4-4　Dreamweaver 工作区

2. 创建站点

（1）使用向导创建站点。初学者可以使用向导的方法来创建站点，即使用"站点定义"对话框中的"基本"选项卡，如图 4-5 所示。

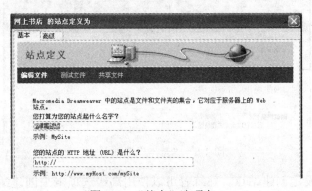

图 4-5　"基本"选项卡-1

在"站点名字"文本框中，输入站点名称，该名称可以是任何所需的名称，建议为与网站有关的内容。单击"下一步"按钮，出现向导的下一个界面，询问是否要使用服务器技术，如图 4-6 所示。

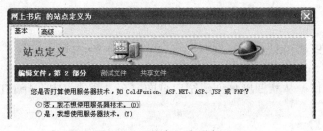

图 4-6　"基本"选项卡-2

选择"否"选项，指示目前该站点是一个静态站点，没有动态页。单击"下一步"按钮，出现向导的下一个界面，询问要如何使用您的文件，如图4-7所示。

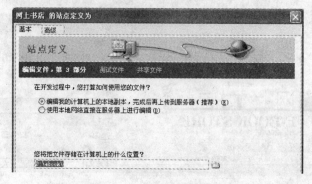

图4-7　"基本"选项卡-3

选择"编辑我的计算机上的本地副本，完成后再上传到服务器（推荐）"的选项。单击文本框旁边的文件夹图标，选择站点的本地根文件夹。

单击"下一步"按钮，询问如何连接到远程服务器，从弹出式菜单中选择"无"。单击"下一步"按钮，该向导的下一个屏幕将出现，其中显示设置概要，如图4-8所示。

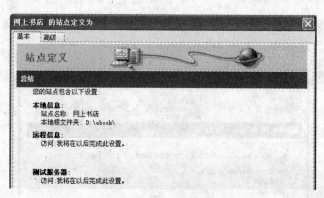

图4-8　"基本"选项卡-4

（2）使用高级设定创建站点。熟练者可以使用高级选项卡来创建站点，具体操作可参照前面的"实现过程"。

4.1.3　管理本地站点

站点创建好后，会在工作界面右侧的文件面板中显示设定为本地站点的文件夹中的所有文件及子文件夹。

1. 文件管理

在Dreamweaver中进行文件管理的操作与在Windows中使用资源管理器来进行文件管理的操作类似。

（1）创建新文件。从欢迎屏幕创建空白页面。在"新建"中选择HTML或其他类型文件，如图4-9所示。

从右侧"文件面板"中创建空白页面。右击"站点",在弹出的快捷菜单中选择"新建文件",如图 4-10 所示。

💬 提示:网页的制作一般都是从首页开始的,所以可以先把新建的页面保存为 index.htm 或 index.html。

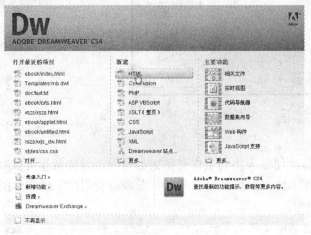 

图 4-9　欢迎屏幕　　　　　　　图 4-10　使用"文件面板"新建文件

(2)移动、复制和删除文件。

① 使用文件面板完成。选择"站点"|"编辑"|"剪切"命令,进行相应编辑操作,如图 4-11 所示。

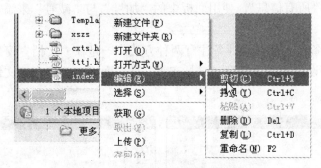

图 4-11　使用"文件面板"管理文件

② 在 Windows 中通过资源管理器完成。

2. 站点编辑

(1)编辑站点。站点的修改是在"管理站点"对话框(如图 4-12 所示)中进行的,选择需要修改的站点后,单击"编辑"按钮,在站点创建向导中进行相应的修改。

(2)删除站点。站点的删除也是在"管理站点"对话框中进行的。选中要删除的站点,单击"删除"按钮。

💬 提示:即使删除本地站点,实际的文件夹也不会被删除,而只是从文件面板中删除了该文件夹。

图 4-12　"管理站点"对话框

3. 设计备注

Dreamweaver 中提供的设计备注使多人协同工作变得更加方便，设计备注可以对整个站点或某一文件夹甚至是某一文件添加设计信息，有利于开发成员及用户了解文件的开发信息、状态信息等。

保存在设计备注中的设计信息是以文件的形式存在的，这些文件都保存在_notes 的文件夹中，文件的扩展名为.mno，可以使用记事本等文本编辑软件打开这类文件。

（1）添加设计备注。在文件面板中选中要设置设计备注的文件，右击鼠标，选择"设计备注"。在弹出的"设计备注"对话框中先设置"基本信息"，选择文件的"状态"，填写"备注"内容，单击"日期"　按钮还可以插入当前日期，如图 4-13 所示。设置完"基本信息"后，切换到"所有信息"，使用面板中的"加号"与"减号"来添加或删除信息，如图 4-14 所示。

（2）打开设计备注。打开设计备注有两种方法：一是在"文档"窗口中打开文件，然后选择"文件"|"设计备注"命令；二是在"文件"面板中，右击该文件，然后选择"设计备注"命令。

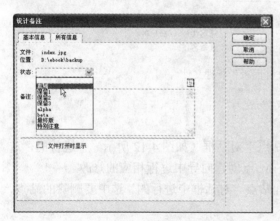

图 4-13　"基本信息"选项卡图

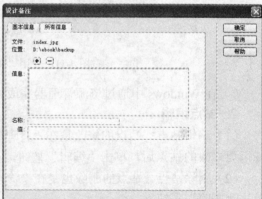

图 4-14　"所有信息"选项卡

（3）删除设计备注。在菜单栏中选择"站点"丨"管理站点"命令，选中"ebook"站点，单击"编辑"按钮，在"站点定义"对话框左侧的"分类"列表中选择"设计备注"，单击"清理"按钮，如图 4-15 所示。

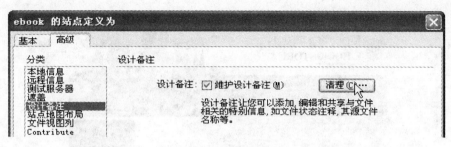

图 4-15　"站点定义"丨"设计备注"

归纳总结

对于站点的构建，开始的规划很重要。有了一个清晰的规划，可以为以后的网站制作打好基础。

站点的目录结构是一个容易忽略的问题，大多数站点都是未经筹划，随意建立子目录。目录结构的好坏，对阅读者来说并没有什么太大的感觉，但是对于站点本身的上传维护、内容未来的扩充和移植有着重要的影响。

此外，站点中文件及文件夹的命名也是一个重点，切忌不要使用中文或无意义的序列号。

项目训练

根据策划书中的站点规划对网站中各类素材进行整理归档，绘制出站点目录结构图，并完成小型商业网站的站点建立。

项目任务 4.2　使用表格实现首页布局

网站的站点创建完成后就可以开始制作网页，一开始制作网页时，可以观察一些网页半成品，删除所有图片，看看它的构成部分是什么？表格是比较简单、容易入门（适合初学者）的网页构造布局的方法，它主要用于排列内容和整体布局，只有熟练掌握了表格的使用方法以后，才能随意构造出各种形状的布局。表格布局效果如图 4-16 所示。

图 4-16　表格布局效果

能力要求

（1）学会表格创建、结构调整与美化的方法。

（2）学会设置表格与单元格的主要属性。

（3）学会使用布局表格及图像跟踪进行网页布局。

实现过程

（1）确认准备工作是否完成：设计效果图——使用 Fireworks 切片进行切图——整理图片、文字、多媒体、代码等素材并进行归类——为网站创建本地站点——新建网页首页文件（index.htm 或 index.html）——在文件面板中（如图 4-17 所示）中双击 index.html 进入编辑区域。

（2）根据网页的布局版式（如上-中-下型），将网页各部分分别使用独立的表格来布局（如顶部是一个表格，中间和底部也均为独立的表格），如图 4-18 所示。

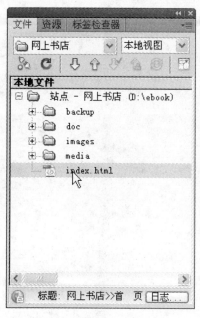

图 4-17 文件面板图

图 4-18 首页布局版式

📖 提示：使用独立的表格，相互之间可以互不影响，便于制作和修改。

（3）先完成顶部的一个表格，根据效果图中的图像宽度（单位为像素），设置表格的宽度，高度不必设置（只设置需要设置的值、不确定的或内容有多有少的不需设置，否则会增加制作网页和修改网页的难度）。行、列数根据实际需要进行设置（合理根据切片得到的图片进行相应设置，如 3 行、3 列），具体设置如图 4-19 所示。

📖 提示：由于表格的作用只是用来布局，所以表格的边框、单元格边距、间距均设置为 0 像素，即表格其实在浏览器中预览时是看不见的（如图 4-20 所示），它的作用相当于容器、定位器，所以三个属性值均设置为 0 像素。

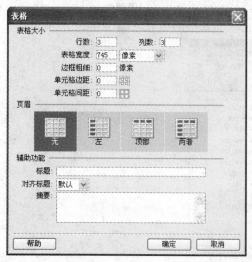

图 4-19 "表格"对话框

图 4-20 网页预览效果

149

对应生成的 HTML 代码为：

```
<table width="745" border="0" cellspacing="0" cellpadding="0">
  <tr>
    <td> </td>
    <td> </td>
    <td> </td>
  </tr>
  <tr>
    <td> </td>
    <td> </td>
    <td> </td>
  </tr>
  <tr>
    <td> </td>
    <td> </td>
    <td> </td>
  </tr>
</table>
```

☎提示：上述 html 代码中 " " 代表空格。

（4）在创建的表格中，将相应的单元格进行合并操作（单元格建议合并、不建议拆分），完成后的效果如图 4-21 所示。

图 4-21　单元格合并

（5）使用对应的图像对单元格进行填充。展开文件面板中的 images 文件夹，找到需要插入到单元格中的图像，使用鼠标拖曳的方式完成单元格的填充，如图 4-22 所示。

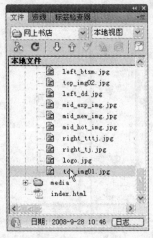

图 4-22　使用文件面板插入图片

📞提示：最好插入一个对象，就在浏览器中预览一下，发现问题，及时纠错，否则小错误堆积在一起就会变得难以更正了，也会大大打击设计者制作网页的信心。

（6）将导航的五张图片依次放入第二行的第一个单元格内（放到第三张时会临时转行，如图 4-23 所示，只要在页面空白的地方单击一下就可以恢复正常，如图 4-24 所示）。

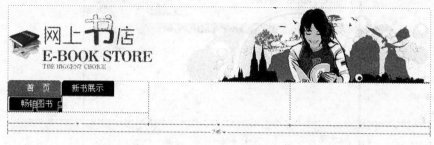

图 4-23 临时转行

图 4-24 单击空白处后

（7）将鼠标移至该单元格的最右端，当鼠标变为竖平行线时（如图 4-25 所示），使用鼠标拖曳将单元格的右边线紧贴最后一张图片（"网上订单"）的边缘。

图 4-25 竖平行线

（8）图片 top_img02 和 top_img03 的插入方法与上面的操作类似。先使用文件面板将图片插入至网页中，如果单元格宽度大于图片宽度，使用鼠标拖曳的方式将两者的宽度设为一致。

（9）顶部表格的图片全部插入后，效果如图 4-26 所示。

（10）第三行第一列的单元格未设置高度，故上面的单元格内容就处于自由状态，办法就是将第三行第一列的单元格设置高度，使导航图片所在单元格回到自己原先的位置。该单元格的高度=top_img02(height)-ml_ws(height)=95-27=68，如图 4-27 所示。

📞提示：为什么图片会悬在半空？这个问题对于初学者而言，可能感到莫名其妙，一筹莫展。千万不要因为在这些问题上纠缠不清而最终心烦意乱丧失了继续学习的兴趣。首先要有正确的认识，我是初学者，出现问题很正常；其次，这是网页编辑工具的缺点，设计和预览视图有差异，设计中看不到的问题会在 IE 中出现。

图 4-26　图片插入后的效果

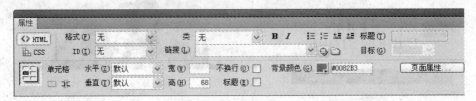

图 4-27　设置单元格高度

（11）最后设置该单元格的背景色，使用吸管工具来完成（这也是为什么在 Fireworks 中这一部分没有进行切片的原因），如图 4-28 所示。

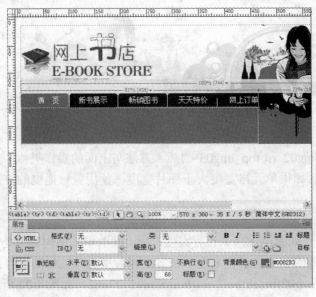

图 4-28　设置单元格的背景色

对应生成的 HTML 代码为：

```
<tr>
```

```
    <td height="68" bgcolor="#0082B3"> </td>
  </tr>
```

（12）接下来再来看一下中间的这个表格，很多内容与上面表格一致的地方就不再详细介绍了。先粗略地分析一下中间的表格（这个是在遇到布局较复杂、内容较多的情况下必须要做的一件事情），大致可以分为左、中、右三块，故先插入一个 1 行 3 列，宽度也为745 像素的表格，插入表格后如图 4-29 所示。

图 4-29　插入中间表格

提示：插入任何一个对象之前，必须先定位即定好光标。

怎么定这个光标呢？先把顶部表格对应的<table>标签选中，然后按键盘上的方向键<→>或在选中的表格右侧空白的地方单击一下也可以。最后再按<Enter>键，就定位好了！

（13）再来看一下中间表格的第一列，一共放置了四块内容（登录、调查、链接、申明），下面以"用户登录"为例，详细介绍如何使用表格来布局。在第一列的单元格内插入一个内嵌的表格，3 行 1 列，内嵌表格使用百分比，最外层的表格千万不要使用百分比，一定要用固定的像素，否则布局好的网页会因为不同的 IE、不同的显示器、不同的计算机出现不同的布局，这是网页设计中最要避免的。内嵌表格的设置如图 4-30 所示。

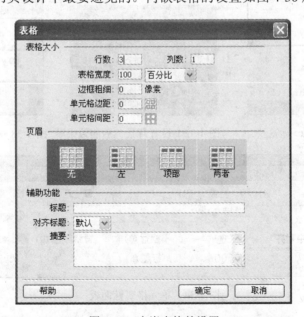

图 4-30　内嵌表格的设置

☎提示：如果表格比较复杂，建议最好采取内嵌表格的形式，这样可以减少单元格之间相互干扰情况，而使单元格之间相对独立，便于网页的制作和修改。

（14）表格选择 3 行 1 列，是为了在最上面一个单元格放标题、最下面一个单元格放底部圆角、中间一个单元格设置背景颜色。中间一个单元格如果要与效果图一样的高度，应对该单元格的高度进行设置，如 100px。

（15）第一列第一个内嵌表格的中间单元格的内容为表单，这部分在第 5 章中会详细介绍，读者可在完成第 5 章的内容后再回到此处将此内嵌表格的内容填充完整。

（16）第一列中其他几块内容与"用户登录"部分的操作类似，下面将逐一进行介绍。"网上调查"部分，先选中"用户登录"所在的表格标签<table>（如图 4-31 所示），按下方向键<→>，然后按<Enter>键。在光标所在处，创建 3 行 1 列、宽度为 100%的表格。在内嵌表格的第一个单元格内插入标题图片，在第三个单元格内插入底部圆角图片，中间单元格设置高度为 100px，并使用吸管设置背景色，最终效果如图 4-32 所示。

（17）"友情链接"部分，先定位好，创建 4 行 1 列、宽度为 100%的表格。分别在 4 个单元格内插入对应的四张图片，效果如图 4-33 所示。

（18）选中"joyo 卓越"图片所在的单元格，设置为居中，使用吸管工具设置背景色，具体设置如图 4-34 所示。

图 4-31　选中<table>标签　　　图 4-32　设置背景色后的效果　　　图 4-33　插入图片后的效果

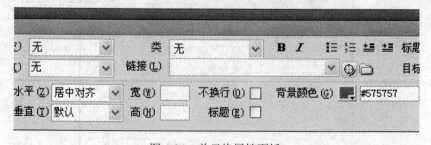

图 4-34　单元格属性面板

（19）声明部分的制作与前面几块内容类似。创建 3 行 1 列、宽度为 100%的表格。分别在第一个单元格和最后一个单元格内插入相应的图片，将中间单元格的高度设置为

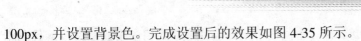

100px，并设置背景色。完成设置后的效果如图 4-35 所示。

（20）完成到这一步，左侧单元格内的 4 个嵌套表格均已完成，除表单内容和文字内容未添加外，单元格内的基本图片均已填充。这时会发现左侧单元格内下方有多余的空白段落，回到代码视图，将多余的<p> </p>标签删除，清除空白段落，具体如图 4-36 所示。

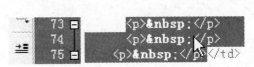

图 4-35　申明部分效果　　　　　图 4-36　清除多余空白段落

（21）下面来完成中间一列，以"新书上架"为例进行详细介绍。先将光标定在中间一列的单元格内，可以发现光标并未在最顶端，这是因为默认情况下，垂直方向上的单元格对齐方式为居中 middle，怎样把单元格的垂直方向的对齐方式更改为 top 格式呢？有两种方法：方法一，选中光标所在的单元格，在属性面板中，将垂直设置为"顶端"，如图 4-37 所示；方法二，选中单元格对应的<td>标签，回到代码视图改为<td valign="top">，（细节的修改最好使用代码视图）。再次回到设计视图时，光标就位于单元格顶端了。

（22）同样，先分析一下中间有几块内容，然后插入一个内嵌表格，用来放置"新书上架"的内容。该内嵌表格为 3 行 1 列，宽度同样设置为 100%。

（23）在第一个单元格内插入标题图片，最后一个单元格内插入底部圆角，调整单元格的宽度，使之与图片的宽度保持一致。中间一个单元格最重要，设置背景，这里使用到的是图片，设置该单元格的背景图片为 mid_kk_bg.gif，单元格的高度可以根据具体情况输入相应的值就可以了（如 120px），最终效果如图 4-38 所示。

图 4-37　设置单元格垂直属性　　　　　图 4-38　新书上架部分

（24）仔细分析中间单元格内放置的内容：图片和文字，故可以在该单元格内再嵌套一个 1 行 2 列的表格，宽度为 90%。由于嵌套表格在单元格中水平默认为左对齐，故将单元格的水平属性设置为"居中"。

（25）在嵌套表格的左边单元格内插入对应图片，并将图片及图片所在单元格的宽度设为一致。设置完成后的效果如图 4-39 所示。

（26）使用同样的方法完成"热门图书"和"专业图书"两部分，具体操作的步骤与中间表格的左列每部分的内嵌表格的操作类似。先定位，再创建表格，在单元格内插入相应的图片，中间单元格内插入内嵌表格。中间内容的布局完成后，将多余的空白段落代码删除，完成后的效果如图 4-40 所示。

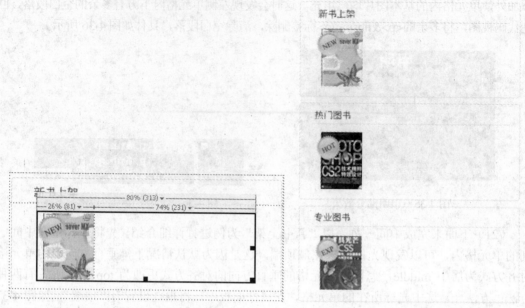

图 4-39　新书上架中的内嵌表格　　　　　图 4-40　中间内容的布局

（27）接下来完成中间表格的右边一列，先将光标定位至单元格顶部。创建 1 行 1 列，宽度为 100% 的内嵌表格，并在该表格的单元格内插入对应的图片。由于该单元格内还要插入 Flash 动画，故将此图片设置为背景图片，为了使背景图片刚好显示，设置该单元格的高度为 243px（即此图片的高度）。

（28）使用相同的方法完成"天天特价"部分的布局。由于该单元格内还要设置滚动字幕，故将此图片设置为背景图片，并设置该单元格的高度为 111px。完成后的效果如图 4-41 所示。

（29）在"天天特价"的下面创建 3 行 1 列，宽度为 100% 的内嵌表格。分别在第一个和最后一个单元格内插入相应的图片，设置中间一个单元格的高度为 160px，使用吸管设置背景色为#0E0B06，设置完成后的效果如图 4-42 所示。

（30）最后将右侧部分多余的空白段落删除，这样中间表格的布局就完成了。

（31）接着完成最后的底部表格，也是三个表格中最简单的。先定好光标，创建 3 行 2 列，宽度为 745px 的表格。

（32）根据切片提供的图片，将表格中的单元格按照下图 4-43 所示的方式进行合并。

（33）在左侧第一个单元格内插入图片，并将图片及图片所在单元格的宽度设置为一致。右侧第一个单元格设置背景色#0082B3，并设置该单元格高度为 20px（根据效果图中的高度进行设置），设置完成后的效果如图 4-44 所示。

（34）最后将完成的整个页面居中，这样在 IE 中效果会更好（强烈推荐），而且窗口最大化或者显示器不同对最终的网页效果均不会出现太大的差异。选中<body>标签，在属性面板中设置为"居中"对齐。

图 4-41　右侧内容的布局 1　　　　图 4-42　右侧内容的布局 2

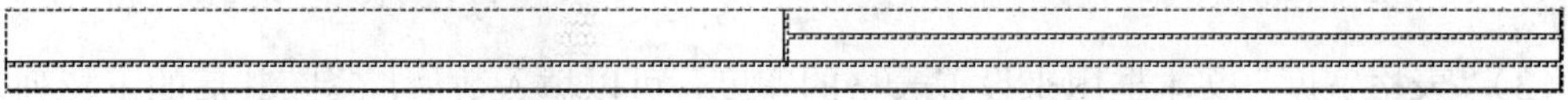

图 4-43　底部表格单元格合并示意图

图 4-44　底部表格布局

（35）预览布局好的网页，检查是否有无效标签并及时进行清除，最终布局好的网页效果如图 4-16 所示。网页中已完成基本图片的插入，其他网页对象的插入将在 4.3 节中进行详细介绍。

4.2.1　创建表格

表格是网页设计制作中不可缺少的元素，它以简洁明了和高效快捷的方式将图片、文本、数据和表单元素有序地显示在页面上，让我们可以设计出漂亮的页面，使用表格排版的页面在不同平台、不同分辨率的浏览器里都能保持其原有的布局，正因为在不同的浏览器平台有较好的兼容性，所以表格是网页中最常用的排版方式之一。

☎提示：常用的网页布局主要有两种：一是表格（Table）布局，二是 HTML+CSS 排版设计。

在文档窗口中，将光标放在需要创建表格的位置，单击"常用"插入栏中的"表格"⊞按钮（如图 4-45 所示）弹出的"表格"对话框（如图 4-46 所示），指定表格的属性后，在文档窗口中插入设置的表格。

（1）"行数"文本框用来设置表格的行数。

（2）"列数"文本框用来设置表格的列数。

图 4-45 "常用"插入栏

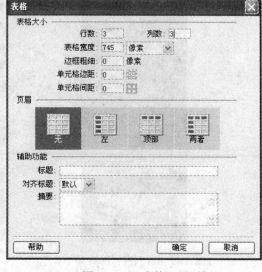

图 4-46 "表格"对话框

（3）"表格宽度"文本框用来设置表格的宽度，可以填入数值，紧随其后的下拉列表框用来设置宽度的单位，有两个选项——百分比和像素。当宽度的单位选择百分比时，表格的宽度会随浏览器窗口的大小而改变。

（4）"单元格边距"文本框用来设置单元格的内部空白的大小。

（5）"单元格间距"文本框用来设置单元格与单元格之间的距离。

（6）"边框粗细"用来设置表格的边框的宽度。

表格常用属性值的具体区别如图 4-47 所示。

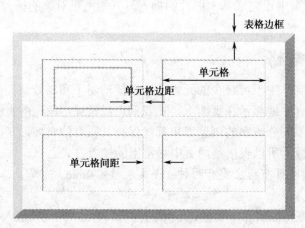

图 4-47 "表格"属性详解

（7）"页眉"定义页眉样式，可以在四种样式中选择一种。

（8）"标题"定义表格的标题。

（9）"对齐标题"定义表格标题的对齐方式。

（10）"摘要"可以在这里对表格进行注释。

4.2.2　编辑表格

1.　选择表格对象

对于表格、行、列、单元格属性的设置都是以选择这些对象为前提的。

（1）选择整个表格。选择整个表格的方法是把鼠标放在表格边框的任意处，当出现这样的标志时单击即可选中整个表格，或在表格内任意处单击，然后在状态栏选中<table>标签即可；或在单元格任意处单击，单击鼠标右键在弹出菜单菜单中选择"表格"|"选择表格"命令。

（2）选择单元格。要选中某一单元格，按住<Ctrl>键，鼠标在需要选中的单元格单击即可；或者选中状态栏中的<td>标签。

要选中连续的单元格，按住鼠标左键从一个单元格的左上方开始，向要连续选择单元格的方向拖动。如要选中不连续的几个单元格，可以按住<Ctrl>键，单击要选择的所有单元格即可。

（3）选择行或列。要选择某一行或某一列，将光标移动到行左侧或列上方，鼠标指针变为向右或向下的箭头图标时，单击即可。

2.　设置表格属性

选中一个表格后，可以通过属性面板（如图 4-48 所示）更改表格属性。

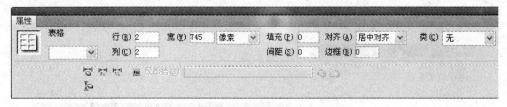

图 4-48　"表格"属性面板

（1）"对齐"下拉列表框用来设置表格的对齐方式，默认的对齐方式一般为左对齐。

（2）"边框"文本框用来设置表格边框的宽度。

（3）"背景颜色"文本框用来设置表格的背景颜色。

（4）"边框颜色"用来设置表格边框的颜色。

3.　单元格属性

把光标移动到某个单元格内，可以利用单元格属性面板（如图 4-49 所示）对这个单元格的属性进行设置。

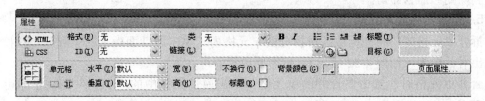

图 4-49　"单元格"属性面板

（1）"水平"文本框用来设置单元格内元素的水平排版方式，是居左、居右或是居中。

（2）"垂直"文本框用来设置单元格内的垂直排版方式，是顶端对齐、底端对齐或是居中对齐。

（3）"高"、"宽"文本框用来设置单元格的宽度和高度。

（4）"不换行"复选框可以防止单元格中较长的文本自动换行。

（5）"标题"复选框使选择的单元格成为标题单元格，单元格内的文字自动以标题格式显示出来。

（6）"背景"文本框用来设置表格的背景图像。

（7）"背景颜色"文本框用来设置表格的背景颜色。

（8）"边框"文本框用来设置表格边框的颜色。

4. 表格的行与列

选中要插入行或列的单元格，单击鼠标右键，在弹出菜单中选择"插入行"或"插入列"或"插入行或列"命令，如图 4-50 所示。

如果选择了"插入行"命令，在选择行的上方就插入了一个空白行，如果选择了"插入列"命令，就在选择列的左侧插入了一列空白列。

如果选择了"插入行或列"命令，会弹出"插入行或列"对话框（如图 4-51 所示），可以设置插入行还是列、插入的数量，以及是在当前选择的单元格的上方或下方、左侧或是右侧插入行或列。

图 4-50　"单元格"快捷菜单

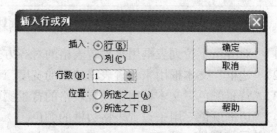

图 4-51　"插入行或列"对话框

要删除行或列，选择要删除的行或列，单击鼠标右键，在弹出菜单中选择"删除行"或"删除列"命令即可。

5. 拆分与合并单元格

拆分单元格时，将光标放在待拆分的单元格内，单击属性面板上的"拆分"　按钮，在弹出对话框中（如图 4-52 所示），按需要设置即可。

合并单元格时，选中要合并的单元格，单击属性面板中的"合并"　按钮即可（如图 4-52 所示）。

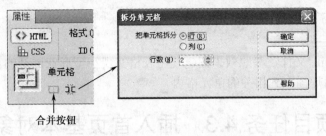

图 4-52 拆分与合并单元格

4.2.3 嵌套表格

表格之中还有表格即嵌套表格。网页的排版有时会很复杂，在外部需要一个表格来控制总体布局，如果内部排版的细节也通过总表格来实现，容易引起行高列宽等的冲突，给表格的制作带来困难。另外，浏览器在解析网页的时候，是将整个网页的结构下载完毕之后才显示表格，如果不使用嵌套，表格非常复杂，浏览者要等待很长时间才能看到网页内容。

引入嵌套表格，由总表格负责整体排版，由嵌套的表格负责各个子栏目的排版，并插入到总表格的相应位置中，各司其职，互不冲突。

另外，通过嵌套表格，利用表格的背景图像、边框、单元格间距和单元格边距等属性可以得到漂亮的边框效果，制作出精美的音画贴图网页。

☎提示：嵌套表格的宽度受表格单元的限制，也就是说所插入的表格宽度不会大于容纳它的单元格宽度。

表格嵌套中，宽度建议设置为百分比值，但有时根据需要也要将百分比值更改为像素值。具体操作如下：先选中表格，然后单击属性面板中的"转换为像素" ⑨按钮，就会将表格宽度从百分比相对值转换为实际像素值，再单击旁边的"转换为百分比值" ⑨按钮，又可将表格宽度转换为百分比相对值，具体如图 4-53 所示。

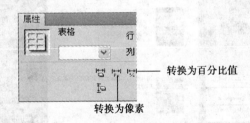

图 4-53 像素与百分比值

归纳总结

表格是制作网页时最基本的布局工具，所以要熟练掌握它的应用方法就显得非常重要。在设置表格、单元格大小时，一定要注意每个单元格和它所放置对象的大小要绝对一致，这样在预览效果时，才不会出现和设计面板中的页面不一致。

掌握表格的应用，一定要多上机练习，出现问题时要努力想办法来解决，并且要吸取每次的经验和教训。

新建 index.html 文件，参照效果图，使用表格实现小型商业网站的首页布局，然后再将网页上的基本图片插入到相关的单元格内。

项目任务 4.3　插入首页基本对象

图片和文字是网页的两大构成元素，缺一不可。重视页面上的每一个像素和每一个文字是网站制作者最基本的要求。除了图片和文字之外，页面上的元素还有音频、动画、视频等。

文字需要符合排版要求。图片、音频、动画、视频，需符合网络传输及专题需要，必须精选。视频是一个比较特殊的因素，精美的视频可以增加网页的交互性、亲和度等。

插入首页基本对象后的效果如图 4-54 所示。

项目展示

图 4-54　插入首页基本对象后的效果

（1）掌握网页中有关文字部分的基本操作。

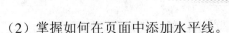

（2）掌握如何在页面中添加水平线。

（3）灵活运用各种元素对网页进行布局。

实现过程

（1）中间表格的左侧单元格内有"用户登录"和"网上调查"两部分涉及到表单的内容，这一部分内容将在项目任务 5.2 中进行详细介绍。此处仅罗列出操作步骤。

（2）将光标定至"用户登录"内嵌表格的中间单元格内，更改"常用"插入栏为"表单"，单击"表单"按钮（如图 4-55 所示），单元格内即出现红色线框，代表此区域为表单，对应的标签为<form>，如图 4-56 所示。

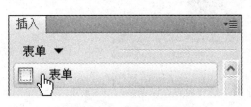

图 4-55 "表单"插入栏

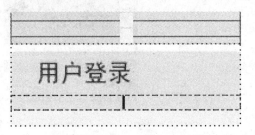

图 4-56 插入"表单"后的效果

（3）为了使表单中的各个元素更好地布局，在表单域中插入 4 行 2 列，宽度为 90%的内嵌表格。在对应单元内输入文字"用户名："和"密码："，将光标定至在第一行的第二个单元格内，"表单"插入栏中选择"文本字段" 按钮，选中该"文本字段"将属性面板中的"字符宽度"设为 12（如图 4-57 所示）。"密码"旁的文本字段设置类似。

（4）将该表格中第三行的高度设为 4px，HTML 代码为：<td height="4"colspan="2"></td>。在第四行中插入两张图片，适当调整图片之间的间距，完成后的"文档"窗口效果如图 4-58 所示。

（5）"网上调查"部分的设置与"用户登录"较类似，先插入"表单"，使用表格布局表单各元素，在嵌套表格的第二行中使用"单选" 按钮，完成后的效果如图 4-59 所示。

（6）将光标定在申明部分中间的单元格内，直接输入文本内容，如图 4-60 所示。段首两个空格的输入方法有三种。方法一，将中文输入法设置为全角状态，可以直接按空格键输入；方法二，将视图切换成代码视图，在单元格<td></td>中直接输入四个 即生成两个空格；方法三，使用 CSS 来控制段落格式，具体属性设置详见 4.6 节，此处暂不作介绍。

（7）将光标定位在"联系方式"前面，按<Shift>+<Enter>组合键进行换行，完成的效果如图 4-61 所示。

（8）将光标定位在"新书上架"图片的右边单元格内，输入文本内容或打开保存文本的文件进行复制和粘贴，完成的效果如图 4-62 所示。

提示：直接按<Enter>键是分段，<Shift>+<Enter>组合键为换行，内容还属于一个段落，遵循同一段落的格式。

（9）根据设计效果图对文本内容进行换行，完成的效果如图 4-63 所示。

（10）"热门图书"与"专业图书"部分的文本插入方法与"新书上架"部分的操作类

似。中间表格的中间一列的文本插入后的效果如图 4-64 所示。

（11）在页面底部相应单元格内输入文字导航的内容，每项之间使用"I"进行分隔，完成后的效果如图 4-65 所示。

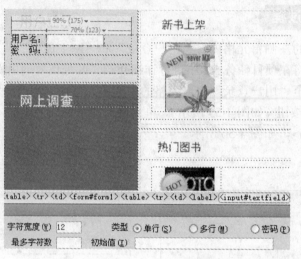

图 4-57　"文本字段"属性设置

图 4-58　"用户登录"表单完成效果图

图 4-59　"网上调查"表单完成效果

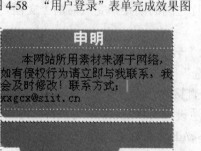

图 4-60　插入文本后的申明部分

图 4-61　换行后的申明部分

图 4-62　插入文本后的新书上架

图 4-63　换行后的新书上架

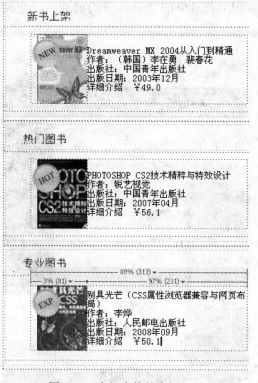

图 4-64 中间表格的中间一列

首　　页 ｜ 新书展示 ｜ 畅销图书 ｜ 天天特价 ｜ 网上订单

图 4-65 文字导航的内容

（12）将光标定位至版权所在的单元格内，输入版权信息，其中版权符号的输入方法为：将插入菜单栏由"常用"更改为"文本"，在"文本"菜单栏中单击"字符" ▼按钮，在下拉菜单中选择版权符号，如图 4-66 所示。

图 4-66 插入版权符号

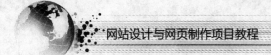

（13）完成以上步骤后，首页中的文字部分均已插入，在浏览器中预览后的效果如图 4-67 所示。

图 4-67　插入文字部分后的预览效果

（14）文字的插入导致了页面布局的改变，字号与在 Dreamweaver 文档窗口中看到的效果不一致，这时需要使用 CSS 给文字设置格式，相关知识在 4.6 节中会有详细介绍，此处只介绍操作步骤。

☎提示：在 Dreamweaver 文档窗口中的效果与最终浏览的效果是有可能不一致的，主要由于在 Dreamweaver 中存在默认格式，如文字大小默认为"中"。

（15）根据网站建设的规范，在站点根目录中新建名字为 styles 的文件夹，用于存放 CSS 文件，如图 4-68 所示。

（16）在 CSS 面板中单击"新建 CSS 规则"按钮，如图 4-69 所示。

（17）在"新建 CSS 规则"对话框中输入名称 main，"规则定义"选择"新建样式表文件"，单击"确定"按钮，具体如图 4-70 所示。

（18）在"将样式表文件另存为"对话框中选择保存样式表文件的位置 styles 文件夹中，输入"文件名"为"css"，单击"保存"按钮，具体如图 4-71 所示。

（19）在"分类"中默认选择为"类型"，设置字体、大小、行高、颜色等格式（如图 4-72 所示）。".main"主要用于首页中正文部分的格式。

（20）新建 CSS 样式规则，名称为".whitetext"，设置字体颜色为白色，其余设置与".main"相同。

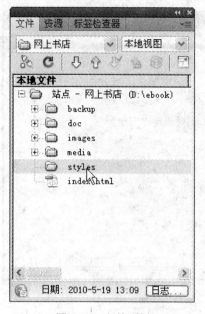

图 4-68　文件面板

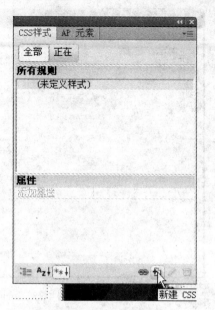

图 4-69　CSS 面板

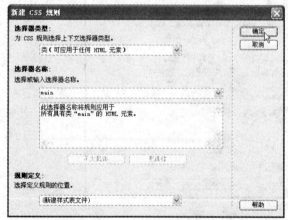

图 4-70　"新建 CSS 规则"对话框

图 4-71　"将样式表文件另存为"对话框

提示：对于中文宋体来说，12px 是能够清晰显示的最小字号。为了保证文字的可读性，行高一般设置为字号的 1.2～1.5 倍之间，如 12px 的 1.5 倍，行高可以设置为 18px。同时 12px/18px 也是中文互联网上最常用的字号和行高。

（21）新建 CSS 样式规则，名称为".capital"，设置粗细为"粗体"，其余设置如图 4-73 所示。

（22）新建 CSS 样式规则，名称为".price"，设置字体颜色为绿色，其余设置与".capital"相同。

（23）这样 CSS 面板中就有四条 CSS 规则存放于 css.css 样式表文件中，如图 4-74 所示。

图 4-72 .main 的"类型"设置

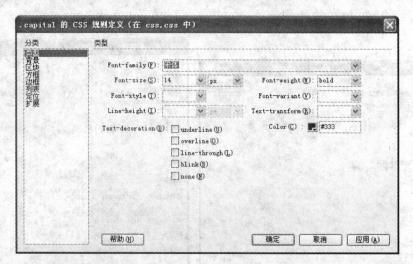

图 4-73 .capital 的"类型"设置

（24）有了这些 CSS 规则，接下来就要将规则应用到不同的文本对象中。选中"用户登录"中的文字，"新书上架"中部分文本，在属性面板中将"样式"设置为"main"，其他两部分中类似文本及版权部分文本也设置为"main"。具体如图 4-75 所示。

（25）选中"新书上架"中标题部分的文本，将"样式"设置为"capital"，其他两部分中标题均设置为此样式。

（26）选中"用户调查"，"申明"和底部"文字导航"部分中的文本，将"样式"设置为"whitetext"。

（27）将 price 样式应用到价格数字上，应用后的效果如图 4-76 所示。

（28）在文件面板的"media"文件夹中，拖曳"zztj.swf"文件（如图 4-77 所示）至"站长推荐"所在的单元格内。设置该单元格的水平属性为"居中对齐"，设置完成后的效果如图 4-78 所示。

图 4-74　四条 CSS 规则

图 4-75　样式的设置

图 4-76　应用后的网页效果

图 4-77　文件面板

图 4-78　插入 Flash 后的单元格

（29）将光标定位在"销售排行榜"单元格内，复制文本至该单元格（为使文字看得清楚，暂将该单元格背景恢复为白色，如图 4-79 所示），按<Enter>键使每本书名为一个独立的段落（如图 4-80 所示）。

（30）选中所有段落，在属性面板中单击"编号列表" ⦂☰ 按钮，完成后的效果如图 4-81 所示。

图 4-79　粘贴文本　　　　图 4-80　将文本分段　　图 4-81　插入项目列表后的效果

（31）恢复编号列表所在单元格的背景颜色（# 0E0B06），设置项目列表文字的样式为"whitetext"，完成后的效果如图 4-82 所示。

（32）选中"新书上架"部分的图书图片，在属性面板中将其水平边距设置为 10px（如图 4-83 所示），这样可以使图片与文本之间产生一定的空隙，减少挤压感，使文本更易于阅读。

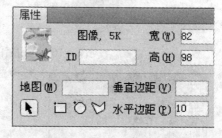

图 4-82　恢复单元格背景后的效果　　　　图 4-83　图片的水平边距

（33）将需要设置水平边距的图片按照上面的方法进行设置，设置完成后检查首页中所有插入的文本、图片、flash 等对象，确保每个对象均能在浏览器中正常显示。完成后的效果如图 4-54 所示。

4.3.1　插入文本

1. 插入文本的步骤

除了可以在网页中直接输入文本外，还可以将事先准备好的文件中的文本插入到网页中，具体操作步骤如下：

（1）在文件面板中，找到要插入的文本所在的文件，在 Dreamweaver 中打开。

（2）选择要复制的内容，在网页中进行粘贴。

📞提示：建议事先准备好文字素材，这样有利于团队合作，能够做到分工明确。

2. 文本的分段与换行

把文本文件中的文字素材复制到网页文档中时，不会自动换行或者分段，当文字内容比较多时，就必须换行和分段，这样可以使文档内容便于阅读。

分段直接按<Enter>键即可，而换行要按<Shift>+<Enter>组合键。

（1）段落标签<p></p>

为了排列的整齐、清晰，文字段落之间，我们常用<p></p>来做标记。文件段落的开始由<p>来标记，段落的结束由</p>来标记，</p>是可以省略的，因为下一个<p>的开始就意味着上一个<p>的结束。

（2）换行标签

在 HTML 文本显示中，默认是将一行文字连续地显示出来，如果想将把一个句子后面的内容在下一行显示就会用到换行符
。换行符号标签是个单标签，也叫空标签，不包含任何内容，在 HTML 文件中的任何位置只要使用了
标签，当文件显示在浏览器中时，该标签之后的内容将在下一行显示。

3. 段落的对齐方式

同一个段落的对齐方式一致。标题和内容用<Enter>键分开后，标题设置为居中对齐，那么只有标题被对齐到中间，其内容保持原样。而用<Shift>+<Enter>组合键进行换行时，由于它们还属于同一段，如果居中对齐标题，内容也会被居中对齐。因此，如果需要应用不同的对齐方式，必须按回车键进行分段。如<p align="center">Dreamweaver MX 2004 从入门到精通</p>。

（1）左对齐。在"属性"面板上单击"左对齐"▤按钮，对应的 align 属性值为"left"。

（2）居中对齐。在"属性"面板上单击"居中对齐"▤按钮，对应的 align 属性值为"center"。

（3）右对齐。在"属性"面板上单击"右对齐"▤按钮，对应的 align 属性值为"right"。

（4）两端对齐。在"属性"面板上单击"两端对齐"▤按钮，对应的 align 属性值为"justify"。

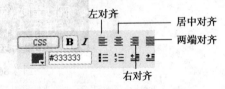

图 4-84　段落的对齐方式

段落的对齐方式设置如图 4-84 所示。

📞提示：左对齐将留下不整齐的右边界，右对齐将留下不整齐的左边界，居中对齐将留下不整齐的两个边界并使得段落位于两个边界的中间。

4.3.2　插入水平线

水平线对于组织信息很有用。在页面上，可以使用一条或多条水平线以可视方式分隔文本和对象。

1. 插入水平线的步骤

（1）在网页中，将光标放在要插入水平线的位置。

（2）选择"插入"|"HTML"|"水平线"命令或在"常用"插入栏中，单击"水平线"▤按钮。

2. 水平线的属性设置

水平线的默认属性往往不能够满足实际需要，这就要通过属性面板（如图4-85所示）对其进行修改。通过属性面板可以更改水平线的宽、高、对齐方式，是否添加阴影效果。

图4-85　水平线的属性面板

如需更改水平线的颜色，直接使用属性面板无法进行设置，这时可以使用两种方法：方法一，选择水平线，在类中选择需要的颜色样式；方法二，通过在水平线的标签中直接输入颜色属性值完成。设置颜色后的 HTML 代码为：<hr color="#3366FF" />。

☎提示：水平线的颜色如不能在 Dreamweaver 的工作界面中确认，需要按<F12>键在浏览器中预览效果。

4.3.3　使用列表

对于名称、条目等需要排列的内容，使用列表整理，会感觉非常清晰且有层次感。Dreamweaver 提供了两大类型的列表：项目列表和编号列表，如图4-86所示。

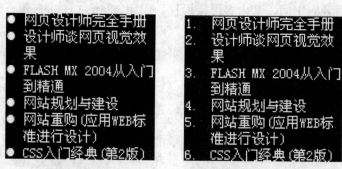

图4-86　项目列表（左）与编号列表（右）

如果要应用列表功能，首先需要把各个单元用<Enter>键区分为不同的段落。然后单击"属性"面板上的"项目列表" 按钮或"编号列表" 按钮。若想得到有层次的列表，单击"缩进" 按钮即可，重复这个步骤，可创建多个层次。

1. 项目列表

项目列表是以符号的形式列举出各项，该符号默认为实心圆圈，如需更改项目符号，可以使用 CSS 来进行设置，具体操作在 4.6 节中会有详细介绍。

项目列表对应的 HTML 代码为：

```
    <ul>
    <li></li>
    <li></li>
    <li></li>
    </ul>
```

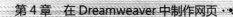

2. 编号列表

项目列表是以序号的形式列举出各项，该序号默认为数字，如需更改项目序号，可以使用 CSS 来进行设置，具体操作在 4.6 节中会有详细介绍。

☎提示：ol 为有序列表，ul 为无序列表。

编号列表对应的 HTML 代码为：

```
<ol>
    <li></li>
    <li></li>
    <li></li>
</ol>
```

4.3.4　插入特殊符号

在网页中，有时需要输入一些特殊符号，这时就需要使用"文本"插入栏，单击"字符" [BR]▾图标的下拉按钮，选择需要的符号即可，如图 4-87 所示。

除了使用 Dreamweaver 提供的可视化工具菜单外，还可以在通过添加特殊符号对应的 HTML 代码来完成，常用的特殊符号对应的 HTML 代码如图 4-87 所示。

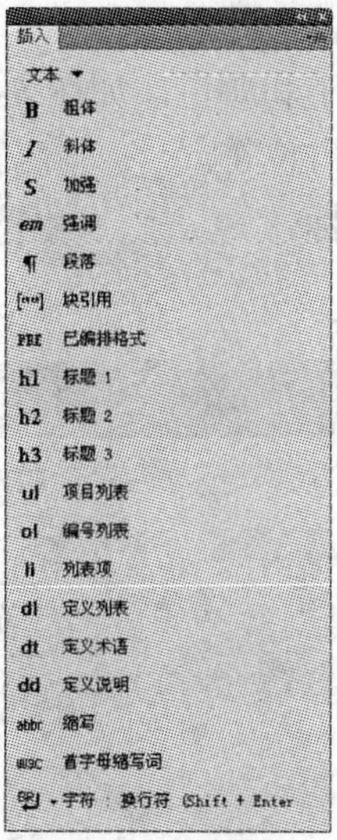

HTML 原代码	显示结果	描述
&lt;	<	小于号或显示标记
&gt;	>	大于号或显示标记
&amp;	&	可用于显示其它特殊字符
&quot;	"	引号
&reg;	®	已注册
&copy;	©	版权
&trade;	TM	商标
		半个空白位
		一个空白位
		不断行的空白

图 4-87 "文本"插入工具栏与常用的特殊符号对应的 HTML 代码

4.3.5　插入图像

在网页中添加图像时，可以设置或修改图像属性并直接在"文档"窗口中查看所做的更改。

1. 插入图像的步骤

（1）将插入点放置在要显示图像的地方。

（2）在"常用"插入栏中，单击"图像" 图标。

（3）打开"选择图像源文件"对话框进行选择，如图 4-88 所示。

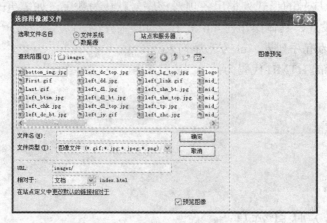

图 4-88　"选择图像源文件"对话框

2. 图像的占位符的使用

如果图像暂时还没有，可以使用图像占位符在网页中预留一下位置。图像占位符是将最终图像添加到 Web 页面之前暂时使用的图像，具体操作步骤如下：

（1）将插入点放置在要显示图像的位置。

（2）在插入工具栏的"常用"类别中，单击"图像占位符"图标，如图 4-89 所示。

（3）打开"图像占位符"对话框，设置占位符的大小和颜色，如图 4-90 所示。

（4）有了最终图像后，替换图像占位符，双击图像占位符。

（5）在属性面板中单击"源文件"旁边的文件夹图标。

（6）打开"选择图像源文件"对话框进行相应选择。

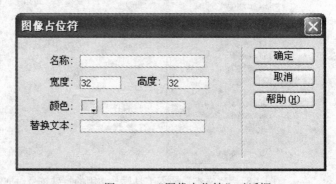

图 4-89　图像占位符图　　　　　　　图 4-90　"图像占位符"对话框

3. 图像编辑器首选参数的设置

网页中所用到的图像大部分需要修改后才能应用到网页中去，若要建立一个高效的 Web 设计工作流程，可以选择图像编辑器首选参数，然后当用户在 Dreamweaver 中工作时自动启动它来编辑图像。具体操作步骤为："编辑"菜单|"首选参数"|"文件类型/编辑器"，选中需要编辑的图像扩展名，使用"添加""删除" ⊞ ⊟ 按钮设置对应的编辑器，如图 4-91 所示。

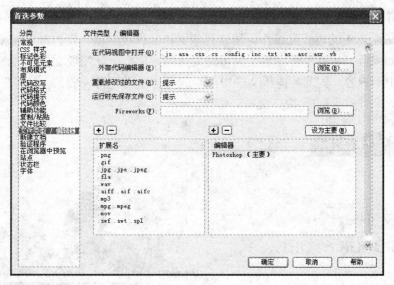

图 4-91　"首选参数"对话框

4. 图像标签详解

图片，也就是 images，在 HTML 代码中用 img 来表示，其基本的代码写法是：<img src="#1" alt="#2" align="#3" border="#4">。

#1 为图片的 url，关于 url 就是指图片的绝对地址或者相对于当前网页的相对地址（考虑到网站的可移植性，建议使用相对地址）。

#2 为浏览器尚未完全读入图像时，在图像位置显示的文字。也是图像显示以后，当鼠标放在图片上时所显示的文字。

#3=left, center, right，使用图像的 align 属性，left 居左，center 居中，right 居右。如 <img src="images/logo.jpg" align="left">。

#4 为数字，指的是这个图像的边框宽度。

归纳总结

本小节主要介绍了在网页中插入文本的相关操作及文本格式的相关设置（分段与换行、段落对齐），列表的使用、特殊符号的插入，水平线、图片的具体操作。

项目训练

运用学会的技能，在小型商业网站的首页中插入基本对象，把自己的项目进行完善，在布局的基础上，将准备好的素材插入到相应的地方，并注意网页元素格式的相关设置。

项目任务 4.4　创建并应用网页模板

通过前面的制作，除了"用户登录"与"网上调查"中的表单部分外，我们已经基本完成了首页，但是一个完整的网站会有多个页面，而有些页面在布局上都是相同的，这时使用 Dreamweaver 中的模板就可以大大提高相同布局网页的制作效率。创建模板既是为了节省网站的开发时间，也是为了统一网站的风格，更是便于团队合作及网站的维护和更新。

Dreamweaver 中的模板可以作为创建其他文档的样板文档，我们可以在模板中创建可编辑区域；如果没有将某个区域定义为可编辑区域，那么由此模板文件生成的页面就无法编辑该区域中的内容。因此，模板文件中至少应有一个可编辑区域。

网页模板文件效果如图 4-92 所示。

图 4-92　网页模板文件效果

（1）理解模板的概念与作用。

（2）理解模板的可编辑区域与锁定区域的区别和用途。

（3）学会通过模板创建网页的方法。

（1）打开首页（index.html），在文件菜单中选择"另存为模板…"，在弹出的对话框中的"另存为"中输入模板文件的名字，如 mb（如图 4-93 所示）。单击"保存"按钮后，文件面板中自动生成名为"Templates"的文件夹，mb.dwt 文件即保存在此文件夹中（如图 4-94 所示）。

（2）此时，模板文件与首页文件是一致的。由于模板文件是用于生成相同布局子页的，故保留所有子页中不变的内容，将需要变换内容的部分进行删除。具体在本例中，将中间表格的中间列和右侧列中的嵌套表格删除，并将这两个单元格进行合并。

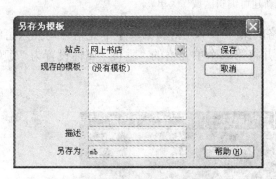

图 4-93　"另存为模板"对话框

图 4-94　文件面板

（3）观察子页的效果图，可以发现导航部分的图片是有变化的，故导航所在的单元格应作为可编辑区域，选中该单元格<td>标签，单击"插入"菜单 | "模板对象" | "可编辑区域"命令，如图 4-95 所示。

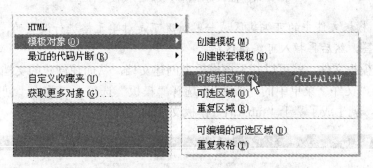

图 4-95　"可编辑区域"菜单

提示：插入可编辑区域也可以直接使用"常用"工具栏中的"模板"下拉按钮中的"可编辑区域"按钮。

（4）在"名称"中可以为可编辑区域命名，单击"确定"按钮，如图 4-96 所示。设置完成后此单元格即为可编辑区域。

（5）再观察页面中间，每张子页的右侧部分的内容均是由标题、内容和底部圆角图片组成。故可以在合并后所得到的单元格中插入 3 行 1 列，宽度为 100%的嵌套表格。

（6）在嵌套表格的第二个单元格内设置背景图片 mid_kk_bg_c.gif，第三个单元格内插入底部圆角图片 mid_kk_bt_c.jpg。

提示：此处的背景图片、底部圆角图片及后面需要使用到的标题图片，均是从子页的效果图中进行切片得到的。

图 4-96 "新建可编辑区域"菜单

（7）一切准备就绪后，在该嵌套表格的第一个单元格和第二个单元格中均插入可编辑区域。名称分别为"title"和"content"，并将第二个单元格的"垂直"属性设置为"顶端"，完成后的效果如图 4-97 所示。

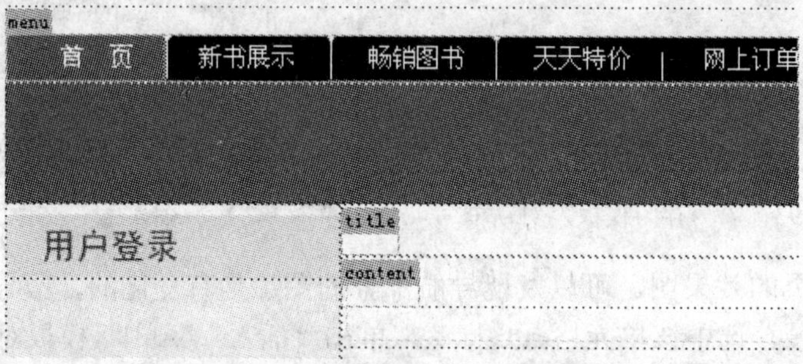

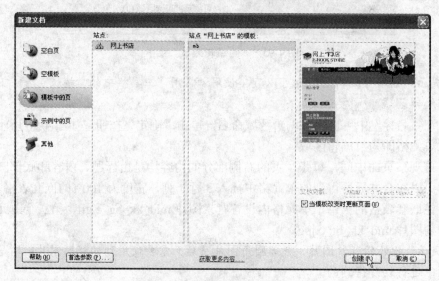

图 4-97 插入可编辑区域后的模板文件

☎提示：模板文件中的可编辑区域一般情况下是对单元格进行设置的，故应先选定单元格即<td>标签，然后再插入可编辑区域。

（8）有了模板文件，就可以基于该模板来创建文档，从而使创建的文档继承模板的页面布局。单击"文件"菜单中的"新建"，选择"模板"选项卡，单击"创建"按钮（如图 4-98 所示），就生成了基于"mb.dwt"模板文件的网页。

图 4-98 "新建文档"对话框

（9）基于该模板生成的网页，默认名字为"Untitled-1"，即没有保存，故得到由模板生成的网页后，首先要做的事情就是将新生成的网页保存至站点目录中，如生成的是"新书展示"子页，可取名为"xszs.html"。

（10）将网页的标题内容更改为"网上书店>>新书展示"。根据子页效果图，将"menu"可编辑区域中的"首页"和"新书展示"的图片重新设置，设置完成后的效果如图 4-99 所示。

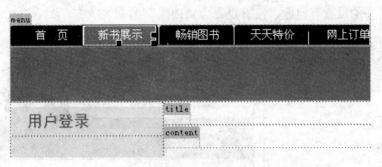

图 4-99　"新书展示"子页中"menu"可编辑区域的设置

（11）"menu"可编辑区域设置完成后，将标题图片插入至"title"可编辑区域，在"content"可编辑区域插入子页效果图中相应的图片及文本。

📞提示：进入子页制作阶段，可以根据实际情况对原先的子页效果图进行修改，不必严格对照制作。

（12）由于模板文件是由首页文件"另存为模板"生成的，故模板文件中已包含了 css.css 中所有样式规则，而子页又是由模板文件生成的，故子页中也包含了所有 CSS 样式规则，这一点从"新书展示"子页 head 部分的代码（如图 4-100 所示）中可以看出。因此，子页中可以继续使用 css.css 中已有的规则来设置网页元素的格式。

```
<head>
<meta http-equiv="Content-Type" content="text/html; charset=gb2312" />
<!-- InstanceBeginEditable name="doctitle" -->
<title>网上书店&gt;&gt;新书展示</title>
<!-- InstanceEndEditable -->
<link href="styles/css.css" rel="stylesheet" type="text/css" />


<!-- InstanceBeginEditable name="head" --><!-- InstanceEndEditable -->
</head>
```

图 4-100　"新书展示"子页 head 部分的代码

（13）重复前面"实现过程"中的第（8）步到第（11）步，完成"畅销图书"cxts.html 与"天天特价"tttj.html 子页的制作，"网上订单"的制作将在第 5 章中进行详细介绍。

（14）根据项目任务 4.1 中规划好的站点目录结构，完成第三层子页的制作。此处，以《Dreamweaver MX 2004 从入门到精通》的详细介绍页面"dw_xxjs.html"为例进行介绍。前期的操作还是重复前面"实现过程"中的第（8）步到第（11）步。

（15）由于该页面属于"新书展示"页面，故在"title"可编辑区域中插入 title_xszs.gif

图片，在"content"可编辑区域中插入 3 行 2 列的嵌套表格，然后根据最终效果合并单元格，并在相应的单元格内插入对象，并使用 css.css 中的规则来设置对象格式。

（16）对照子页效果图，还需要添加子页中标题的 CSS 规则，取名为".red_title"，设置格式（具体如图 4-101 所示）。

（17）由模板文件生成的子页"xxjs_dw.html"完成后的具体效果如图 4-102 所示。从这张图中可以明显看到中间表格的左边一列（矩形标注部分）发生了偏差，这主要由于单元格的垂直对齐的设置有问题，没有设置为"顶端"。

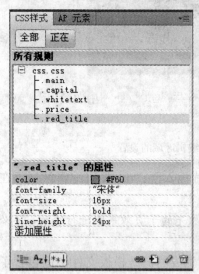

图 4-101   ".red_title" CSS 规则　　　　　图 4-102   子页预览后出现的问题

（18）由于出现问题的部分是固定区域，故将模板文件（mb.dwt）打开，选中中间表格左边单元格，将其单元格的垂直属性设置为"顶端"。保存修改后的模板文件，在弹出的对话框中单击"更新"按钮（如图 4-103 所示），这样由此模板文件生成的所有网页将自动更新。

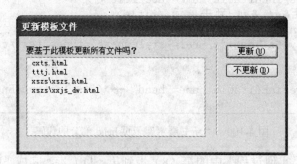

图 4-103   "更新模板文件"对话框

（19）更新完成后会弹出"更新页面"窗口，在"显示记录"部分可以看到"完成"字样，确认无误后，单击"关闭"按钮（如图 4-104 所示）。

（20）更新完成后，仍需将由模板页生成的网页进行保存（如图 4-105 所示），保存后的文件选项卡右上角的"*"号会自动消失。

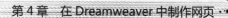

图 4-104 "更新页面"窗口　　　　图 4-105 未保存的子页面 xxjs_dw.html

提示：如果由模板页生成的网页有很多，可以使用"文件"菜单中的"保存全部"命令来一步完成保存工作。

4.4.1 模板的创建

在 Dreamweaver 软件中，模板的创建主要有三种方法。

1. 创建空模板

创建一个空模板，可在文件面板的"资源"选项卡中，先在左侧按钮中选中"模板"类别，再在"模板"面板上单击"新建模板"按钮，即可生成模板文件，如图 4-106 所示。

使用这个方法创建出的是未命名模板，给该模板文件命名，然后单击"编辑"按钮，如图 4-107 所示，打开模板文件进行编辑。编辑完成后，保存模板文件，完成模板的创建。

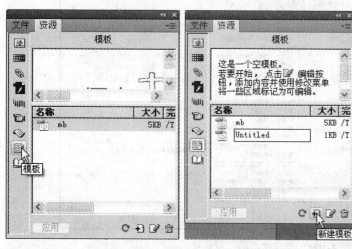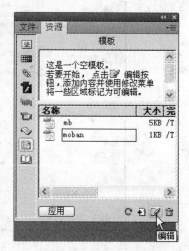

图 4-106 "资源"选项卡中新建模板　　　图 4-107 模板文件的编辑

2. 将普通网页另存为模板

打开一个已经制作完成的网页，保留子页中共同需要的区域（即锁定区域），删除每张页面中内容发生变化的部分。选择"文件"|"另存为模板…"命令将网页另存为模板。

在弹出的"另存为模板"对话框中（如图 4-108 所示），"站点"下拉列表框用来设置模板保存的站点。"现存的模板"选框显示了当前站点的所有模板。"另存为"文本框用来设置模板的命名。单击"保存"按钮，就把当前网页（.html）转换为了模板（.dwt），同时将模板另存到选择的站点。

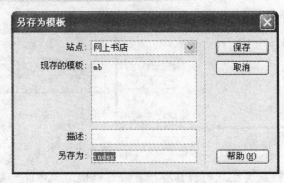

图 4-108　"另存为模板"对话框

单击"保存"按钮后，系统将自动在根目录下创建 Template 文件夹，并将创建的模板文件保存在该文件夹中。

☎提示：在保存模板时，如果模板中没有定义任何可编辑区域，系统将显示警告信息。可以先单击"确定"按钮，然后再定义可编辑区域。

3. 从文件菜单中新建模板

选择"文件"|"新建"命令，打开"新建文档"对话框（如图 4-109 所示），然后在类别中选择"空模板"，并选取相关的模板类型"HTML 模板"，直接单击"创建"按钮即可。

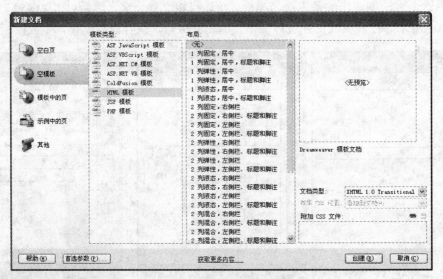

图 4-109　"新建文档"对话框

4.4.2　可编辑区域

模板创建好后，要在模板中建立可编辑区域，只有在可编辑区域里，才可以编辑基于模板生成的网页内容。原则上，可以将网页上任意选中的区域设置为可编辑区域，但是最好是基于 HTML 代码的，如单元格<td>，这样在制作时更加清楚。

1. 插入可编辑区域

在文档窗口中，选中需要设置为可编辑区域的部分，单击"常用"插入栏的"模板"按钮，在弹出菜单中选择"可编辑区域"（如图 4-110 所示）。

　　在弹出的"新建可编辑区域"对话框中（如图 4-111 所示）给该区域命名，然后单击"确定"按钮。新添加的可编辑区域有蓝色标签，标签上是可编辑区域的名称，如图 4-112所示。

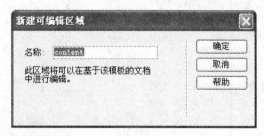

　　图 4-110　"常用"插入栏的"模板"按钮　　　　图 4-111　　"新建可编辑区域"对话框

图 4-112　可编辑区域

对应的 HTML 代码为：

```
<!-- TemplateBeginEditable name="menu" --><!-- TemplateEndEditable -->

<!-- TemplateBeginEditable name="title" --><!-- TemplateEndEditable -->

<!-- TemplateBeginEditable name="content" --><!-- TemplateEndEditable -->
```

2. 删除可编辑区域

　　（1）使用标签删除。删除可编辑区域，可以选中可编辑区域的标签<mmtemplate:editable>，右击该标签，在弹出的快捷菜单中选择"删除标签"即可，如图 4-113 所示。

　　（2）使用菜单删除。将光标置于要删除的可编辑区域内，选择"修改" | "模板" | "删除模板标记"命令，光标所在区域的可编辑区即被删除。

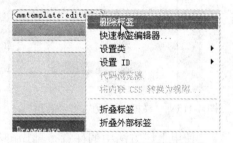

图 4-113　右击"可编辑区域"标签

4.4.3　模板的应用

1. 创建基于模板的文档

　　在 Dreamweaver 中创建基于模板的文档，其方法有很多种，常见的有如下几种：

　　（1）选择"文件" | "新建" | "模板中的页"命令，选择站点中的模板，单击"创建"按钮（如图 4-114 所示）。

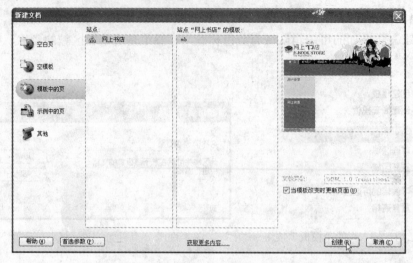

图 4-114　"新建" I "模板中的页"

（2）先新建一普通网页文档，再从"模板"面板中拖一个模板到该文档中。

（3）先新建一普通网页文档，再从"模板"面板中选定一个模板，右击"套用"，如图 4-115 所示。

（4）先新建一普通网页文档，选择"修改" I "模板" I "应用模板到页…"命令，在"选择模板"对话框中（如图 4-116 所示），选择站点中的模板，单击"选定"按钮。

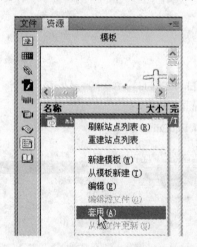

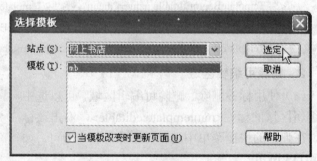

图 4-115　"模板"面板I右击"套用"　　　　图 4-116　"选择模板"对话框

使用上述方法中的任意一种均可创建基于模板的文档，创建完成后在文档窗口的右上角会显示模板文件的名字，如图 4-117 所示。

2. 将页面从模板中分离

在应用了模板的文档中，只有可编辑区域的内容才可以修改，如果要对页面的锁定区域进行修改，必须先把页面从模板中分离出来。选择"修改" I "模板" I "从模板中分离"命令后，该页面就与套用的模板无关，变为普通页面，可以在任何区域进行修改。

3. 修改模板文件

在"模板"面板中选定需要修改的模板，单击"编辑" 按钮或双击模板名称打开模板，在"文档"窗口中进行编辑，完成后保存。保存后可选择是否更新已应用模板的文档，如图 4-118 所示。

图 4-117　基于模板的文档

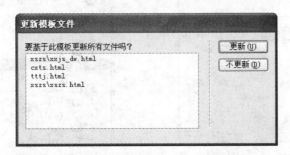

图 4-118　"更新模板文件"对话框

4. 更新站点中使用模板的文档

如没有在保存模板文件时单击"更新"按钮，或系统出现其他情况，仍然可以使用"修改"|"模板"|"更新页面…"命令，来对基于模板的文档进行更新，如图 4-119 所示。

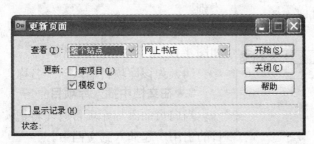

图 4-119　"更新页面"窗口

除此之外，也可以使用"修改"|"模板"|"更新当前页"命令，只更新当前页面。

4.4.4　库的使用

在 Dreamweaver 中，还有一项称为库的功能，跟模板可以有机地配合，这样会使模板的功能更加强大。模板是用来制作网站中整体网页的重复部分，而库则是面向网页局部重复部分的。

库是一种用来存储要在整个网站中经常重复使用或更新的页面元素（如图像、文本和其他对象）的方法，这些元素称为库项目。可以从网页的<body>标签中的任意元素创建库项目，这些元素可以是文本、表格、图像、导航条等。

1. 基于选定内容创建库项目

（1）在"文档"窗口中，选择文档的一部分。

（2）将选定内容拖到"资源"面板的"库"类别中。

（3）为新的库项目输入一个名称，然后按<Enter>键，如图 4-120 所示。

Dreamweaver 在站点本地根文件夹的 Library 文件夹中，将每个库项目都保存为一个单独的文件，扩展名为.lbi（如图 4-121 所示）。

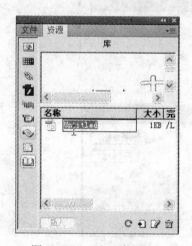

图 4-120 "库"类别

图 4-121 Library 文件夹

图 4-122 新建库项目

2. 创建一个空白库项目

（1）未选中"文档"窗口中的任何内容。

（2）在"资源"面板中，单击面板左侧的"库" 类别。

（3）单击"资源"面板底部的"新建库项目"按钮，如图 4-122 所示。

（4）为该库项目输入一个名称，按<Enter>键。

3. 在文档中插入库项目

当向页面添加库项目时，将把实际内容及对该库项目的引用一起插入到文档中。

（1）将插入点放在"文档"窗口中。

（2）在"资源"面板中，单击面板左侧的"库"类别。

（3）将一个库项目从"资源"面板中拖动到"文档"窗口中。

归纳总结

Dreamweaver 中模板的功能就是把网页布局和内容分离，在布局设计好之后将其存储为模板，这样相同布局的页面可以通过模板创建，因此能够极大提高工作效率，并有利于团队合作。运用模板对于网站的定期更新和改版可以起到事半功倍的效果。

　　本小节要求学会创建模板、定义模板的可编辑区域及模板的应用。同时，了解 Dreamweaver 中库的基本使用方法。

　　根据策划书中的规划，先根据子页的相同布局生成模板文件，然后使用统一的模板文件生成网站中具有相同布局的子页，再根据每个网页上的具体内容进行子页制作，并进一步完善由模板生成的网页。

项目任务 4.5　设置网站的超链接

　　网页的最大优点及特征就是可以在多个网页文档中自由移动的"超链接"功能。完成完整的网页需要构成该网页的多个网页文档，并且需要连接这些网页文档，使得它们之间能够互相跳转。这种连接就叫"超链接"。简单来说，超链接就是用来有机地连接各个网页文档的不可见的绳索。

　　最终设置完成图如图 4-123 所示。

图 4-123　完成网站超链接的设置

187

能力要求

（1）学会设置站点内部超链接。

（2）学会设置站点外部超链接。

（3）学会使用图像映射设置超链接。

（4）能根据实际需要设置不同的超链接。

实现过程

（1）整个网站中所有网页的制作已基本完成，但现在所有的网页都是各自为政，还没有相互联系在一起，要组成一个完整的网站，还需要使用超链接。

（2）先将网站内部所有网页使用超链接连接起来，打开首页"index.html"，选中图片导航栏中的"首页"图片，在属性面板中的链接中单击"指向文件" 或"浏览文件" 按钮完成链接的设置，具体如图4-124（a）所示。

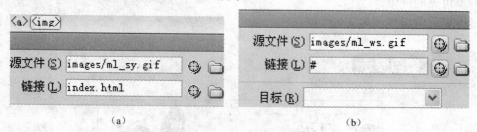

图4-124　超链接的设置

☎提示：特别注意属性面板中"源文件"与"链接"的区别。"源文件"指该图片在站点中的位置，而"链接"则是单击该图片后跳转的页面。

（3）使用上述方法，设置导航栏中其余图片的超链接，"网上订单"图片对应的链接页面还未完成，故此处可以先设置空链接"#"，如图4-124（b）所示。

（4）接下来设置页面底部的文本超链接，选中需要设置超链接的文本，同样在属性面板中进行类似的链接设置，如图4-125所示。

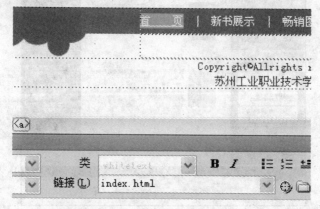

图4-125　文本超链接的设置

（5）使用上述方法，将文字导航栏中其余的超链接及页面中的"详细介绍"文字链接设置完毕，如图 4-126 所示。

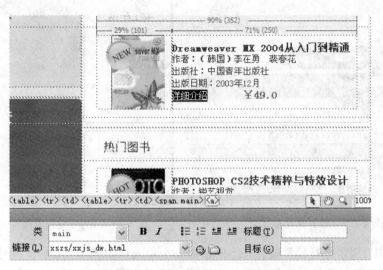

图 4-126　"详细介绍"文字链接设置

（6）至此，网站内部网页的超链接就基本设置完成了。接下来，完成网站外部的超链接设置，如"友情链接"部分。选中"当当网"图片，在属性面板的"链接"中输入 http://www.dangdang.com 网址，完成后在 IE 浏览器中的效果如图 4-127 所示。

☎ 提示：不可以直接在"链接"中输入网址，前面还需要加上"http://"协议。

（7）设置了超链接的图片在 IE 浏览器中会出现蓝色边框，这是由于系统的默认设置造成的，只需要在属性面板中将图片的边框设置为"0"即可，如图 4-128 所示。

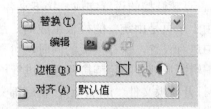

图 4-127　IE 浏览器中的效果　　　　图 4-128　图片的边框属性

（8）使用同样的方法，将另外两张图片对应的外部网站链接完成。

（9）接下来设置网页中的邮件链接，选中需要设置邮件链接的文本，在"链接"属性中输入 mailto:xxgcx@siit.cn（如图 4-129 所示）。设置完成后，在浏览器中预览，单击此链接可直接发送邮件至此信箱，如图 4-130 所示。

☎ 提示：邮件链接的一般格式为：mailto:邮箱地址。

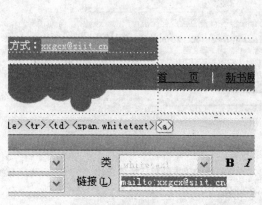

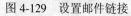

图 4-129　设置邮件链接　　　　　　　　图 4-130　发送新邮件

（10）选中"销售排行榜"嵌套表格的最后一个单元格中的图片，将此图片中的"more"部分设置为图像映射链接。在属性面板中单击"矩形热点工具"，如图 4-131 所示。

图 4-131　矩形热点工具

（11）鼠标变为"+"字型，拖曳鼠标绘制矩形，大小以覆盖"more"部分为宜。在"链接"属性中设置超链接的网页。

（12）首页超链接的设置完成，接下来各个子页面的超链接设置可大致分为两个部分。一部分，由于子页是由统一的模板生成的，故锁定区域部分中所涉及的超链接可以直接在模板文件中进行设置，保存模板的同时，可自动更新子页的超链接设置；另一部分，子页中涉及可编辑区域部分的超链接要逐页进行单独的设置。

（13）打开模板文件"mb.dwt"，将底部文字导航和申明部分的邮件链接进行超链接的设置，完成后保存模板文件，并同时更新由模板文件所生成的所有网页。

（14）选择"文件"|"保存全部"命令将网站中的所有网页进行保存，然后再对网页中可编辑区域内的超链接进行设置。

（15）以《Dreamweaver MX 2004 从入门到精通》的详细介绍为例，打开"xxjs_dw.html"文件，在"目录信息"单元格的最后输入"＞＞TOP"，设置超链接，使单击此文本可回到"content"可编辑区域的顶部。

（16）要完成这样的设置，就需要使用到锚记。将光标定在"content"可编辑区域的顶部，在"常用"插入栏中单击"命名锚记"按钮，打开"命名锚记"对话框输入名称"top"，如图 4-132 所示。

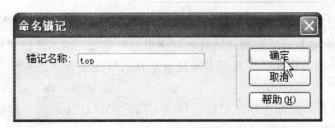

图 4-132　"命名锚记"对话框

（17）插入锚记后，页面的效果如图 4-133 所示。接着，选中页面底端的">>TOP"文本，在属性面板中的"链接"中输入"#top"（如图 4-134 所示），完成页面内部的跳转。

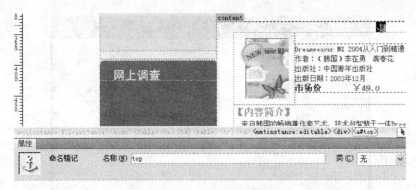

图 4-133　"命名锚记"对话框

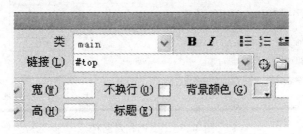

图 4-134　">>TOP"链接设置

（18）将网站中的超链接设置完成后，还需要进行测试，查看有无错误链接，并及时进行修改。测试时需要按照页面进行测试，先将首页上的所有链接测试完后再测试另一张页面，以免遗漏。

4.5.1　文档位置和路径

Dreamweaver 提供多种创建超链接的方法，使用这些方法可以创建文本的超链接，电子邮件的超链接，图像映射的超链接，下载文件的超链接和锚记超链接等。

了解文档的位置和路径对于创建超链接至关重要。每个网页都有一个唯一的地址，称为统一资源定位器（URL）。它有两种路径，一种是绝对路径，另一种是相对路径。

1. 绝对路径

绝对路径提供所链接文档的完整 URL，而且包括所使用的协议，如 http://www.adobe.com/cn/aboutadobe/pressroom/news.html 就是一个绝对路径。必须使用绝对

路径，才能链接到其他服务器上的文档。

☎提示：尽管对本地站点的超链接也可使用绝对路径，但不建议采用这种方法，因为一旦将此站点移动到其他位置，所有本地绝对路径的超链接都将断开。

2．相对路径

当创建超链接时，通常不指定要链接到的文档的完整 URL，而是指定一个始于当前文档或站点根文件夹的相对路径。

（1）文档相对路径。对于大多数本地站点的超链接来说，文档相对路径是最适用的路径，也是 Dreamweaver 中默认的设置。例如，"新书展示"图片对应的链接路径为 xszs\xszs.html（如图 4-135 所示），"畅销图书"图片对应的链接路径为 xszs.html。

图 4-135　文档相对路径

☎提示：使用 Dreamweaver 中的"文件"面板移动或重命名文件/文件夹，则 Dreamweaver 将自动更新所有相关链接。

（2）站点根目录相对路径。站点根目录相对路径提供从站点的根文件夹到文档的路径，该路径总是以一个正斜杠开始，该正斜杠表示站点根文件夹。例如，/xszs/xszs.html 是文件（xszs.html）的站点根目录相对路径。

☎提示：如不熟悉此类型的路径，建议还是使用文档相对路径。

4.5.2　超链接的设置

1．超链接的创建

创建链接的方法主要有两种：一种是单击链接中的"文件夹" 📁图标选择要链接的网页文档，而另一种是使用"指向文件" 🎯图标在文件面板中选择要链接网页的文档。

超链接是用标签<a>定义的，在<a>标签下，有属性 href，href 的属性值为一个 url 地址。例如，<a href="index.html">首页</a>。

2. 目标属性的设置

超链接的目标属性是用于显示被链接的网页文档或网站的位置。由单一框架构成的网页文档，主要采用两种显示方式。一种是当前打开的网页文档消失，而显示链接的网页——_self（默认），另外一种是在新的窗口中显示链接的网页——_blank（如图 4-136 所示）。

图 4-136 链接的目标

"目标"属性的四种值的详细介绍如下：

（1）_blank：保留当前网页文档的状态下，在新的窗口中显示被链接的网页文档。

（2）_parent：当前文档消失，显示被链接的网页文档。如果是多框架文档，则在父框架中显示被链接的网页文档。

（3）_self：当前文档消失，显示被链接的网页文档。如果是多框架文档，则在当前框架中显示被链接的网页文档。

（4）_top：与构造无关，当前文档消失，显示被链接的网页文档。

☎提示：网站中建议不要过多地使用"_blank"，以免打开窗口太多，造成浏览者使用上的不便。

4.5.3 特殊链接的设置

1. 下载文件的超链接

如果超链接指向的不是一个网页文件，而是其他文件，如 doc、rar 文件等，单击链接的时候就会下载文件，如图 4-137 所示。

2. 网站外部链接

超链接可以直接指向地址而不是一个网页文档，单击链接可以直接跳转到相应的网站。例如，在链接里输入 http://www.dangdang.com，那么单击此链接就可以跳转到当当网站。

3. 空的超链接

有时还需要创建空链接，在链接里输入一个"#"或输入"javascript:;（javascript 后依次输入一个冒号和一个分号）"。

4. 脚本的超链接

例如，在链接里输入"javascript:alert（'此链接将返回首页！'）"可生成一个弹出消息的警告框，如图 4-138 所示。

5. 邮件链接的设置

在网页制作中，还经常看到这样的一些超链接。单击以后，会弹出邮件发送程序，联系人的地址也已经填写好了。其制作方法是：选择文本或图像后，在链接中输入"mailto:邮件地址"即可。对应的 HTML 代码为：<a href="mailto:xxgcx@siit.cn">xxgcx@siit.cn</a>。

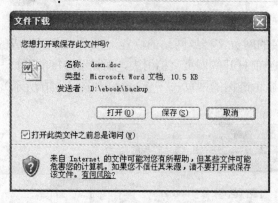

图 4-137　链接指向 doc 文件

图 4-138　警告框

4.5.4　图像映射的使用

所谓图像映射是指在一个图片中设定多个链接。通过设定图像映射，在单击图像的一部分时可以跳转到所链接的网页文档或网站。实现这一点只需要选中图片，使用属性面板中地图的热点工具（如图 4-139 所示），地图右侧的文本框中可填入为该映射命名的名字，若不填，则 Dreamweaver 自动加上一个名字为 Map。地图下面有三个图标，从左到右依次为截取矩形、截取圆形和截取不规则图形。

鼠标单击一个合适的图标，当鼠标变为"+"字形后，在图片上绘制出需要设置链接的部分。当鼠标拖出的选框和目标不重合时，可使用键盘上的箭头来调节。最后，在链接中输入要跳转到的网页文档或网站地址即可，如图 4-140 所示。

图 4-139　地图的矩形热点工具

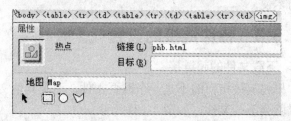

图 4-140　热点的链接属性

4.5.5　锚记的使用

浏览内容很长的网页文档到底部时，要再查看前面部分的内容，则需要向上拖动滚动条。这时使用 Dreamweaver 的锚记功能，则可以一下子移动到页面顶端。

命名锚记使用户可以在文档中设置标记（类似于书签），这些标记通常放在文档的特定主题处或页面顶端。然后再创建到这些命名锚记的链接，这些链接可以快速将访问者带到指定位置。创建到命名锚记链接分为两步。首先创建命名锚记，然后创建到该命名锚记的链接。

1．创建命名锚记

（1）在"文档"窗口中，将插入点放在需要命名锚记的地方。

（2）在"插入"工具栏的"常用"类别中，单击"命名锚记" 按钮。

（3）在"命名锚记"对话框中输入锚记名称。

（4）单击"确定"按钮，锚记标记 在插入点处出现。

☎提示：如果看不到锚记标记，可选择"查看"|"可视化助理"|"不可见元素"命令。

2. 链接到命名锚记

锚记链接与一般链接相同，可以在链接中设定，输入"#锚记名称"，如在文档顶部插入锚记并取名为 top 后，在文档底部的链接中输入"#top"，这样在单击此链接时，会移动到文档的顶部。

此外，如要链接到同一文件夹内其他文档中的名为 top 的锚记，需要在"#"前加上网页的名称，如 cxts.html#top。

☎提示：锚记名称区分大小写。

归纳总结

超链接是网站的核心，使用它可以将分散的网站或网页联系起来，构成一个有机的整体。

本小节主要介绍了几种常用的超链接的设置方法。归纳起来主要有四种链接方式：站点内部链接（在同一站点文档之间的链接）、站点外部链接（不同站点文档之间的链接）、锚记链接（同一网页或不同网页指定位置的链接）和电子邮件链接。

项目训练

完成案例网站的超链接设置，图片的超链接、文字的超链接、电子邮件的超链接、空链接、图像映射链接等。结合实践网站的实际需要，将实践网站的超链接设置完毕，完成后进行链接测试。

项目任务 4.6　使用 CSS 样式编辑网页元素

为了使整个网站的风格保持一致，很多网页的布局都是相同的，通常情况下是使用了模板的效果。如果要统一网站中网页元素的格式，这时就需要使用 CSS 样式表。

样式表也叫 CSS（cascading style sheet，层叠样式表）。现代网页制作离不开 CSS 技术，采用 CSS 技术，可以有效地对页面的布局、字体、颜色、背景和其他效果实现更加精确的控制，可以调整字间距、行间距、取消链接的下画线、固定背景图像等 HTML 标记无法表现的效果。

样式表的优点就是，在对很多网页文件设置同一种属性时，无须对所有文件反复进行操作，只要应用样式表就可以更加便利地、快捷地进行操作。在 Dreamweaver 中只需要单击几次，就可以在字体、链接、表格、图片等构成网页文件的所有元素属性中应用样式表。

此外，CSS 的主要优点是容易更新，只要对一处 CSS 规则进行更新，则使用该定义样式的所有文档的格式都会自动更新为新样式。

使用 CSS 样式后的效果如图 4-141 所示。

图 4-141　使用 CSS 样式后的首页

（1）学会创建 CSS 样式。

（2）对样式属性进行设置。

（3）能应用 CSS 样式设置页面元素的格式。

（4）能应用 CSS 样式实现不同的超链接格式。

（1）在项目任务 4.3 中已经对页面中的文字部分运用了 CSS 规则来进行格式设置。接下来新建用于超链接的 CSS 规则，如图 4-142 所示。

（2）在"选择器类型"中选择"标签（重新定义 HTML 元素）"，如图 4-143 所示。在"选择器名称"下拉列表中选择"a"（如图 4-144 所示），"规则定义"的位置在"css.css"中，单击"确定"按钮。

图 4-142　新建 CSS

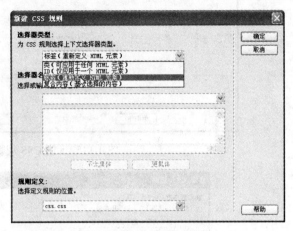

图 4-143　选择器类型

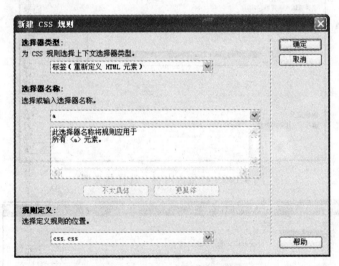

图 4-144　"标签"选择器类型

（3）a 的 CSS 规则定义，"类型"分类中的具体设置如图 4-145 所示。

（4）添加超链接鼠标经过的效果，新建 CSS 规则时，在"选择器类型"中选择"复合内容（基于选择的内容）"，在"选择器名称"中选择"a:hover"（如图 4-146 所示）。

（5）a:hover 的 CSS 规则定义，"类型"分类中的具体设置如图 4-147 所示。

（6）超链接 a 和 a:hover 的 CSS 规则设置完成后，页面中超链接的格式将自动设置完成，这就是"标签"选择器与"类"选择器的不同之处。

（7）观察页面底部的文字导航格式，会发现预览的网页与效果图不同（如图 4-148 所示），效果图中的链接文字是白色的。怎样解决同是超链接却要设置不同格式这个问题，可以使用 ID 号来区别对待同一个标签（如<a>）的不同格式设置。

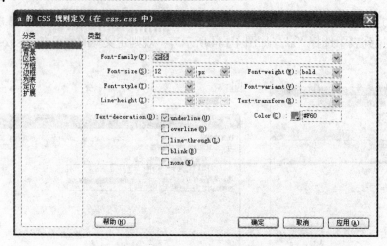

图 4-145　a 的 CSS 规则

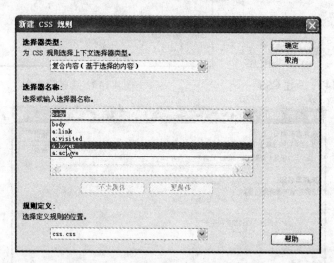

图 4-146　"复合内容"选择器类型

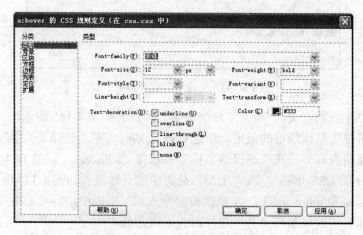

图 4-147　a:hover 的 CSS 规则

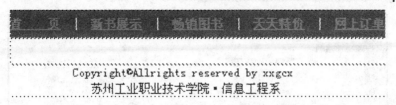

图 4-148　底部的文字导航出现问题

（8）选中底部导航中的"首页"超链接标签\<a\>，右击鼠标，在弹出的快捷菜单中选择"快速标签编辑器…"命令，如图 4-149 所示。在\<a\>标签中添加 ID 属性，具体 ID 号可自己命名，具体设置如图 4-150 所示。

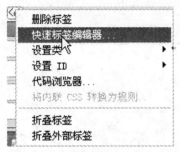

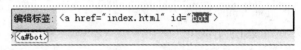

图 4-149　标签快捷菜单　　　　　　　　　图 4-150　编辑标签的 ID 号

（9）选中"a#bot"标签，新建 CSS 规则（如图 4-151 所示），单击"不太具体"按钮，将类"whitetext"清除，单击"确定"按钮。

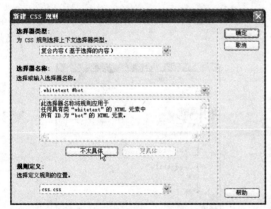

图 4-151　#bot 选择器名称

（10）#bot 的 CSS 规则定义，设置底部文字导航的具体格式，如图 4-152 所示。

（11）其他几个文字导航，只需将对应的\<a\>标签的 ID 均设置为"bot"即可（如图 4-153所示）。

（12）新建 ID 号为"bot"的超链接鼠标经过的 CSS 规则，由于该规则与 a:hover 的规则相同，故只需更改 css.css 文件中的部分代码即可。在 a:hover 后面加上"，#bot:hover"，代码如下所示：

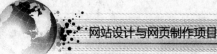

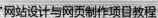

图 4-152 "#bot"的 CSS 规则

```
a:hover,#bot:hover {
  font-family: "宋体";
  font-size: 12px;
  font-weight: bold;
  color: #333;
  text-decoration: underline;
}
```

（13）首页中基本元素的格式均已用 CSS 样式编辑完毕，最后的 CSS 面板如图 4-154 所示，首页的效果如图 4-141 所示。

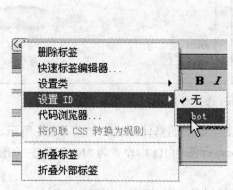

图 4-153 设置 ID 号

图 4-154 完成后的 CSS 面板

（14）由于网站中共用"css.css"样式表文件，故网站中每张网页均可以使用"css.css"中定义的 CSS 规则。模板页中还需将底部文字链接设置 ID 号为"bot"，保存后更新所有基于该模板的网页。

4.6.1　CSS 样式简述

层叠样式表（CSS）是一系列格式设置规则，是用来控制页面内容的外观。使用 CSS 设置页面格式时，内容与表现形式是相互分开的。页面内容（HTML 代码）位于 HTML 文件中，而定义代码表现形式的 CSS 规则位于另一个文件（外部样式表）或 HTML 文档的代码区域中。

CSS 格式设置规则由两部分组成：选择器和声明。选择器是标识已设置格式元素（如 p、img、类名称或 ID）的术语，而声明则用于定义样式元素。在下面的例子中，a 是选择器，介于大括号之间的所有内容都是声明。

a { font-family: "宋体"; font-size: 12px; font-weight: bold;}

声明由属性（如 font-family）和值（如宋体）两部分组成。上面例子中为<a>标签创建了新样式，网页中所有<a>标签的文本都将是 12 像素大小并使用宋体字体和粗体。

4.6.2　样式表的种类

根据运用样式表的范围是局限在当前网页文件内部还是其他网页文件，可以分为内联样式、内部样式表和外部样式表；根据运用样式表的对象可分为类、ID、标签和复合内容四种。

1. 根据运用样式表的范围分类

（1）内联样式。内联样式是写在标签中的，它只针对自己所在的标签起作用。例如，<p style="font-size:12px;color:red;">这个 style 定义段落中的字体是 12 像素的红色字</p>。

（2）内部样式表。内部样式表是写在<head></head>中的，它只针对所在的 HTML 页面有效。例如：

```
<html>
  <head>
    <title>网上书店>>首页</title>
      <style type="text/css">
      <!--
          .main { font-family: "宋体"; font-size: 12px;color: red;}
      -->
          </style>
          </head>
    <body>
      <p class="main">段落文字是宋体 12 像素红色。</p>
    </body>
  </html>
```

在上面方框中的就是内部样式表的格式：

```
<style type="text/css">
<!--
```

```
        ......
    -->
</style>
```

（3）外部样式表。一般情况下，网站中的多个网页会使用相同的 CSS 规则来设置页面元素的格式，如果使用内联或内部样式表将 CSS 代码放在 HTML 中就不是一个好办法。这时，可以把所有的样式存放在一个以.css 为扩展名的文件里，然后将这个 CSS 文件链接到各个网页中。

外部样式表是目前网页制作最常用、最易用的方式，它的优点主要有：

① CSS 样式规则可以重复使用。

② 多个网页可共用同一个 CSS 文件。

③ 修改、维护简单，只需要修改一个 CSS 文件就可以更改所有地方的样式，不需要修改页面 HTML 代码。

④ 减少页面代码，提高网页加载速度，CSS 驻留在缓存里，在打开同一个网站时由于已经提前加载则不需要再次加载。

⑤ 适合所有浏览器，兼容性好。

2. 根据运用样式表的对象分类

运用样式表的对象也就是选择器类型，在 Dreamweaver 中有四种，如图 4-155 所示。

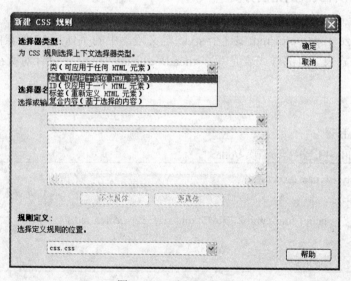

图 4-155　选择器类型

（1）类（可应用于任何 HTML 元素）。类，可以理解为用户自定义的样式。可以在文档窗口的任何区域或文本中应用类样式，如果将类样式应用于一整段文字，那么会在相应的标签中出现 class 属性，该属性值即为类样式的名称。例如，<span class="capital">Dreamweaver MX 2004 从入门到精通</span>。

（2）ID（仅应用于一个 HTML 元素）。ID 与类的区别在于，类的样式可以应用于任何网页元素，但是 ID 的样式只能运用在指定的 ID 号元素中。

若要定义包含特定 ID 属性的标签的格式，先从"选择器类型"弹出菜单中选择"ID"

选项，然后在"选择器名称"文本框中输入唯一的 ID 号（例如：#bot）。

☎提示：ID 必须以#开头，并且可以包含任何字母和数字组合（例如，#myID1）。如果没有输入开头的#，Dreamweaver 将自动输入。

（3）标签（重新定义 HTML 元素）。重新定义 HTML 元素的默认格式。可以针对某一个标签来定义 CSS 样式表，也就是说定义的样式表将只应用于选择的标签。例如，为<a>重新定义了样式表，那么所有<a>标签将自动遵循重新定义的样式表。

（4）复合内容（基于选择的内容）。若要定义同时影响两个或多个标签、类或 ID 的复合规则，就需要选择"复合内容"选择器并输入用于复合规则的选择器名称。例如，输入#bot:hover，则#bot 的鼠标以上的格式都将受此规则影响。

在复合内容中还有标签<a>的四种状态（如图 4-156 所示），每种状态具体介绍如下所示。

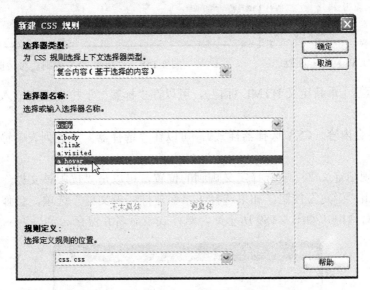

图 4-156　<a>的四种状态

① a:link：设定正常状态下链接文字的样式。

② a:visited：设定访问过的链接的外观。

③ a:hover：设定鼠标放置在链接文字之上时文字的外观。

④ a:active：设定鼠标单击时链接的外观。

4.6.3　样式表的创建

（1）在 Dreamweaver 程序窗口中，打开"CSS 样式"面板，如图 4-157 所示。

（2）单击"CSS 样式"面板右下角的"新建 CSS 规则"按钮，打开"新建 CSS 规则"对话框，如图 4-158 所示。

在"选择器类型"选项中，可以选择四种类型：类、ID、标签和复合内容。

（3）为新建 CSS 样式选择或输入选择器名称。

① 对于类（自定义样式），其名称必须以点（.）开始，如果没有输入该点，则 Dreamweaver会自动添上。自定义样式名可以是字母与数字的组合，但之后必须是字母。

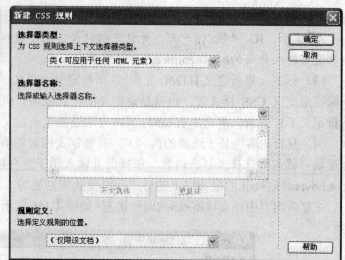

图 4-157 "CSS 样式"面板　　　　图 4-158 "新建 CSS 规则"对话框

② 对于标签（重新定义 HTML 标记），可以在"标签"下拉列表中输入或选择重新定义的标记。

③ 对于复合内容（CSS 选择器样式），可以在"选择器"下拉列表中输入或选择需要的选择器。

（4）在"规则定义"区域选择定义规则的位置，可以是"仅限该文档"或"新建样式表文件"。单击"确定"按钮，如果选择了"新建样式表文件"选项，会弹出"将样式表文件另存为"对话框（如图 4-159 所示），给样式表命名并保存。

图 4-159 "将样式表文件另存为"对话框

提示：建议使用"新建样式表文件"，便于文件的管理和重复使用，有利于内容与表现的分离。

（5）"CSS 规则定义"对话框中设置 CSS 规则定义。主要分为类型、背景、区块、方框、边框、列表、定位和扩展八类（如图 4-160 所示）。每个类别都可以进行不同类型规则的定义，定义完成后，单击"确定"按钮，完成创建 CSS 样式。

图 4-160　"CSS 规则定义"对话框

4.6.4　CSS 规则详解

1．文本样式的设置

"分类"中默认显示的就是对文本进行设置的"类型"。在此类型中可以对文字的字体、字号、字形、颜色、行高等进行设置，如图 4-160 所示。

（1）字体：可以在下拉菜单中选择相应的字体。

（2）大小：大小就是字号，可以直接填入数字，然后选择单位，一般中文设置偶数字号。

（3）样式：设置文字的外观，包括正常、斜体、偏斜体。

（4）行高：这项设置在网页制作中很常用。设置行高，可以选择"正常"，让计算机自动调整行高，也可以使用数值和单位结合的形式自行设置。需要注意的是，单位应该和文字的单位一致，行高的数值是包括字号数值在内的。例如，文字设置为 12px，如果要创建 1.5 倍行距，则行高应该为 18px。

（5）变量：在英文中，大写字母的字号一般比较大，采用"变量"中的"小型大写字母"设置，可以缩小大写字母。

（6）颜色：设置文字的色彩。

2．背景样式的设置

在 HTML 中，背景只能使用单一的色彩或利用图像水平垂直方向的平铺。使用 CSS 之后，可以更加灵活地设置。在"CSS 规则定义"对话框左侧选择"背景"类型，可以在右边区域设置 CSS 样式的背景格式，如图 4-161 所示。

（1）背景颜色：选择固定色作为背景。

（2）背景图像：直接填写背景图像的路径，或单击"浏览"按钮找到背景图像的位置。

（3）重复：在使用图像作为背景时，可以使用此项设置背景图像的重复方式，包括"不重复"、"重复"、"横向重复"、和"纵向重复"。

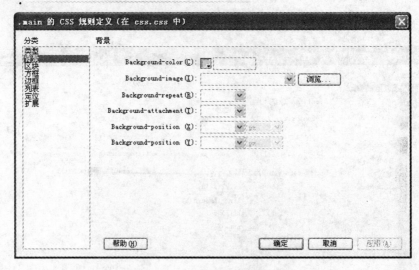

图 4-161 "背景"类型对话框

（4）附件：选择图像做背景的时候，可以设置图像是否跟随网页一同滚动。

（5）水平位置：设置水平方向的位置，可以"左对齐"右对齐"、"居中"。还可以设置数值与单位结合表示位置的方式，比较常用的是像素单位 px。

（6）垂直位置：可以选择"顶部"、"底部"、"居中"。还可以设置数值和单位结合表示位置的方式。

3. 区块样式设置

在"CSS 规则定义"对话框左侧选择"区块"类型，可以在右边区域设置 CSS 样式的区块格式，也就是可以对文字进行更详细的设置，包括字符间距、首行缩进等，如图 4-162 所示。

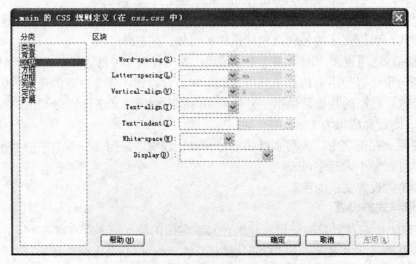

图 4-162 "区块"类型对话框

（1）单词间距：英文单词之间的距离，一般选择默认设置。

（2）字母间距：设置英文字母间距，使用正值为增加字母间距，使用负值为减小字母间距。

（3）垂直对齐：设置对象的垂直对齐方式。

（4）文本对齐：设置文本的水平对齐方式。

（5）文字缩进：这是最重要的项目。中文文字的首行缩进就是由它来实现的。首先填入具体的数值，然后选择单位。文字的缩进和字号要保持统一。如字号为 12px，创建首行空两格的缩进效果，文字缩进就应该为 24px。

（6）空格：对源代码文字空格的控制。选择"正常"，忽略源代码文字之间的所有空格。选择"保留"，将保留源代码中所有的空格形式，包括由空格键、<Tab>键、<Enter>键创建的空格。

（7）显示：制定是否及如何显示元素。选择"无"则关闭它被制定给的元素的显示。在实际控制中很少使用。

4．方框样式的设置

前面设置过图像的大小、图像水平和垂直方向上的空白区域、图像是否有文字环绕效果等。方框样式的设置进一步完善、丰富了这些设置。在"CSS 规则定义"对话框左侧选择"方框"类型，可以在右边区域设置 CSS 样式的方框格式，如图 4-163 所示。

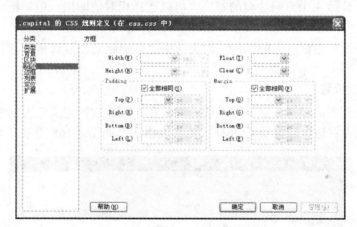

图 4-163　"方框"类型对话框

（1）宽：通过数值和单位设置对象的宽度。

（2）高：通过数值和单位设置对象的高度。

（3）浮动：实际就是文字等对象的环绕效果。选择"右对齐"，对象居右，文字等内容从另外一侧环绕对象；选择"左对齐"，对象居左，文字等内容从另一侧环绕；选择"无"则取消环绕效果。

（4）清除：规定对象的一侧不许有层。可以通过选择"左对齐"、"右对齐"，选择不允许出现层的一侧。如果在清除层的一侧有层，对象将自动移到层的下面。"两者"是指左右都不允许出现层。"无"是不限制层的出现。

（5）"填充"和"边界"：如果对象设置了边框，"填充"是指边框和其中内容之间的空白区域；"边界"是指边框外侧的空白区域。

5．边框样式设置

边框样式设置可以给对象添加边框，设置边框的颜色、粗细、样式。在"CSS 规则定义"对话框左侧选择"边框"类型，可以在右边区域设置 CSS 样式的边框格式，如图 4-164 所示。

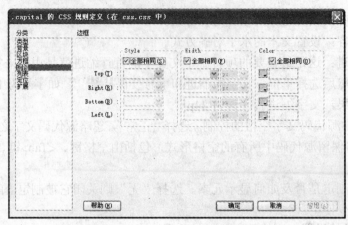

图 4-164 "边框"类型对话框

（1）样式设置边框的样式，如果选中"全部相同"复选框，则只需要设置"上"样式，其他方向的样式与"上"相同。

（2）宽度：设置 4 个方向边框的宽度。可以选择相对值即细、中、粗。也可以设置边框的宽度值和单位。

（3）颜色：设置边框对应的颜色，如果选中"全部相同"复选框，则其他方向的设置都与"上"相同。

6. 列表样式设置

CSS 中有关列表的设置丰富了列表的外观。在"CSS 规则定义"对话框左侧选择"列表"类型，可以在右边区域设置 CSS 样式的列表格式，如图 4-165 所示。

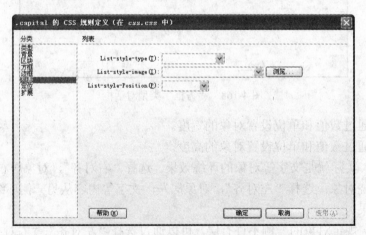

图 4-165 "列表"类型对话框

（1）类型：设置引导列表项目的符号类型。可以选择圆点、圆圈、方块、数字、小写罗马数字、大写罗马数字、小写字母、大写字母、无列表符号等。

（2）项目符号图像：可以选择图像作为项目的引导符号，单击右侧的"浏览"按钮，找到图像文件即可。选择<ul>标签可以对整个列表应用设置，选中<li>标签可对单独的项目应用。

（3）位置：决定列表项目缩进的程度。选择"外"，列表贴近左侧边框，选择"内"，列表缩进。这项设置效果不明显。

7. 其他样式设置

分类中还有两类，分别是"定位"类型和"扩展"类型，分别如图 4-166 和图 4-167 所示。

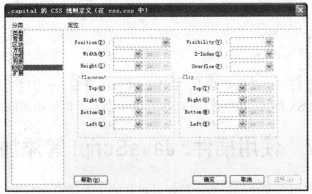

图 4-166　"定位"类型对话框

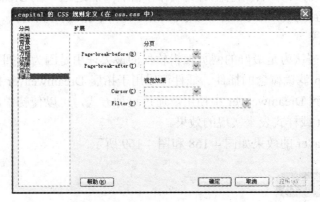

图 4-167　"扩展"类型对话框

（1）"定位"类型：主要是对层的设置，由于 Dreamweaver 提供了可视化的层制作功能，所以此项设置在实际操作中几乎不会用到。

（2）"扩展"类型：CSS 样式还可以实现一些扩展功能，这些功能集中在扩展面板上。这个面板主要包括两种效果：分页和视觉效果。

① 分页：通过样式来为网页添加分页符号。允许用户指定在某元素前或后进行分页。分页的概念是打印网页内容时在某指定的位置停止，然后将接下来的内容继续打印在下一页纸上。

② 视觉效果：有两种光标和滤镜。光标是通过样式改变鼠标形状，鼠标放置于被此项设置修饰的区域上时，形状会发生改变。滤镜是使用 CSS 语言实现滤镜效果。单击"滤镜"下拉列表框旁的按钮，可以看见有多种滤镜效果可供选择。

归纳总结

使用 CSS 将内容与表示形式分离，使得从一个位置集中维护站点的外观变得更加容易，因为进行更改时无须对每个页面上的每个属性都进行更新。将内容与表示形式分离还可以得到更加简练的 HTML 代码，这样将缩短浏览器加载时间。

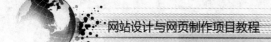
本小节需要学会创建 CSS 样式及对样式属性进行设置，除了学会使用 Dreamweaver 可视化工具创建 CSS 样式外，还需要掌握 CSS 相关的代码。此外，如想进一步了解 CSS，还需要学习其他一些与 CSS 样式表密切相关的知识，如 HTML 语言、DHTML 语言、JavaScript 脚本语言等。

根据策划书中定好的网页效果要求，拟订 CSS 样式草案。小组讨论草案得出最终方案，根据最终方案创建 CSS 样式，注意规范 CSS 样式的命名，以便小组的分工合作。

项目任务 4.7　使用插件、JavaScript 等添加多媒体元素

如今的网站呈现出多元化的趋势，仅仅是以前的文本和图片不能满足人们的需求，很多的多媒体元素如视频、声音等也在网页制作中占有一席之地。在 Dreamweaver 中可以将一些媒体文件插入到网页，如 Flash 和 Shockwave 影片、Java APPLET、Active X 控件及各种格式的音频文件等。

Dreamweaver 被认为是最好的网页编辑软件的最大理由是因为它拥有无限扩展性，它有着类似 Photoshop 滤镜概念的插件。插件可以用于拓展 Dreamweaver 的功能，可以从外部下载插件后安装到 Dreamweaver 中使用。通过这种方式，可以使初学者轻松制作出需要用复杂的 JavaScript 或样式表来实现的效果。

应用 Dreamweaver 的效果如图 4-168 和图 4-169 所示。

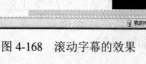

图 4-168　滚动字幕的效果　　　　　图 4-169　层在窗口中的位置始终固定不变

能力要求

（1）学会在网页中使用 marquee 标签创建滚动的文本字幕。

（2）学会在 Dreamweaver 软件中使用各种不同的插件，实现网页的动态效果。

（3）能在网页中添加音乐、ActiveX 控件、Java Applet 等。

实现过程

（1）在上节中已经完成了网站中全部的静态效果页面，除了首页中的 Flash 动画外，页面中没有其他的多媒体元素，这样的网站看起来略显单调，故需要添加多种多媒体元素。

（2）打开首页 index.html，将光标定至中间表格的右列"天天特价"部分，在此嵌套表格中再插入一个 1 行 1 列，宽度为 60% 的内嵌表格。

（3）将新创建的内嵌表格所在单元格的"水平"设置为"右对齐"，"垂直"设置为"底部"。

（4）复制需要滚动的文本至该内嵌表格中，并将该文本放置在段落标签\<p\>中，如\<p\>1、CSS 入门经典(第 2 版)；2、FLASH MX 2004 从入门到精通\</p\>。

（5）在"文档"窗口标签选择器中选中段落标签\<p\>，在"类"中选择"whitetext"，将文字设置为"白色、宋体、12px"。

（6）选择"插入" | "标签…"命令，在"标签选择器"中选择\<HTML 标签\>中的"marquee"，具体如图 4-170 所示。单击"插入"按钮，然后单击"关闭"按钮完成标签的插入。

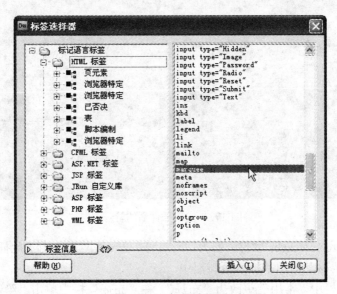

图 4-170　标签选择器

（7）保存网页并在浏览器中预览，发现文本滚动的速度太快，需要设置 marquee 标签的详细属性。

（8）回到代码视图，在 marquee 标签中添加 scrollamount 属性，并设置值为 "3"。完整代码为：<marquee scrollamount="3"><p class="whitetext">1、CSS 入门经典(第 2 版)；2、FLASH MX 2004 从入门到精通</p></marquee>，预览后的网页效果如图 4-171 所示。

（9）为了使新安装的扩展能正常工作，先将 Dreamweaver 中的所有文件全部保存，然后全部关闭，最后退出 Dreamweaver 应用程序。

（10）确保 Dreamweaver 中已安装插件管理器，如图 4-172 所示。

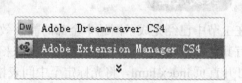

图 4-171　滚动字幕的效果　　　　　图 4-172　插件管理器

（11）在站点根目录中的 "backup" 文件夹中，双击打开插件文件 "PersistentDivs.mxp"。在声明部分单击 "接受" 按钮，完成安装后的对话框如图 4-173 所示。

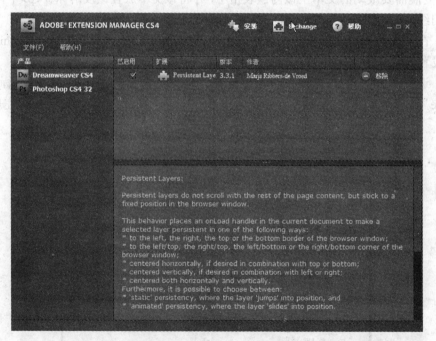

图 4-173　安装插件后的管理器

（12）启动 Dreamweaver 软件，打开 "xxjs_dw.html" 网页，由于此插件需要用到层，故绘制层并将需要移动的图片插入至该层中。

（13）将插入栏由 "常用" 更改为 "布局"，在 "布局" 栏中单击 "绘制 AP DIV" 按钮（如图 4-174 所示），鼠标变为 "+" 字型，拖曳鼠标绘制层。

（14）将 "ggl.gif" 图片插入至绘制的新层中，调整层的大小使其与图片的大小一致。完成后对应的 HTML 代码为：<div id="apDiv1"><img src="images/ggl.gif" width="256"

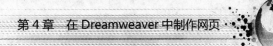

height="256" /></div>。

（15）选择菜单栏"窗口"｜"行为"命令，在右侧面板中将显示"标签检查器"面板（如图 4-175 所示）。

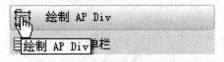

图 4-174　"绘制层"按钮　　　　　　　　图 4-175　"行为"选项卡

（16）选中已插入图片的层，单击面板中的"行为"选项卡，在"+"按钮中选择插件行为"RibbersZeewolde"中的"Persistent Layers"，具体如图 4-175 所示。

（17）在弹出的对话框中对该插件的具体属性进行设置，具体如图 4-176 所示。设置完成后的行为面板如图 4-177 所示。

（18）将该行为激发的事件由"onFocus"更改为"onMouseOver"，使该行为在鼠标移至该层上时就开始执行，如图 4-178 所示。

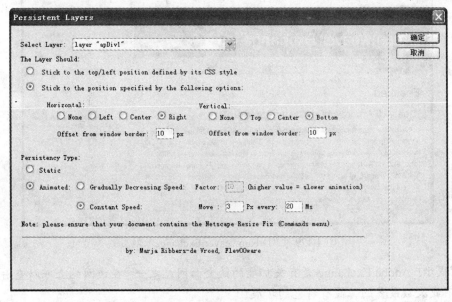

图 4-176　插件具体属性设置

213

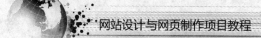

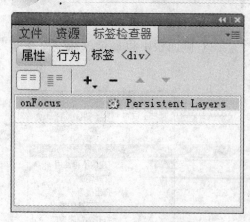 

图 4-177　行为面板　　　　　　　　图 4-178　"事件"更改后的行为面板

（19）添加了插件效果的网页预览后的效果如图 4-169 所示。

（20）更多的插件可以在插件管理器中选择"文件"|"转到 Adobe Exchange"命令，或在浏览器地址栏中输入 www.adobe.com/go/exchange_cn，转到 Adobe Exchange。根据需要选择下载插件并安装使用，如图 4-179 所示。

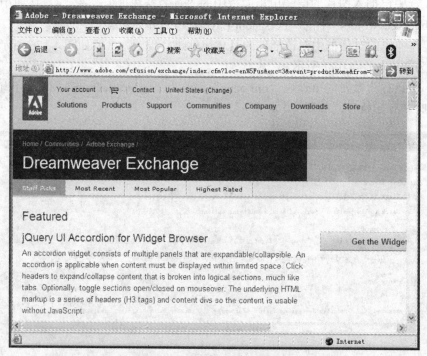

图 4-179　"Dreamweaver Exchange"网页

提示：Adobe Exchange 是有关扩展的最全面网站之一。在该网站上可以查看评价最好的、下载次数最多的、最有特色的扩展。

4.7.1　多媒体元素的插入

1. 网页中声音的插入

声音能极好地烘托网页页面的氛围，网页中常见的声音格式有 WAV、MP3、MIDI、AIF、RA、或 Real Audio 格式。

1）背景音乐的添加

在页面中可以嵌入背景音乐。这种音乐多以 MP3，MIDI 文件为主，在 Dreamweaver 中，添加背景音乐有两种方法，一种是通过手写代码实现，还有一种是通过插件实现。

（1）"代码"实现。在 HTML 语言中，通过<bgsound>这个标签可以嵌入多种格式的音乐文件，具体步骤是：

将音乐文件存放在 media 文件夹里。打开需要添加背景音乐的网页，切换到"拆分"视图，将光标定位到</body>之前的位置，在光标的位置写下下面这段代码：<bgsound src="media/sky.mp3" />，如图 4-180 所示。

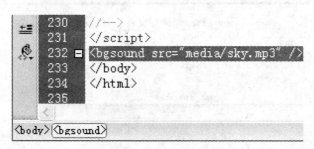

图 4-180　插入背景音乐的代码

提示：如果希望循环播放音乐，将刚才的源代码修改为以下代码即可：　<bgsound src="media/sky.mp3" loop="true">。

（2）"插件"实现。使用"插件"的方法，可以将声音直接插入到网页中，但只有浏览者在浏览网页时具有所选声音文件的适当插件后，声音才可以播放。如果希望在页面显示播放器的外观，可以使用这种方法。

打开网页，将光标放置于想要显示播放器的位置。单击"常用"插入栏中的"媒体"按钮，从下拉列表中选择"插件"　按钮。弹出"选择文件"对话框（如图 4-181 所示），在对话框中选择相应的音频文件。

单击"确定"按钮后，插入的插件在"文档"窗口中以图 4-182 所示图标来显示。

选中该图标，在属性面板中对播放器的属性进行设置，如宽设为 500、高设为 45（如图 4-183 所示），以便在浏览器窗口中能显示出完整的播放器。

要实现循环播放音乐的效果，单击属性面板中的"参数"按钮，然后单击"+"按钮，在"参数"列中输入 loop，并在"值"列中输入 true。如要实现自动播放，可以继续编辑参数，在参数对话框的"参数"列中输入 autostart，并在值中输入 true，单击"确定"按钮，如图 4-184 所示。

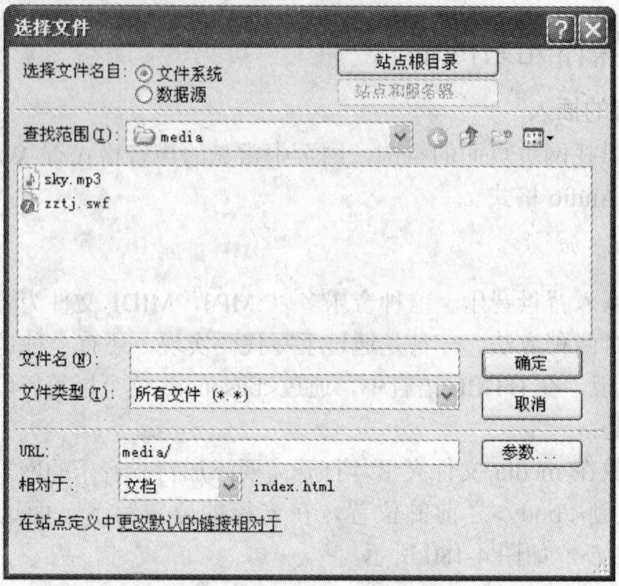

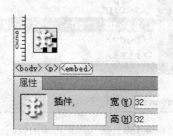

图 4-181 "选择文件"对话框

图 4-182 "文档"窗口中的插件图标

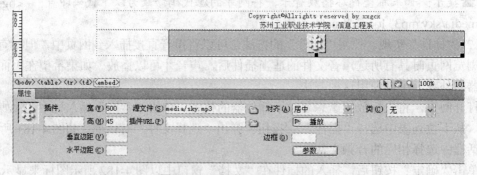

图 4-183 "插件"的属性面板

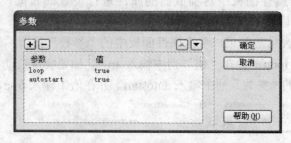

图 4-184 "插件"的参数

打开浏览器预览，在浏览器中就显示了播放插件，实现了页面中插入音乐的效果（如图 4-185 所示）。

图 4-185　浏览器中的预览效果

☎提示：如果希望不显示插件，只需将宽和高均设为 0 即可。

2）视频的添加

在 Dreamweaver 中使用视频多媒体文件，需要先插入插件图标后，再选择需要的媒体文件。插入媒体文件时需要插件的原因是因为浏览器本身不能播放网页中插入的音乐和视频，故只能通过应用程序帮助播放。

3）Java APPLET

有时在互联网上可以看到，虽然不是 Flash 效果但是图像或文本以特殊方式发生变化的网页，这些效果是使用 Java APPLET 表现出来的。以文字渐隐滚动效果为例，具体操作步骤如下：

（1）在要插入滚动文本的单元格中插入 APPLET（如图 4-186 所示），选择*.class 文件。

（2）设定 APPLET 图标的大小，即滚动文字的范围。

（3）切换到代码界面，修改属性<parm name~>部分的代码。

（4）通过更改参数可以设定文本的颜色、内容、速度等。

（5）使用 APPLET 后页面的预览效果如图 4-187 所示。

图 4-186　"媒体"｜"APPLET"　　图 4-187　使用 APPLET 后的预览效果

2. 使用标签<marquee>、</marquee>实现滚动字幕

（1）代码格式。

<marquee>这里是你想要滚动的文字</marquee>。

注解：<marquee> </marquee>是一对控制文字滚动的代码，放在它们之间的文字显示出来的效果就是从右到左移动。代码中间的字可以换成自己想要的字。

（2）参数详解。

① scrollAmount，表示速度，值越大速度越快。默认值为 6，建议设为 1～3 比较好。

② width 和 height，表示滚动区域的大小，width 是宽度，height 是高度。特别是在垂直滚动时，一定要设 height 的值。

③ direction，表示滚动的方向，默认为从右向左：←←←。可选的值有 right、down、up。滚动方向分别为：right 表示→→→，up 表示↑，down 表示↓。

④ behavior，用来控制属性，默认为循环滚动，可选的值有 alternate（交替滚动）、slide（幻灯片效果，指的是滚动一次，然后停止滚动）。

⑤ onmouseover="stop()"——鼠标经过状态时停止滚动，onmouseout="start()"——鼠标移出状态滚动。

☎提示：图片也可以滚动，与文本类似，也是使用标签<marquee>、</marquee>来实现。

4.7.2　JavaScript 在网页中的运用

JavaScript 是一种广泛用于客户端 Web 开发的脚本语言，常用来给 HTML 网页添加动态功能，如响应用户的各种操作。它最初由网景公司的 Brendan Eich 设计，是一种动态、弱类型、基于原型的语言，内置支持类。

一般说来，动态网页是通过 JavaScript 或基于 JavaScript 的 DHTML 代码来实现的。包含 JavaScript 脚本的网页，还能够实现用户与页面的简单交互。但是编写脚本既复杂又专业，需要专门学习，而 Dreamweaver 提供的"行为"的机制，虽然行为也是基于 JavaScript 来实现动态网页和交互的，但却不需书写任何代码。在可视化环境中按几个按钮，填几个选项就可以实现丰富的动态页面效果，实现人与页面的简单交互。

4.7.3　Dreamweaver 中行为的应用

行为是实现网页上交互的一种捷径，Dreamweaver 行为将 JavaScript 代码放置在文档中，以允许访问者与网页进行交互，从而以多种方式更改页面动作或执行某些任务。

1. 行为的概念

行为是用来动态响应用户操作、改变当前页面效果或是执行特定任务的一种方法。行为是由对象、事件和动作构成。例如，当用户把鼠标移动至对象上（称为事件），这个对象会发生预定义的变化（称为动作）。

（1）对象。对象是产生行为的主体。网页中的很多元素都可以成为对象，如整个 HTML 文档、图像、文本、多媒体文件、表单元素等。

（2）事件。事件是触发动态效果的条件。在 Dreamweaver 中可以将事件分为不同的种类，有的与鼠标有关，有的与键盘有关，如鼠标单击、键盘某个键按下。有的事件还和网页相关，如网页下载完毕，网页切换等。

（3）动作。动作是最终产生的动态效果。动态效果可以是图片的翻转、链接的改变、声音播放等。用户可以为每个事件指定多个动作。动作按照其在"行为"面板列表中的顺序依次发生。

2. "行为"面板

在 Dreamweaver 中，对行为的添加和控制主要通过"行为"面板来实现，如图 4-188 所示。

在行为面板上可以进行如下操作：

（1）单击"+"按钮，打开动作菜单，添加行为，如图 4-189 所示。

（2）单击"-"按钮，删除行为。

（3）单击事件列右方的三角，打开事件菜单，可以选择事件。

（4）单击"向上"箭头或"向下"箭头，可将动作项向前移或向后移，改变动作执行的顺序。

图 4-188　"行为"面板

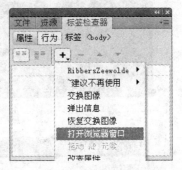

图 4-189　添加行为

3. 行为的创建

一般创建行为有三个步骤：选择对象、添加动作、调整事件。创建行为可以使用 Dreamweaver 内置的行为，也可以下载安装扩展行为。

（1）使用 Dreamweaver 内置的行为。Dreamweaver 内置了 20 多种行为，如弹出信息、打开浏览器窗口、播放声音等。使用这些内置的行为，可以轻松实现各种效果，使网页更具交互性。

（2）下载并安装扩展行为。

① 插件的概念。插件（Extension）也称为扩展，是用来扩展 Dreamweaver 产品功能的文件。Macromedia Extension Package（MXP）文件是用来封装插件的包，可以简单地把它看成是一个压缩文件。除了封装扩展文件以外，还可以将插件相关文档和一系列演示文件都装到里面。

② 插件管理器。插件管理器（Extension Manager）就是用来解压插件包的软件，如图 4-190 所示。选择"文件"|"安装扩展"命令，在"选取要安装的扩展"对话框（如图 4-191 所示）中选择*.mxp 文件，单击"打开"按钮，插件管理器将根据 MXP 里的信息自动选择安装到相应的软件和目录中。

③ 插件的种类。Dreamweaver 中的插件主要有三种：命令（Command）、对象（Object）、行为（Behavior）。命令可以用于在网页编辑时实现一定的功能，如设置表格的样式。对象用于在网页中插入元素，如在网页中插入图片或者视频。行为主要用于在网页上实现动态的交互功能，如单击图片后，弹出窗口。

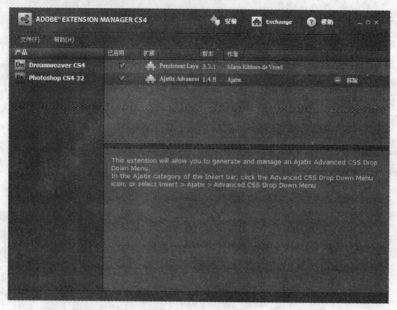

图 4-190　插件管理器

图 4-191　安装插件

归纳总结

　　制作多媒体动态效果网页需要同组成员共同出谋划策，相互协作，设计出符合客户要求的方案，并且最终需要通过客户的审核才能敲定。

项目训练

　　根据策划书中定好的网页的多媒体效果，制订草案。小组讨论草案得出最终方案。根

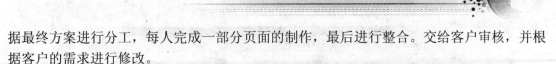

据最终方案进行分工，每人完成一部分页面的制作，最后进行整合。交给客户审核，并根据客户的需求进行修改。

4.8　本章小结

本章主要介绍了如何在 Dreamweaver 软件中制作网页，从一开始的创建网站的本地站点，使用表格实现首页布局，插入首页基本对象，创建并应用网页模板，到设置网站的超链接，使用 CSS 样式编辑首页元素，使用插件、JavaScript 等为网页添加多媒体元素，最终完成整个网站的制作。

创建网站站点时，要重视一开始的规划。有了一个清晰的规划，可以为以后的网站制作奠定好基础。站点的命名也是一个重点，切忌不要使用中文或无意义的序列号。

使用表格时，一定要多上机练习，出现问题时要努力想办法来解决，并且要吸取每次的经验和教训。

使用 CSS 样式编辑首页元素时，要注意各种选择器类型的选择，并注意同一标签如果要设置为不同的格式，需要设置不同的 ID 号。

完成了本章的学习后，主题实践网站的静态部分就全部完成了，该静态网站就可以试运行了，还可以根据第 6 章的内容将此静态网站上传至互联网的空间上，以便客户初步检验。

4.9　技能训练

【操作要求】

1. 建立并设置本地根文件夹

在考生文件夹（C：\test）中新建本地根文件夹，命名为 root。

2. 定义站点

设置站点的本地信息：站点的名称为"数码产品"；本地根文件夹指定为 root 文件夹。将网页素材文件夹 S4-9 中的素材复制到该文件中。

3. 创建并设置模板

创建模板：将 root\S4-9.html 文件另存为模板，保存在 root 文件夹中，命名为 S4-9.dwt。

设置模板：参照样图 A，将 S4-9.dwt 模板中的可编辑区域分别命名为 EditRegion1～EditRegion3。

4. 用模板生成页面

用模板新建页面：用 S4-9.dwt 模板新建页面，命名为 S4-9A.html，保存在 root 文件夹中。修改模板的可编辑区域，将页面中可编辑区域单元格中的内容删除，完成 S4-9A.html 页面内容。

【样图 A】

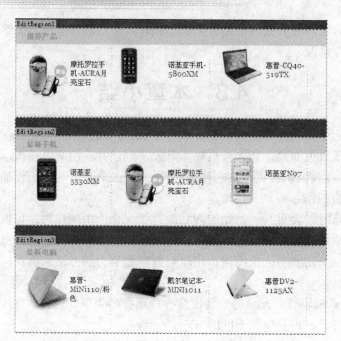

第5章 利用Dreamweaver和 ASP实现网上购书

前面主要学习了静态网站，就是网页内容是固定不变的，若网站维护者要更新网页的内容，就必须手动更新所有的 HTML 文档，其缺点就是不易维护，为了不断更新网页内容，必须重复制作 HTML 文档，随着信息量增加，用户会感到工作量大得难以承受。静态网站已经跟不上时代的步伐，取而代之的就是动态网站的开发。本章通过实现网上书店的网上购书功能，简单地介绍利用 Dreamweaver 和 ASP 技术实现简单动态网站，以便为以后的深入学习打下基础。

一般来说，一个网上订单可以分为下订单、显示订单两部分。用户先看到的是显示订单的部分，之后选择是否下订单。

由于网上订单是一个动态页面，所以要将静态站点转换成动态站点。网上订单所存储的订单信息都要保存在数据库中，所以在制作网上订单的过程中要用到数据库。而订单的收集（即人机交互）必须通过表单来实现，因此，在制作网上订单过程中要使用表单。

项目任务 5.1   "网上书店"动态站点设置

开发动态网站需要使用服务器技术（这里选择 ASP），ASP 程序必须要在支持 ASP 的网站服务器内才能运行，所以在执行 ASP 程序前，用户必须拥有一个网站服务器。用户可以在自己的计算机上架设一个服务器。

接下来要学习如何在个人计算机上创造一个 ASP 程序执行的环境，让 Dreamweaver 有一个可以测试的互动环境，并定义动态站点连接远程服务器。

项目展示

图 5-1　设置虚拟目录

能力要求

（1）理解动态网站与静态网站的概念。
（2）学会利用互联网信息服务设置 Web 服务器。
（3）熟练设置站点的测试服务器。

设置过程

1. 设置 Web 服务器

右击站点文件夹 ebook，在弹出的菜单中选择"共享和安全（**H**）...命令"，打开站点"ebook 属性"对话框，选择"Web 共享"选项卡，选中共享文件夹属性，在弹出的"编辑别名"对话框中输入别名"ebook"，其他属性默认，如图 5-3 所示，单击"确定"按钮，完成 Web 服务器的设置，在 IIS 中显示如图 5-1 所示。

2. 在 Dreamweaver 中进行站点设置

在 Dreamweaver 中选择"站点" | "管理站点"命令，选择编辑，切换到"高级"选项卡，完善本地信息和测试服务器信息。

（1）本地信息：站点名称为"网上书店"，本地根文件夹为"站点文件夹路径"（此处为"D:\ebook"），HTTP 地址为"http://localhost"。

（2）测试服务器：服务器模型为 ASP VBScript，访问为本地/网络，测试服务器文件夹为站点文件夹路径（此处为"D:\ebook"），自动刷新，URL 前缀为 http://localhost/站点文件夹名（此处为 ebook）。单击"确定"按钮完成静态站点到动态站点的转换，如图 5-2 所示。

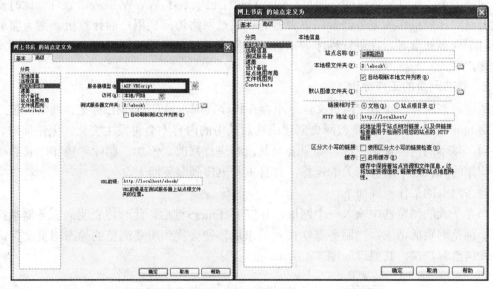

图 5-2　设置站点结构

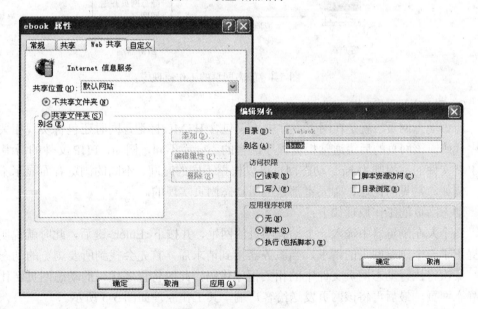

图 5-3　设置 Web 共享

5.1.1　动态网站工作原理

1. 服务器与客户端

通常来说，提供服务的一方被称为服务器端，而接受服务的一方则被称为客户端。例如，当浏览者在浏览网上书店网站主页时，网上书店网站主页所在的服务器就称为服务器端，而浏览者的计算机就被称为客户端。

但是服务器端和客户端并不是一成不变的，如果原来提供服务的服务器端用来接受其他服务器端的服务，此时将转化成为客户端。具体应用到某台计算机时，如果要访问网上书店网站主页，此时是客户端；如自己的计算机上已安装了 WWW 服务器软件，此时就可以把自己的计算机作为服务器，浏览者就可以通过网络访问到用户的计算机，则为服务器端；对于众多初学者，在进行程序调试时，通常可以把自己的计算机既当做服务器端，又当做客户端。

2. 静态网页的工作原理

所谓静态网页，就是在网页文件里不存在程序代码，只有 HTML 标记，通常网页一般以后缀.htm 或.html 存放。静态网页创建成功后其中的内容不会再发生变化，无论何时、何人访问，显示的内容都是一样，如果要对其内容进行修改、添加、删除等操作，就必须到相关程序的源代码中进行相关的操作，并且重新上传到服务器上。

静态网页的工作原理如下：

当在个人的浏览器中输入一个网址，并按下<Enter>键后，此时将表明向服务器端提出了一个浏览网页的请求。当服务器端接到请求后，便会找到所要浏览的静态网页文件，最后再发送给客户端。其原理如图 5-4 所示。

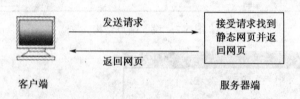

图 5-4　静态网页的工作原理

3. 动态网页的工作原理

所谓动态网页，就是在网页文件中不仅包含 HTML 标记，同时还包含实现相关功能的程序代码，该网页的后缀通常根据程序语言的不同而不同，例如，PHP 文件的后缀为.php，则 JSP 文件的后缀则为.jsp。动态网页可以根据不同的时间、不同的浏览者而显示不同的信息。例如，常见的论坛、聊天室都是应用动态网页实现的。

动态网页的工作原理如下：

当个人在浏览器中输入一个动态网页的网址，并按下<Enter>键后，此时就说明向服务器提出了一个浏览网页的请求。当服务器接到请求后，首先会找到所要浏览的动态网页文件，其次将执行动态网页文件中的相关程序代码，此时将程序代码的动态网页转化成标准的静态网页，最后再将该网页发送给客户端，其工作原理如图 5-5 所示。

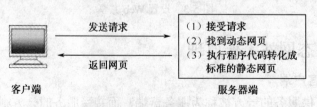

图 5-5　动态网页的工作原理

5.1.2 ASP 简介

随着网络技术的发展，单纯的静态网页不能满足大部分网站的要求，很多网站都需要有数据的交互（如网上订单网页），而这是静态网站所不能实现的。这就需要引入一个新的概念——动态网页。

ASP（Active Server Pages）意为"活动服务器网页"，是服务器端的运行环境，利用 ASP 不仅能够产生动态的、交互的、高性能的 Web 应用程序，而且可以进行复杂的数据库操作。

1. ASP 的工作原理

当在 Web 站点中融入 ASP 功能后，将发生以下事情：

（1）用户向浏览器地址栏输入网址，默认页面的扩展名是.asp。

（2）浏览器向服务器发出请求。

（3）服务器引擎开始运行 ASP 程序。

（4）ASP 文件按照从上到下的顺序开始处理，执行脚本命令，执行 HTML 页面内容。

（5）页面信息发送到浏览器。

2. ASP 的运行环境

ASP 需要运行在 PWS 或 IIS 下。IIS 服务附带在 Windows 2000 的光盘上，可以通过"添加/删除程序"中的"添加/删除 Windows 组件"来安装。Windows 2000 默认安装的是 IIS5.0（Internet Information Server），而 Windows XP 默认安装的是 IIS5.1，Windows 2003 默认安装的是 IIS6.0。

一般 ASP 需与 Access 数据库或 SQL Server 数据库结合使用，编出功能强大的程序。

5.1.3 IIS 设置

IIS（Internet Information Sever）意为 Internet 信息服务器。通过 IIS 可以很容易地建立和管理自己的 Internet 站点。

当在 Windows 中安装了 IIS 后，ASP 环境就自动生成了，不需要另外做什么工作。

在 IE 中输入 localhost，得到如图 5-6 所示的两张网页，说明 IIS 安装成功。

图 5-6 IIS 安装成功

1. 安装 IIS

若操作系统中还未安装 IIS 服务器，可打开"控制面板"，然后单击启动"添加/删除程序"，在弹出的对话框中选择"添加/删除 Windows 组件"，在 Windows 组件向导对话框中选中"Internet 信息服务（IIS）"，然后单击"下一步"按钮，按向导指示，完成对 IIS 的安装（如图 5-7 所示）。

2. 启动 Internet 信息服务（IIS）

Internet 信息服务简称为 IIS，执行"Windows 开始菜单" | "所有程序" | "管理工具" | "Internet 信息服务（IIS）管理器"命令，即可启动"Internet 信息服务"管理工具（如图 5-8 所示）。

3. 配置 IIS

IIS 安装后，系统自动创建了一个默认的 Web 站点，该站点的主目录默认为 C:\Inetpub\ www.root。

用鼠标右键单击"默认 Web 站点"，在弹出的快捷菜单中选择"属性"，此时就可以打开站点属性设置对话框（如图 5-9 所示），在该对话框中，可完成对站点的全部配置。

图 5-7　Windows 组件向导

图 5-8　Internet 信息服务

图 5-9　站点属性设置对话框

（1）主目录与启用父路径。单击"主目录"标签，切换到主目录设置页面，该页面可实现对主目录的更改或设置。注意检查启用父路径选项是否勾选，如未勾选将对以后的程序运行有部分影响。"主目录" | "配置" | "选项"相关图片如图 5-10、图 5-11 所示。

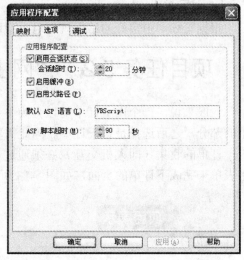

图 5-10　主目录　　　　　　　　图 5-11　主目录应用程序配置

（2）设置主页文档。单击"文档"标签，可切换到对主页文档的设置页面，主页文档是在浏览器中输入网站域名，而未制定所要访问的网页文件时，系统默认访问的页面文件。常见的主页文件名有 index.htm、index.html、index.asp、index.php、index.jap、default.htm、default.html、default.asp 等。

IIS 默认的主页文档只有 default.htm 和 default.asp，根据需要，利用"添加"和"删除"按钮，可为站点设置所能解析的主页文档。

（3）启动与停止 IIS 服务。在 Internet 信息服务的工具栏中提供有启动与停止服务的功能。单击可启动 IIS 服务器；再次单击则停止 IIS 服务器。

5.1.4　Dreamweaver 中定义动态站点及测试服务器设置

在 Dreamweaver 中选择"站点" | "管理站点"命令，选择编辑，切换到"高级"选项卡，设置本地信息和测试服务器信息。

（1）本地信息：站点名称，本地根文件夹为"站点文件夹路径"，HTTP 地址为"http://localhost"。

（2）测试服务器：服务器模型为 ASP VBScript，访问为本地/网络，测试服务器文件夹为站点文件夹路径，自动刷新，URL 前缀为 http://localhost/站点文件夹名。单击"确定"按钮完成静态站点到动态站点的转换，如图 5-2 所示。

归纳总结

要实现网上书店的网上订单功能，必须使用动态网站技术，可以通过 Internet 信息服务设置一个 Web 服务器，并将站点由静态网站转换为动态网站，以便动态网站的测试，通过

本项目任务，需要理解动态网站与静态网站的概念；学会利用 Internet 信息服务设置 Web 服务器；熟练设置站点的测试服务器。

项目训练

根据策划书中定好的站点规划对小型商业网站进行 Web 服务器的创建及站点的转换。

项目任务 5.2　"网上书店" 订单页面的制作

一般来说，一个网上订单可以分为下订单、显示订单两部分。用户先看到的是显示订单的部分，之后选择是否下订单。因此需要有一个显示订单的页面，如图 5-12 所示。

订单的收集（即人机交互）必须通过表单来实现，因此，在制作网上订单过程中要使用表单来完成下订单的页面，如图 5-13 所示。当然也可以将两者放在一张页面上。

项目展示

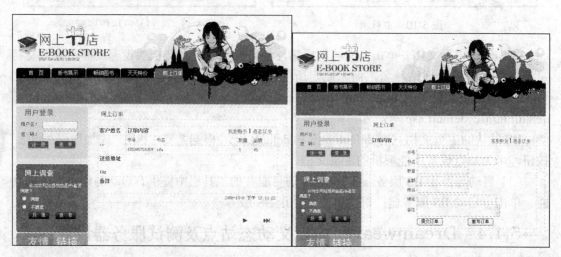

图 5-12　显示订单页面　　　　　　图 5-13　下订单页面

能力要求

要能够显示订单的内容，收集客户订单信息，必须要制作动态页面，通过本项目，要求掌握以下知识点：

（1）利用模板生成动态页面。

（2）利用表格布局制作显示订单页面。

（3）利用 CSS 技术对页面进行美化。

（4）学会使用表单域及表单元素。

1. 制作显示订单的动态页面（xsdd.asp）

通过前面制作好的模板生成网上订单的显示订单动态页面，并根据项目的要求设置页面内容，页面用表格来布局，最后使用 CSS 样式表对内容进行格式设置。这部分内容上一章已经详细讲过，这里不再重复，页面见下图 5-14。

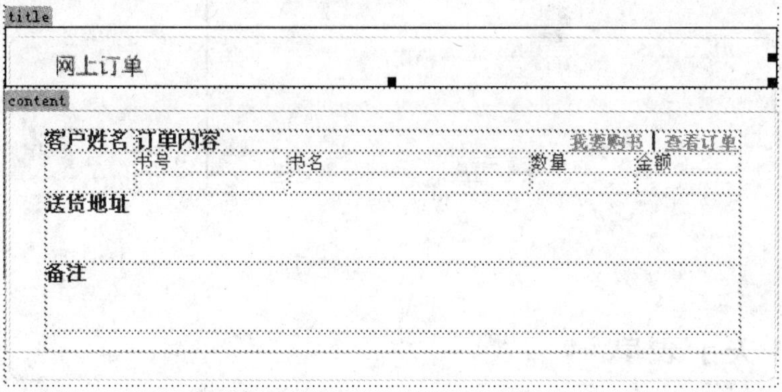

图 5-14　显示订单页面

设置完毕后，将网页保存，保存类型为 asp。

2. 书写订单动态页面是人机交互部分，用表单制作（sxdd.asp）

（1）将显示订单的动态页面（xsdd.asp）另存为书写订单动态页面（sxdd.asp），删除可编辑区域 content 中的表格。

（2）打开表单对象面板，在可编辑区域 content 中插入表单域，在表单域中插入一个 8×2，宽度为 60%，边框为 0 的表格，并使其居中显示。

（3）将表格的单元格高度设置为 25 像素，垂直居中，如图 5-15 所示。

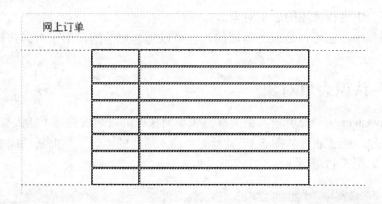

图 5-15　插入表单域

（4）在左侧单元格输入字段名，如书号、书名、数量等，对应的右侧单元格，选择表单对象面板上的"文本字段"表单元素，在属性面板中命名为对应的英文名，如 shuh、shum、shul 等。

（5）在最后的单元格中插入"按钮"表单对象，在属性面板中命名为"提交表单"和"重写表单"。

（6）最后用 CSS 对表格背景及文字等做修饰，完成效果如图 5-16 所示。

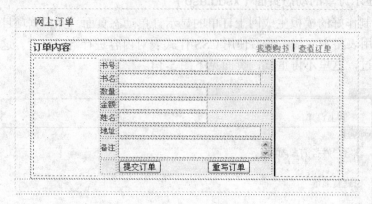

图 5-16   书写订单页面

5.2.1   关于表单

使用表单，可以帮助 Internet 服务器从用户那里收集信息，例如，收集用户资料、获取用户订单，在 Internet 上同样存在大量的表单，让用户输入文字进行选择。

1. 通常表单的工作过程

（1）访问者在浏览有表单的页面时，可填写必要的信息，然后单击"提交"按钮。

（2）这些信息通过 Internet 传送到服务器上。

（3）服务器上专门的程序对这些数据进行处理，如果有错误返回错误信息，并要求纠正错误。

（4）当数据完整无误后，服务器反馈一个输入完成信息。

2. 一个完整的表单包含的内容

（1）在网页中进行描述的表单对象。

（2）应用程序，它可以是服务器端的，也可以是客户端的，用于对客户信息进行分析处理。

5.2.2   认识表单对象

在 Dreamweaver 中，表单输入类型称为表单对象。可以通过选择"插入"|"表单对象"来插入表单对象，或者通过从图 5-17 显示的"插入"栏的"表单"面板访问表单对象来插入表单对象，如图 5-17 所示。

图 5-17   表单面板

1. 表单

在文档中插入表单。任何其他表单对象，如文本域、按钮等，都必须插入表单之中，这样所有浏览器才能正确处理这些数据。

2. 文本域

在表单中插入文本域。文本域可接受任何类型的字母数字项。输入的文本可以显示为单行、多行或者显示为项目符号或星号（用于保护密码）。

3. 复选框

在表单中插入复选框。复选框允许在一组选项中选择多项，用户可以选择任意多个适用的选项。

4. 单选按钮

在表单中插入单选按钮。单选按钮代表互相排斥的选择。选择一组中的某个按钮，就会取消选择该组中的所有其他按钮。例如，用户可以选择"是"或"否"按钮。

5. 单选按钮组

插入共享同一名称的单选按钮的集合。

6. 列表/菜单

"列表/菜单"可以在列表中创建用户选项。"列表"选项在滚动列表中显示选项值，并允许用户在列表中选择多个选项。"菜单"选项在弹出式菜单中显示选项值，而且只允许用户选择一个选项。

7. 跳转菜单

插入可导航的列表或弹出式菜单。跳转菜单允许插入一种菜单，在这种菜单中的每个选项都链接到文档或文件。

8. 图像域

"图像域"使您可以在表单中插入图像。可以使用图像域替换"提交"按钮，以生成图形化按钮。

9. 文件域

"文件域"在文档中插入空白文本域和"浏览"按钮。文件域使用户可以浏览到其硬盘上的文件，并将这些文件作为表单数据上传。

10. 按钮

在表单中插入文本按钮。按钮在单击时执行任务，如提交或重置表单。可以为按钮添加自定义名称或标签，或者使用预定义的"提交"或"重置"标签之一。

11. 标签

在文档中给表单加上标签，以<label></label>形式开头和结尾。

12. 字段集

"字段集"在文本中设置文本标签。

表单是动态网页的灵魂，认识了表单，那么创建和使用表单时就可以根据需要进行选择。

5.2.3　创建表单

在 Dreamweaver 中可以创建各种各样的表单，表单中可以包含各种对象，如文本域、按钮、列表等。

在网页中添加表单对象，首先必须创建表单。表单在浏览网页中属于不可见元素。在 Dreamweaver 中插入一个表单，当页面处于"设计"视图中时，用红色的虚轮廓线指示表单。如果没有看到此轮廓线，请检查是否选中了"查看"|"可视化助理"|"不可见元素"。

（1）将插入点放在希望表单出现的位置。选择"插入"|"表单"命令，或选择"插入"栏上的"表单"类别，然后单击"表单"图标。

（2）用鼠标选中表单，在属性面板上可以设置表单的各项属性，如图 5-18 所示。

图 5-18　表单属性

① 在"动作"文本框中指定处理该表单数据的脚本程序的路径。

② 在"方法"下拉列表中，选择将表单数据传输到服务器的方法。表单"方法"有：POST 在 HTTP 请求中嵌入表单数据；GET 将值追加到请求该页的 URL 中。默认使用浏览器的默认设置将表单数据发送到服务器。通常默认方法为 GET 方法。不要使用 GET 方法发送长表单。URL 的长度限制在 8192 个字符以内。如果发送的数据量太大，数据将被截断，从而导致意外的或失败的处理结果。而且，在发送机密用户名和密码、信用卡号或其他机密信息时，不要使用 GET 方法。用 GET 方法传递信息不安全。

③ 在"目标"弹出式菜单指定一个窗口，在该窗口中显示调用程序所返回的数据。如果命名的窗口尚未打开，则打开一个具有该名称的新窗口。目标值有：_blank，在未命名的新窗口中打开目标文档；_parent，在显示当前文档的窗口的父窗口中打开目标文档；_self，在提交表单所使用的窗口中打开目标文档；_top，在当前窗口的窗体内打开目标文档，此值可用于确保目标文档占用整个窗口，即使原始文档显示在框架中。

5.2.4　表单的应用

1. 一个简单的提交留言页面

新建网页文件 ch05-2-1.html，选择表单插入栏，插入表单，将光标放置在表单内，插入一个 5 行 2 列的表格，将第 1、5 行合并。分别在第 2、3 行插入文本字段，在第 4 行插入文本区域，在第 5 行插入两个按钮。

文本域是用户在其中输入响应的表单对象。有三种类型的文本域，如图 5-19 所示。

（1）单行文本域通常提供单字或短语响应，如姓名或地址。

（2）多行文本域为访问者提供一个较大的区域，供其输入响应。可以指定访问者最多可输入的行数以及对象的字符宽度。如果输入的文本超过这些设置，则该域将按照换行属性中指定的设置进行滚动。

（3）密码域是特殊类型的文本域。当用户在密码域中输入时，所输入的文本被替换为星号或项目符号，以隐藏该文本，保护这些信息不被看到。

页面布局效果如图 5-20 所示。

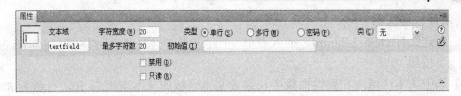

图 5-19 文本域属性

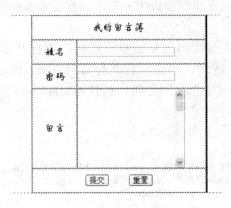

图 5-20 页面布局效果

2. 制作网页跳转菜单

打开一个建立好的网页文件，把鼠标的光标放置在需要插入跳转菜单的位置。选择表单插入栏中的"跳转菜单"命令，在网页中插入一个跳转菜单，如图 5-21 所示。

图 5-21 选择跳转菜单

在弹出的"插入跳转菜单"对话框中，根据提示输入相应内容，如图 5-22 所示。

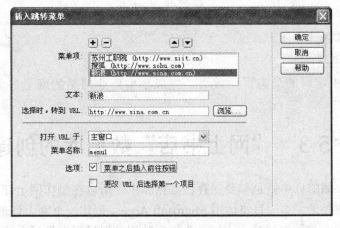

图 5-22 跳转菜单设置

单击"确定"按钮，按<F12>键预览效果。

3. 运行代码实例

（1）新建文件 ch05-2-2.html。插入表单，在表单中插入一个文本区域，按<Enter>键，再插入一个按钮。

（2）选中文本区域，在属性面板中，设置文本区域的文本宽度为50，行数为8。

（3）选中按钮，在属性面板中，将按钮的值设为"运行代码"。

（4）选中 form 表单，在属性面板中，单击动作文本框旁的"浏览按钮"，选择指向5-1.html，目标选择_blank。

（5）在 ch05-2-1.html 的代码区复制整个代码，再打开 ch05-2-2.html 文件，在设计视图中选中文本区域，转到代码区，将光标放置在<textarea name="textarea" cols="50" rows="8"></textarea>的"><"之间，按住<Ctrl+V>组合键粘贴 ch05-2-1.html 页面的代码。

保存后，按<F12>键预览，如图 5-23 所示。

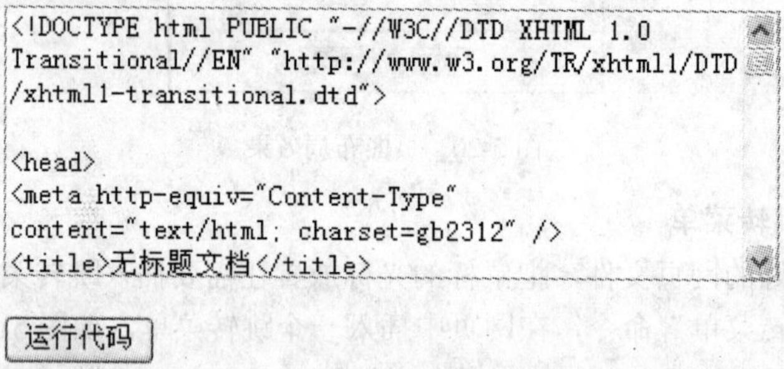

```
<!DOCTYPE html PUBLIC "-//W3C//DTD XHTML 1.0
Transitional//EN" "http://www.w3.org/TR/xhtml1/DTD
/xhtml1-transitional.dtd">

<head>
<meta http-equiv="Content-Type"
content="text/html; charset=gb2312" />
<title>无标题文档</title>
```

运行代码

图 5-23　运行代码

归纳总结

本项目主要是运用前面所学知识来完成显示订单页面的制作，运用表单完成书写订单页面的制作，要求能够熟练运用模板，表格布局，运用 CSS 样式美化页面，并理解和灵活运用表单实现信息的收集。

项目训练

根据策划书中定好的动态页面效果，完成小型商业网站的网上订单或留言板页面制作。

项目任务 5.3　"网上书店"数据库的创建与连接

网上订单所存储的订单信息都要保存在数据库中，所以在制作网上订单的过程中要用到数据库。为方便起见，本项目将运用 Microsoft Access 创建一个网上订单的订单数据库，并使得 Dreamweaver 与数据源建立连接，为之后的服务器运行提供后台的数据库支持。

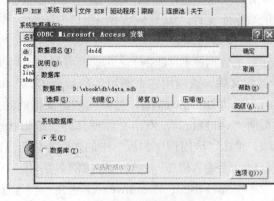

main : 表	
字段名称	数据类型
ID	自动编号
Shuh	文本
Shum	文本
Shul	数字
Je	货币
Name	文本
Address	文本
Content	文本
Data	日期/时间

图 5-24　订单数据库　　　　　　　图 5-25　创建数据源

为了存储网上订单的订单信息，必须使用数据库，通过本项目，要求掌握以下知识：
（1）理解数据库的作用。
（2）创建数据库。
（3）创建数据源。
（4）连接数据库。

1．创建数据库

本项目使用的是 Access 2003 创建了一个名为 data.mdb 的数据库，用于存储订单信息。系统对数据的读取、存储都是对该数据库进行操作。

（1）执行"开始"|"程序"|"Microsoft Office"|"Microsoft Office Access 2003"命令，选择"文件"|"新建"命令，在弹出窗口右边选择空数据库，文件名为 data.mdb，单击"创建"按钮，从弹出窗口选择"使用设计器创建表"，填写相应的字段，具体如图 5-24 所示。

（2）完成字段名称等录入后，选择 ID 为主键，数据表名称为"main"，将其保存在"D:\ebook\db"目录下完成数据库的建立，如图 5-27 所示。

2．创建数据源

（1）在控制面板中，双击管理工具，双击 ODBC 数据库源图标，出现 ODBC 数据源管理器窗口，选择系统 DSN。

（2）单击"添加"按钮，接着选择数据库驱动程序，本项目使用 Access 数据库，所以选择 Microsoft Access Driver(*.mdb)，单击"完成"按钮。

（3）出现 ODBC Microsoft Access 安装窗口，在数据源名一栏给连接取个名字 dsdd，说明一栏不是必填项。

（4）单击窗口中"选择"按钮，找到数据库的所在路径（"D：\ebook\db"）并选中相应数据库文件，选中 data.mdb，此时 ODBC Access 安装窗口中数据库一栏就会出现刚才选定的数据库文件，如图 5-25 所示。

3. 连接数据库

建立了数据库名（DSN）之后，就可以创建网络应用程序和数据库之间的 ODBC 连接，DSN 被定义后，就能用它来调用各种参数了。

（1）启动 Dreamweaver，打开已经定义好的站点"网上书店"，在文件面板中选择显示订单页面"xsdd.html"，双击文件使其处于编辑状态。

（2）单击"应用程序面板"中的"数据库"，在窗口中单击"+"，选择数据源名称，从弹出窗口"连接名称"一栏输入连接的名字 lj；在数据源名称（DSN）一栏从下拉菜单中挑选数据库源名 dsdd；Dreamweaver 连接一栏选择使用本地 DSN 即可，如图 5-26 所示。

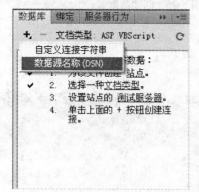
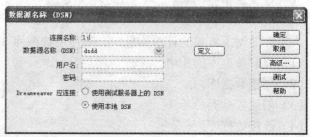

图 5-26　连接数据库

图 5-27　main 表字段及字段属性

5.3.1　认识 Access 数据库

动态网页需要有交互功能，交互中的数据需要有一个专门管理的地方，这就需要用到数据库了。

数据库作为数据管理最有效的手段，在各行各业中得到越来越广泛的应用。可以这样说，任何一个行业的信息化、现代化都离不开数据库。

Access 是一种简单易用的小型数据库设计系统，特别适用于小型商务网站，利用它能够快速创建具有专业特色的数据库，用户不需要研究高深的数据库理论知识。

Access 是一个关系数据库管理系统，是 Microsoft Office 套装办公软件中的数据库组件。它提供了一套完整的工具和向导，即使是初学者，也可以通过可视化的操作来完成绝大部分的数据库管理和开发工作。对高级数据库系统开发人员来说，可以通过 VBA（Visual Basic for Application）开发高质量的数据库应用软件。另外，由于它拥有与 Office 其他的组件类似的用户界面，包括基本相同的菜单系统、工具栏按钮、显示窗口和操作方法，使得用户可以在短时间内熟悉 Access 的操作环境。

Access 具有三大基本功能。

1．建立数据库

根据实际问题的需要建立若干个数据库，在每个数据库中建立若干个表结构，并给这些表输入具体的数据，然后给这些表建立表间的联系。

2．数据库操作

建立数据库的目的是对数据库中数据进行操作，以获得有用的数据或信息。对于数据库中的表实行增加、删除、修改、索引、排序、检索（查询）、统计分析、打印显示报表、制作发布网页等操作。其中增加、删除、修改、索引、排序等操作属于数据库的维护，检索（查询）、统计分析、打印显示报表、制作发布网页等操作属于数据库的使用。

3．数据通信

Access 可与其他应用软件如 Excel、Word 等之间实行数据的传输和交换，以便于 Access 利用其他软件的处理结果，或其他软件利用 Access 的处理结果。

5.3.2　表的基本概念

表是数据库中存储数据的最基本的对象，常称为"基础表"，是构成数据库的一个重要组成部分。Access 中的所有数据都存放在数据表中。表是一个数据库系统的基础，只有建立表后，才可以建立查询、窗体和报表等其他项目，逐步完善数据库。

数据库的表看上去很像是电子表格，在其中可以按照行或列来表示信息。表是以记录和字段的方式组织数据的。

（1）字段：表的每一列叫做一个"字段"，每个字段包含某一专题的信息。

（2）记录：表的每一行叫做一个"记录"，每一个记录包含这行中的所有信息，记录在数据库中并没有专门的记录名，常常用它所在的行数表示这是第几个记录。

（3）值：在数据库中存放在表的行列交叉处的数据叫做"值"，它是数据库中最基本的存储单元。它的位置要由这个表中的记录和字段来规定。

表可以存储数据，而显示数据则是浏览器的任务。所谓基于数据库的 Web 应用程序，就是通过浏览器控制位于服务器端的数据库，并在浏览器中查看、添加、查询及更新数据库中的数据的应用程序。

5.3.3 利用 Access 2003 创建数据库

在 Access 中既可以使用人工的方法按照自己的要求来建立数据库，也可以使用软件为用户提供的各种数据库向导，前者更为自由，而后者则显然要方便一些。

1. 自行创建数据库

使用人工的方法按照自己的要求来建立数据库，首先应创建一个空数据库，然后再将对象加入到数据库中。创建空数据库的步骤为：

（1）启动 Access 2003 后选择"文件"|"新建"命令，在右侧面板中选"空 Access 数据库"。

（2）在弹出的"文件新建数据库"对话框中选择数据库存放的位置、输入数据库的名称并单击"创建"按钮，进入 Access 数据库窗口，即完成了空数据库的创建。

2. 使用数据库向导创建数据库

Access 2003 为用户提供了多种数据库向导，使用数据库向导可以方便地完成数据库的创建工作。建立一个包含表、查询、窗体、报表的完整的数据库。具体步骤如下：

（1）启动 Access 2003 后选择"文件"|"新建"命令，在右侧面板中选择"本机上的模板"选项。

（2）在弹出"模板"对话框后单击"数据库"选项卡，选择一种数据库，如图 5-28 所示。

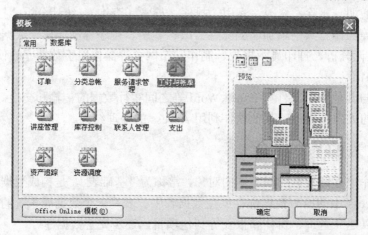

图 5-28　选择数据库模板

（3）在弹出的"文件新建数据库"对话框中，选择数据库存放的位置，输入数据库的名称并单击"创建"按钮。

（4）依次在数据库向导窗口中为数据库中的各个表选择字段，选择显示样式，确定打印报表所用的样式，输入所建数据库的标题，确定是否在所有报表上加一幅图片，最后启动该数据库，至此就完成了使用向导创建数据库的工作，如图 5-29 所示。

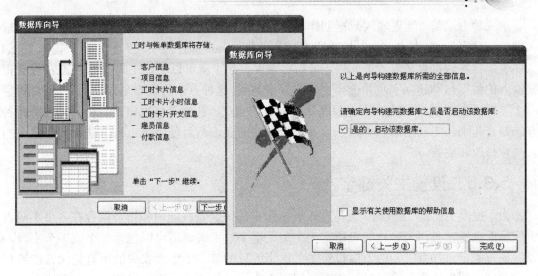

图 5-29　数据库向导设置

5.3.4　创建表

Access 2003 提供三种创建表的方法。

第一种方法是"使用向导创建表"。当选中如图 5-30 所示"数据库对象"窗口中的"使用向导创建表",单击"设计"按钮即可打开"表向导",就可以根据需要和提示选择要包括在表中的字段,所以使用这种方法必须在创建表之前做好规划。

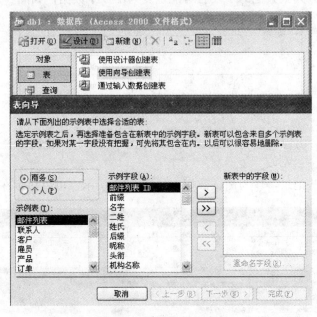

图 5-30　使用向导创建表

第二种方法是"使用设计器创建表"。方法是选中"数据库对象"窗口中的"使用设计器创建表",单击"设计"按钮即可打开"表"窗口。这种方法可以在建立表的过程中控制表和字段的特征,如字段名称、数据类型、字段说明等。

第三种方法是"通过输入数据创建表"。方法是选中"数据库对象"窗口中的"通过输入数据创建表",单击"设计"按钮即可打开类似 Excel 那样的"表"窗口。只需像 Excel 工作表那样将数据直接输入单元格,最后将表保存起来就可以了。在此过程中 Access 会根据输入的数据自动建立字段并选择合适的数据类型。这种方法的缺点是建立的字段名是"字段 1"、"字段 2"之类,完全不能反映字段自身的意义。初学者可以将第二种和第三种两种方法结合起来,先利用第三种方法设计一个粗略的表,然后使用第二种方法对前面建立的表进行修改和完善。

5.3.5　设置主关键字

为了提高 Access 在查询、窗体和报表操作中的快速查找能力和组合保存在各个不同表中信息的性能,必须为建立的表指定一个主关键字。主关键字可以包含一个或多个字段,以保证每条记录都有唯一的值。设定主关键字的目的就在于保证表中的所有记录都能够被唯一识别。如果表中没有可以用作唯一识别表中记录的字段,则可以使用多个字段来组合成主关键字。其设置步骤如下:

（1）在表设计器中,单击字段名称左边的字段选择按钮,选择要作为主关键字的字段。单击字段选择按钮的同时按住<Ctrl>键可以同时选择多个字段。

（2）选择"编辑"菜单中的"主键"命令,则在该字段的左边显示钥匙标记。

主键名是唯一的不重复的,用于标识此行数据的线索,也就是说,很多数据有可能重复,但主键不可能重复,所以要对数据库进行删除、修改、查询时就有法可依了,找它的主键是最精确的,假如找其他的字段有可能重复列出多个数据,如图 5-31 所示。

id（主键）	xm
1	abc
2	cba
3	abc

图 5-31　设定主键

要找 abc 的话会出现两行,但是如果找 id=1 的话就一行,也就是说用主键可以精确地对数据库进行操作。

在表中输入一些记录,作为测试数据,如图 5-32 所示,可以显示在动态页面上。

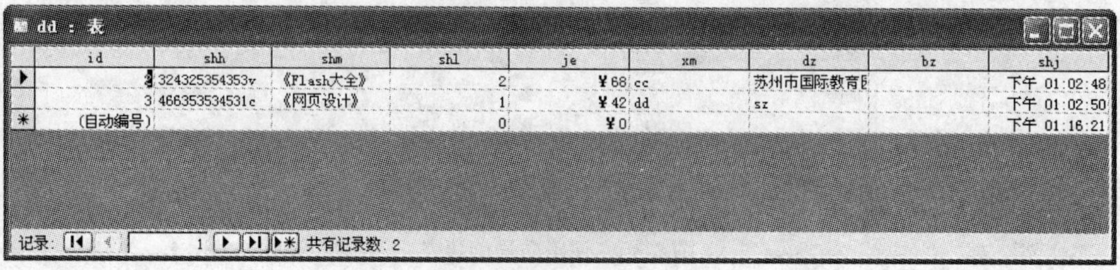

	id	shh	shm	shl	je	xm	dz	bz	shj
▶	3	324325354353v	《Flash大全》	2	￥68	cc	苏州市国际教育[		下午 01:02:48
	3	466353534531c	《网页设计》	1	￥42	dd	sz		下午 01:02:50
*	(自动编号)			0	￥0				下午 01:16:21

记录: ⏮ ◀ ‖ 1 ▶ ⏭ ▶* 共有记录数: 2

图 5-32　测试数据

5.3.6　创建 ODBC 连接

数据库是一个独立的应用程序，当需要数据库和网页结合起来时，就需要将数据库和 Dreamweaver 结合起来。

ODBC（Open Database Connectivity，开放数据库互连）是由 Microsoft 公司于 1991 年提出的一个用于访问数据库的统一界面标准，是应用程序和数据库系统之间的中间件。它通过使用相应应用平台上和所需数据库对应的驱动程序与应用程序的交互来实现对数据库的操作，避免了在应用程序中直接调用与数据库相关的操作，从而提供了数据库的独立性，是微软公司开放服务结构（WOSA）中有关数据库的一个组成部分，它建立了一组规范，并提供了一组对数据库访问的标准 API。可以使用 ODBC 数据源管理器，来创建指向数据库的连接。

在 ODBC 数据源管理器中可以看到"用户 DSN"、"系统 DSN"和"文件 DSN"，这表明可以通过 ODBC 数据源管理器，创建三种类型的 DSN。

（1）用户 DSN：作为位于计算机本地的用户数据源而创建的，并且只能被创建这个数据源的用户所使用；

（2）系统 DSN：系统进程如 IIS 所使用的 DSN，系统 DSN 信息同用户 DSN 一样被存储在注册表位置。ODBC 系统数据源存储了如何指定数据库提供者连接的信息。系统数据源对当前机器上的所有用户都是可见的，包括 NT 服务。也就是说在这里配置的数据源，只要是这台机器的用户都可以访问。

（3）文件 DSN：指定到文件中作为文件数据源而定义的，任何已经正确地安装了驱动程序的用户皆可以使用这种数据源。

在 ODBC 数据源管理器中创建系统 DSN 的操作步骤如下：

① 打开控制面板选择"管理工具"｜"数据源（ODBC）"命令；

② 选择系统 DSN，单击"添加"按钮，选择 Microsoft Access Driver（*.mdb）选项；

③ 数据源名：一般数据源名以 ds 开头，这样便于说明该名称是数据源的名称。在"说明"栏中输入对该数据库的描述性的语言来注释（可默认），如图 5-25 所示；

④ 通过"选择"按钮选择提供数据的 Access 数据库；

⑤ 确定完成系统 DSN 的创建。

5.3.7　在 Dreamweaver 中连接数据库

在 ODBC 数据源管理器中创建了系统 DSN 后需要创建一个数据库连接，如果没有数据库连接，应用程序将不知道在何处找到数据库或者如何与之连接。通过提供应用程序与数据库建立联系所需的信息或参数，Dreamweaver 可以与 ODBC 数据源建立连接，可以支持动态网页，因而可以很方便地实现和数据库的连接。

在 Dreamweaver 中创建数据库连接的步骤如下：

（1）创建好动态站点后，新建或打开一个动态页面，执行"应用程序"｜"数据库"命令，打开数据库面板。

（2）单击 按钮，从下拉列表中选择"数据源名称（DSN）"。在"连接名称"文本框中为连接起一个名字，然后从"数据源名称（DSN）"下拉列表中选择数据源，如图 5-26

第 5 章

所示。如果有必要，在"用户名"和"密码"文本框中输入用户名和密码。如果没有必要，单击"高级"按钮并输入一个架构或目录名称，以限制 Dreamweaver 在设计时所检索的数据库项数。

（3）单击"测试"按钮，Dreamweaver 尝试连接到数据库。如果连接失败，应复查该DSN。复查之后如果连接仍失败，应检查 Dreamweaver 用来处理动态页的文件夹的设置。如果连接成功，会出现如图 5-33 所示的对话框。

（4）单击"确定"按钮，回到"数据源名称（DSN）"对话框，再单击"确定"按钮，完成数据源的连接。此时新连接出现在"数据库"面板上，如图 5-34 所示。

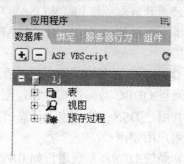

图 5-33　连接成功图　　　　　　图 5-34　"数据库"面板上的新连接

动态网页需要有交互功能，交互中的数据需要有一个专门管理的地方，这就需要用到数据库了。

数据库作为数据管理最有效的手段，在各行各业中得到越来越广泛的应用。可以这样说，任何一个行业的信息化、现代化都离不开数据库。网上订单的订单数据也必须要保存到数据库中。所以通过本项目任务学习应掌握创建合适的数据库，在 ODBC 数据源管理器中创建数据源，在 Dreamweaver 中连接数据库。

项目训练

小型商业网站的网上订单或留言板页面的数据库创建与连接。

项目任务 5.4　"网上书店"订单动态部分的具体实现

Web 页不能直接访问数据库中存储的数据，而是需要与记录集进行交互。记录集是从数据库中提取的信息或记录的子集。该信息子集是通过数据库查询提取出来的。Dreamweaver 使用结构化查询语言（SQL）来生成查询。

使用 Dreamweaver 中的简单"记录集"对话框和高级"记录集"对话框都可以定义记录集。在简单"记录集"对话框中，可以轻松构建简单的 SQL 语句；在高级"记录集"对话框中，可以编写自己的 SQL 语句或使用图形化"数据库项"树创建 SQL 语句。

利用 SQL 语句实现订单的书写与显示如图 5-35 所示。

项目展示

显示订单（xsdd.asp）　　　　　　　　　　书写订单（sxdd.asp）

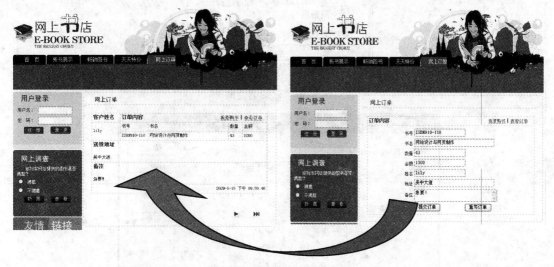

图 5-35　订单的书写与显示

能力要求

（1）学会将数据库字段绑定到页面相应位置。

（2）学会使用记录集分页。

（3）学会添加插入记录服务器行为。

实现过程

1. 创建记录集

（1）打开"xsdd.asp"页面，在"应用程序"面板中单击"绑定"标签，切换到"绑定"类别；或者选择"窗口"|"绑定"菜单命令（快捷组合键为<Ctrl+F10>）切换到"绑定"类别。单击按钮 ✚，从弹出菜单中选择"记录集（查询）"命令，如图 5-36 所示。

（2）在弹出的"记录集"对话框中，在"连续"弹出菜单中选择前面新建的连接 lj；在"表格"弹出菜单中将出现该连接中的表格；在"列"选项中如果选择"全部"单选按钮，则会在列表中显示表中所有的列，如图 5-37 所示。

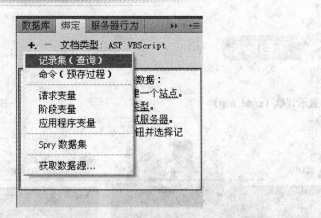

图 5-36　记录集查询

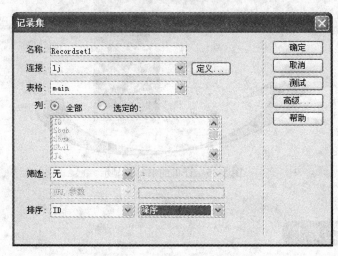

图 5-37　"记录集"对话框

（3）如果对 SQL 语言比较熟悉，单击对话框中"高级"按钮，出现对话框如图 5-38 所示。在 SQL 列表中可以输入 SQL 语言进行记录集查询。

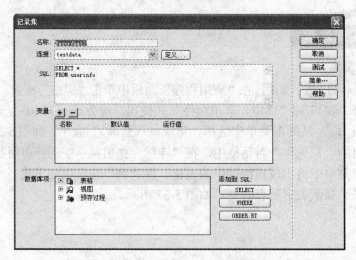

图 5-38　"记录集"对话框

（4）单击“确定”按钮回到“绑定”面板，面板中列出了所有绑定的记录集，如图 5-39 所示。

数据库
绑定
服务器行为
文档类型：ASP VBScript
记录集（Recordset1）
fID
fName
fContent
fOIcq
fE_Mail
插入

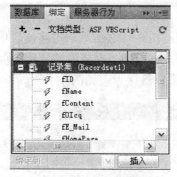

图 5-39　绑定面板

2. 动态数据绑定

在“xsdd.asp”编辑状态下，将记录集的各字段拖入字段标签下一行对应的空格中，如图 5-40 所示。

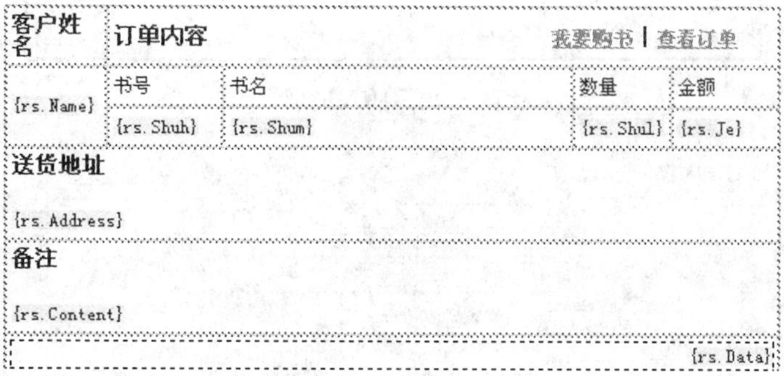
客户姓名
订单内容
我要购书 | 查看订单
{rs.Name}
书号
书名
数量
金额
{rs.Shuh}
{rs.Shum}
{rs.Shul}
{rs.Je}
送货地址
{rs.Address}
备注
{rs.Content}
{rs.Data}

图 5-40　绑定后的单元格

3. 设置重复区域

选中图 5-40 所示的表格，单击服务器行为，单击“+”选择重复区域，保持默认状态，单击“确定”按钮完成重复显示区的设计。

4. 记录集分页

单击菜单“插入”，选择“应用程序对象”|“记录集分页”|“记录集导航条”命令，单击弹出对话框（保持默认值）的“确定”按钮，如图 5-41 所示。

送货地址
{rs.Address}
备注
{rs.Content}
{rs.Data}
如果符合此条件则显示...

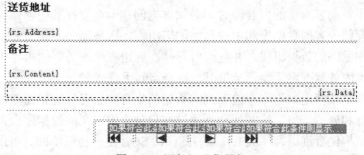

图 5-41　添加记录集导航

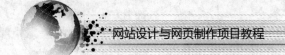

预览执行这个页面，单击相应的链接，就可以翻页查看数据库中的大量记录了。

5. 将记录插入到数据库

打开"sxdd.asp"页面，并使其处于编辑状态，选择"应用程序面板"｜"服务器行为"｜"插入记录"命令，弹出对话框如图 5-42 所示，"连接"项选择 lj，"插入到表格"选择"main"，"插入后转到"填写 xsdd.asp（提交成功显示网页），获取值自 form3，然后单击"确定"按钮完成插入记录服务器行为，如图 5-43 所示。

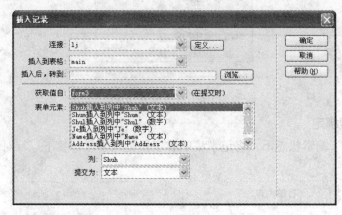

图 5-42 插入记录

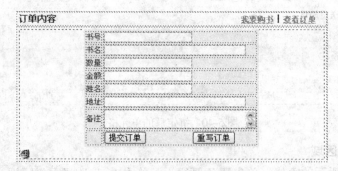

图 5-43 插入记录后的页面

预览执行这个页面，就可以下订单了，提交订单会转到显示订单页面，效果如图 5-35 所示。

5.4.1 定义记录集

将数据库用做动态网页的内容源时，必须首先创建一个要在其中存储检索数据的记录集。记录集在存储内容的数据库和生成页面的应用程序服务器之间起一种桥梁作用。记录集由数据库查询返回的数据组成，并且临时存储在应用程序服务器的内存中，以便进行快速数据检索。当服务器不再需要记录集时，就会将其丢弃。

记录集本身是从指定数据库中检索到的数据的集合。它可以包括完整的数据库表，也可以包括表的行和列的子集。这些行和列通过在记录集中定义的数据库查询进行检索。数据库查询是用结构化查询语言（SQL）编写的。而 SQL 是一种简单的、可用来在数据库中检索、添加和删除数据的语言。使用 Dreamweaver 附带的 SQL 生成器，就可以在无须了解

SQL 的情况下创建简单查询。不过，如果想创建复杂的 SQL 查询，则需要学习 SQL 语句的并手动编写输入到 Dreamweaver 中的 SQL 语句。

📞提示：Microsoft ASP.NET 将记录集称为"数据集"。如果使用的是 ASP.NET 文档类型，则特定于 ASP.NET 的对话框和菜单选项使用标签"数据集"。Dreamweaver 文档一般将这两种类型都称做"记录集"，但是，在专门描述 ASP.NET 功能时使用的是"数据集"。如果要编写用于 ASP.NET 的 SQL 语句，必须了解一些特定于 ASP.NET 的条件。

定义用于 Dreamweaver 的记录集之前，必须先创建数据库连接，并在数据库中输入数据（如果数据库中还没有数据的话）。

（1）在 Dreamweaver 中打开 asp 文档，定位插入点。

（2）通过执行下列操作之一打开"记录集"对话框或"数据集"（ASP.NET）对话框。

① 在"插入"栏的"应用程序"类别中，单击"记录集"或"数据集"（ASP.NET）🖼。

② 选择"窗口"|"绑定"命令以打开"绑定"面板，然后单击加号（+）按钮并选择"记录集"或"数据集"（ASP.NET）。出现"记录集"对话框或"数据集"（ASP.NET）对话框，如图 5-44 所示。

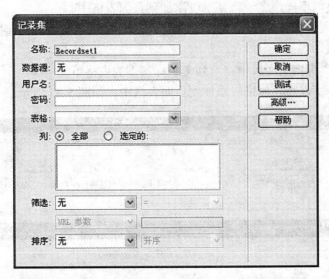

图 5-44　记录集

（3）在"名称"文本框中，输入名称。

（4）在"数据源"弹出式菜单或"连接"弹出式菜单（其他服务器页面类型）中，选择数据源。"记录集"或"数据集"对话框根据来自数据库的数据更新。

（5）如果有与数据源或连接相关联的用户名和密码，则输入它们。如果在设置数据源时没有提供用户名或密码，则保留这些框为空。

（6）在"表格"弹出式菜单中，选择要使用的表。

（7）在"列"中，确保选择"全部"以选中表格中的所有列。

（8）将"筛选"弹出式菜单的设置保留为"无"，以选中表格中的所有行。

（9）在第一个"排序"弹出式菜单中，选择某个字段，然后在第二个弹出式菜单中选择按此字段"升序"或"降序"。

（10）单击"测试"按钮以测试记录集或数据集。数据库中与记录集或数据集选择条件匹配的记录显示在"测试 SQL 指令"窗口中。这种情况表明选择了表格中的所有数据。

（11）单击"确定"按钮关闭"测试 SQL 指令"窗口。

（12）单击"确定"按钮，关闭"记录集"或"数据集"对话框并创建记录集或数据集。记录集随即出现在"绑定"面板中。"文档"窗口不会发生更改。

☎提示：如果没有在"绑定"面板中看到所有记录集字段，则单击"记录集"旁的加号(+)按钮以展开此记录集结构。

5.4.2　动态数据绑定

使用 Dreamweaver 制作动态页面的第二步就是把定义好的数据源绑定到页面中。定义好的数据源都显示在应用程序面板的绑定标签中。

（1）如果"绑定"面板尚未打开，则通过执行以下操作之一打开它。

① 选择"窗口"│"绑定"命令。

② 单击"应用程序"面板组的扩展箭头，然后选择"绑定"面板。

（2）通过执行以下操作之一将某字段添加到页面表格中。

① 将插入点置于文字标签下的表格单元格中；在"绑定"面板中选择对应字段，然后单击"插入"按钮。

② 将字段从"绑定"面板中拖动到文字标签下的表格单元格中。

（3）重复第 2 步以将其他字段添加到页面表格中，如图 5-45 所示。

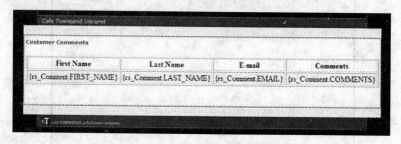

图 5-45　动态数据绑定

（4）保存页面。

5.4.3　应用服务器行为

服务器行为是在设计时插入到动态页中的指令组，这些指令在运行时于服务器上执行。

如果希望向动态页添加服务器端逻辑，请选择"窗口"│"服务器行为"命令。打开"服务器行为"面板，如图 5-46 所示。

单击面板上的"添加"按钮，可以添加服务器行为；单击"删除"按钮，可以删除服务器行为。

Dreamweaver 内嵌的服务器行为包括重复区域、显示区域、记录集分页、转到详细页面、转到相关页面、插入记录、更新记录、删除记录和用户验证等。

图 5-46　"服务器行为"面板

1. 重复区域

"重复区域"服务器行为用来定义一段网页区域，这段区域中的代码可以重复执行，并最终构成完整的网页。因为是重复执行的，所以重复区域的外观或表现方式都一样，所以重复区域常常用来循环显示数据库记录集。

2. 显示区域

在制作网页时，常常需要根据某特定的条件值来选择是否显示某些对象。这时，就可以将这些对象定义为显示区域。显示区域使用最为普遍的地方就是记录集的分页显示。当浏览第 1 页或第 1 条记录时，需要将"首页"的超级链接隐藏；而当浏览到最后一页或最后一条记录时，就需要将"尾页"的超链接隐藏。

3. 记录集分页

对于记录数很多的记录集，如果一次性全部显示在网页上，不仅网页响应速度很慢，而且网页也因为很长，导致上下拉动和查看信息较为麻烦，这时就需要应用到"记录集分页"服务器行为。

4. 转到详细页面

"转到详细页面"服务器行为用来在两个页面之间传递参数，而且这两个页面之间是类似父子的关系。如果要从大量的数据当中筛选出有用的数据，最简单的方法就是：首先查看这些记录的概要信息，基本确定为对自己有用的数据，然后就可以查看该记录的详细信息。这种方法不仅高效，而且非常适合人类的思维方式。

"转到详细页面"服务器行为就可以实现上述从记录的概要信息转到详细页面的过程。

5. 转到相关页面

"转到相关页面"服务器行为同"转到详细页面"服务器行为类似，都能将参数从一个页面传递到另一个页面，不同的是两个页面之间并不是父子关系，而是更为普遍的对等关系。

6. 插入记录

"插入记录"服务器行为在 Dreamweaver 中用来完成数据录入的功能，这也是所有动态网站中必不可少的一项功能。使用该项行为可以将自动表单的元素和记录集的字段进行绑定，从而完成表单提交后写数据库的过程。

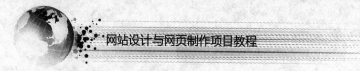

7. 更新记录

"更新记录"服务器行为用来完成数据修改的功能。在数据查看修改页面，用户修改了某些字段之后，单击"提交"按钮，"更新记录"服务器行为会自动将表单的值提交到数据库中。

8. 删除记录

"删除记录"服务器行为用来自动完成数据删除的功能。

9. 用户验证

"用户验证"服务器行为又分为"检查新用户名"、"登录用户"、"限制对页的访问"和"注销用户"等，主要用来完成从限制用户访问、限制关键词重复的记录、入库到用户注销等整个安全环节。

归纳总结

本项目详细介绍了 Dreamweaver 中制作动态网站最为重要的应用程序面板组，主要集成了数据库、绑定、服务器行为和组件面板组等，其能轻松将网页同数据库连接起来，并将网页内的静态内容跟动态内容绑定，利用 Dreamweaver 内嵌或网络上免费使用的一些服务器行为，来实现诸如数据库分页显示、转到详细页面等功能。

项目训练

小型商业网站的网上订单或留言板页面动态部分的具体实现。

5.5　本章小结

本章主要介绍了运用动态网页技术设计实现网上书店的网上订单功能。介绍了 IIS 的安装方法与设置，定义动态站点；表单的基本概念、用途，表单对象的基本用法；介绍了数据库与动态数据的基本知识，可以运用 Access 创建数据库，然后在 ODBC 数据源管理器中创建一个数据库连接。Dreamweaver 可以与 ODBC 数据源建立连接，支持动态网页，因而可以很方便地实现和数据库的连接；Web 页不能直接访问数据库中存储的数据，而是需要与记录集进行交互，必须要学会记录集的定义、动态数据的绑定及记录的插入、显示、删除、登录等服务器行为。

5.6　技能训练

5.6.1　基本操作

【操作要求】

注：假设考生文件夹为 C:\test 文件夹，下同。

（1）建立并设置本地根文件夹

① 新建本地根文件夹：在考生文件夹中新建本地根文件夹，命名为 root；在该文件夹中新建 J5-6-1 文件夹。

② 设置虚拟目录：将本地根文件夹 root 设置为虚拟目录，别名为 root；将设置好虚拟目录的"编辑别名"对话框拷屏，以 J5-6-1A.bmp 文件名保存在 J5-6-1 文件夹中。

（2）定义站点

① 设置站点本地信息：站点的名称为"我的站点"；本地根文件夹指定为考生文件夹中的 root 文件夹；启用"自动刷新本地文件列表"和"启用缓存"选项；HTTP 地址设置为 http://localhost。将设置好的对话框拷屏，以 J5-6-1B.bmp 文件名保存在 J5-6-1 文件夹中。

② 定义测试服务器信息：设置服务器模型为 ASP VBScript；访问方式为"本地/网络"；启用"自动刷新远程文件列表"选项；测试服务器文件夹为考生文件夹中的 J5-6-1 文件夹；URL 前缀为"http://localhost/root"。将设置好的对话框拷屏，以 J5-6-1C.bmp 文件名保存在 J5-6-1 文件夹中。

（3）创建 DSN 连接：将 S5-6-1\osta.mdb 数据库复制到 C 盘根目录中，按照以下要求创建 DSN 连接。

① 设置"系统 DSN"的驱动程序为"Microsoft Access Driver(*.mdb)"。

② 数据源名为"dsOSTA5-6-1"。

③ 将数据库说明设置为"网站设计与网页制作数据库 5-6-1"。

④ 数据库指定为 C:\osta.mdb 数据库。

⑤ 系统数据库设置为"无"。

将设置好的"ODBC Microsoft Access 安装"对话框拷屏，以 J5-6-1D.bmp 文件名保存在 J5-6-1 文件夹中。

5.6.2　动态网站开发

【操作要求】

将 S5-6-2\OSTA.mdb 数据库复制到 C 盘下，覆盖原数据库文件。将 S5-6-2 文件夹复制到考生文件夹下的 root 文件夹中，并重命名为 J5-6-2 文件夹。在 Dreamweaver MX 中将 J5-6-2 文件夹中的 S5-6-2A.asp 文件重命名为 J5-6-2A.asp，S5-6-2B.asp 文件重命名为 J5-6-2B.asp，S5-6-2C.asp 文件重命名为 J5-6-2C.asp，S5-6-2D.asp 文件重命名为 J5-6-2D.asp，参照样图 A、B、C 进行如下操作。

（1）建立数据库连接：建立 Dreamweaver MX 数据库连接，连接名称为 Connosta3JK，数据源名称为 dsOSTA，使用本地 DSN。

（2）建立记录集：打开 root\J5-6-2\J5-6-2B.asp 页面，将该记录集命名为 Rsosta33，选择 Connosta3JK 为连接，使用 tdianyuan 表格的全部列，按 fID 降序排列。

（3）绑定数据：

① 打开 root\J5-6-2\J5-6-2B.asp 页面和记录集（Rsosta33），绑定数据到 J5-6-2B.asp 页面，最终结果如样图 A 所示。

② 将记录集（Rsosta33）中的 fName 字段绑定到 J5-6-2B.asp 页面中文本"电源名称"右边的单元格中；将 fjiage 字段绑定到文本"单价（元/个）"右边的单元格中；将 finfo 字段绑定到文本"电源简介"右边的单元格中；将 fTime 字段绑定到文本"价格有效期（天）"右边的单元格中。

（4）使用服务器行为

① 插入记录：把 root\J5-6-2\J5-6-2C.asp 页面做成"插入"电源信息页面，将 form 表单中的记录插入到以 Connosta3JK 为连接的 tdianyuan 表格中；其中 form 表单对象中 fname 获取的内容插入"fName"（文本）字段中；finfo 获取的内容插入"finfo"（文本）字段中；fjiage 获取的内容插入"fjiage"（文本）字段中；fTime 获取的内容插入"fTime"（日期）字段中；要求完成插入后转到 J5-6-2B.asp 页面，最终结果如样图 B 所示。

② 使用"登录用户验证"服务器行为：在 root\J5-6-2\J5-6-2A.asp 页面中使用登录用户验证服务器行为，使用 form 表单中的 fAdmin 和 fPassword 表单对象所获取的信息，与以 Connosta3JK 为连接的 tAdmin 表格中的 fAdministrator 和 fPassword 字段作比较；通过验证转到 J5-6-2B.asp 页面，否则进入 J5-6-2D.asp 页面，最终结果如样图 C 所示。

③ 使用"限制对页的访问"服务器行为：在 root\J5-6-2\ J5-6-2C.asp 页面使用限制对页的访问服务器行为，如果访问被拒绝则转到 J5-6-2A.asp 页面。

（5）添加信息导航：打开 root\J5-6-2\J5-6-2B.asp 页面，参照样图 A 在相应的单元格中插入"记录集导航条"和"记录集导航状态"。

【样图 A】

【样图 B】

【样图C】

管理员身份验证	
管理员姓名	
管理员密码	
	确定　重填

第6章 "网上书店"项目调试完善

项目的调试是一项持续的工作，在站点开发的每个步骤中都要进行，即便是把站点发布到 Web 之后仍需要继续测试。发布后通过开发方对自己站点的严格测试及委托方的测试验收，才能更快更好地发现其中隐藏的问题，对其不断进行改进和完善，网站才能不断优化并得到客户的肯定。

项目任务 6.1 站点的测试与调试

项目展示

对网站进行测试是保证整体项目质量的重要一环。对网站的测试包括功能测试、性能测试、安全性测试、稳定性测试、浏览器兼容性测试、可用性/易用性测试、链接测试、代码合法性测试等，而目前需要进行的是最基本的测试。在 Dreamweaver 8 中提供了一种快速有效的站点测试功能，通过在本地进行测试调试，可以防止手工检查容易出现的疏漏而导致的错误网页以提高工作效率。

能力要求

（1）学会对制作好的站点进行差错检测。
（2）学会辅助功能报告的生成。

设计过程

1. 检查站点范围的链接

（1）选择"站点"|"检查站点范围的链接"菜单命令，这时会自动打开"结果"面板中的"链接检查器"，并列出"断掉的链接"的文件及链接的目标文件，如图 6-1 所示。

（2）通过选择"断掉的链接"下拉列表框中的其他选择，还可以显示"外部链接"和
"孤立文件"，如图 6-2 所示。

（3）单击 ▶ 按钮还能检查不同的内容，然后根据报告做出相应的更改即可，如图 6-3
所示。

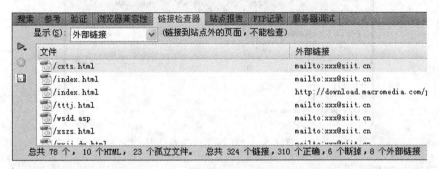

图 6-1　站点范围的链接

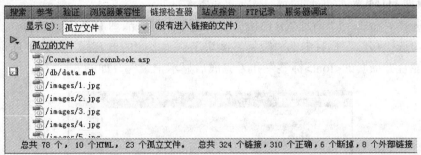

图 6-2　显示"外部链接"和"孤立文件"

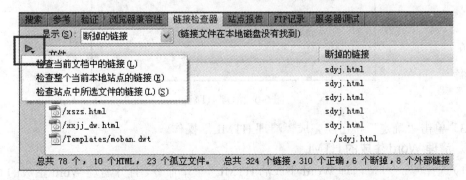

图 6-3　其他检查

2. 改变站点范围的链接

（1）选择"站点"|"改变整个站点范围链接"菜单命令，并选择要更改的链接文件及要改为的新链接文件，如图 6-4 所示。

（2）单击"确定"按钮，系统弹出一个"更新文件"对话框，如图 6-5 所示。对话框中将列出所有与此链接有关的文件，单击"更新"按钮即完成更新。

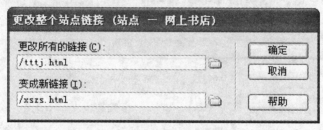

图 6-4　改变整个站点链接

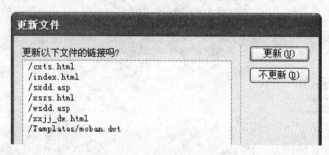

图 6-5　"更新文件"对话框

3. 清理 HTML

（1）选择"命令"|"清理 XHTML"菜单命令，打开清理 HTML 对话框。

（2）勾选"移除"栏目中的"空标签区块"、"多余的嵌套标签"，"选项"栏目中的"尽可能合并嵌套的<font>标签"和"完成后显示记录"，如图 6-6 所示。

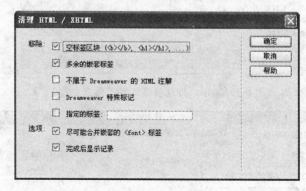

图 6-6　清理 HTML

（3）单击"确定"按钮，完成"清理 HTML"操作。

4. 清理 Word 生成的 HTML

（1）选择"命令"|"清理 Word 生成的 HTML"菜单命令，打开清理 Word 生成的 HTML 对话框，如图 6-7 所示。

（2）在"基本"标签中选择 Word 版本号，并根据需要勾选其他选择。

（3）点选"详细"标签，勾选所需要的选项，单击"确定"按钮开始清理，完成之后会弹出信息框给出清理结果。

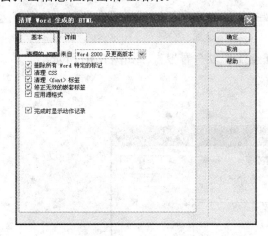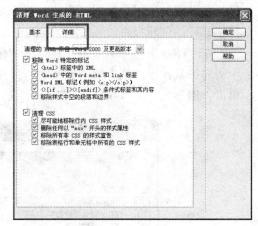

图 6-7 清理 Word 生成的 HTML

5. 同步

（1）展开站点管理器，并与远端主机建立 FTP 联机（此处在"项目任务 6.2 网站的发布"中将会介绍）。

（2）选择"站点" | "同步站点范围"菜单命令，弹出"同步文件"对话框，如图 6-8 所示。

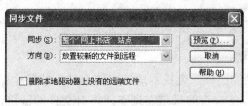

图 6-8 "同步文件"对话框

（3）单击"预览"按钮，可在"远端站点"中看到整个发布网站的文件列表，如图 6-9 所示。

图 6-9 远端站点文件列表

6. 生成辅助功能报告

（1）选择"文件"|"检查页"|"检查辅助功能"菜单命令，报告将出现在"结果"面板组的"站点报告"面板中。

（2）在出现的"报告"对话框中，选择要报告的类别和要运行的报告类型。单击"运行"按钮，开始创建报告。

（3）在"站点报告"面板中，执行以下任意操作以查看报告，如图6-10所示。

单击要按其排序的列标题对结果进行排序。

单击"保存报告"按钮保存该报告。

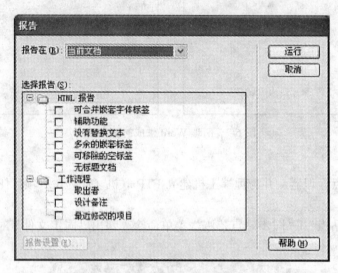

图6-10　"报告"对话框

1. 检查站点范围的链接

通过"检查站点范围的链接"查找本地站点的一部分或整个站点中"断开的链接"。但需要注意的是 Dreamweaver 检查的只是在站点之内对文件的链接，同时会生成一个选定文件的外部链接列表，但并不会检查这些外部链接。

2. 改变站点范围的链接

要想改变众多网页链接中其中的一个，则会涉及很多文件，因为链接是相互的。如果改变了其中的一个，其他网页中有关该网页的链接也要改变。如果一个一个地更改显然是一件非常烦琐的事情。利用 Dreamweaver 的"改变站点范围的链接"则可快速无错地改变所有链接。

3. 清理 HTML

在制作完成之后，还应该清理文档，将一些多余无用的标签去除，也就是给网页"减肥"可以更好更快地被浏览者访问，最大限度地减少错误的发生。

4. 清理 Word 生成的 HTML

很多人习惯使用微软的 Word 编辑文档，当将这些文档复制到 Dreamweaver 中之后也同时加入了 Word 的标记，所以在网页发布前应当先予以清除。

5. 同步

同步是在本地计算机和远程计算机对两端的文件进行比较，不管哪一端的文件或文件夹发生变化，同步功能都能将变化反映出来，便于作者决定上传或者下载。同步功能避免了许多盲目性，在网页维护中尤为重要。

6. 生成辅助功能报告

工作流程报告可以改进 Web 小组中各成员之间的协作。可以运行工作流程报告，这些报告显示谁取出了某个文件，哪些文件具有与之关联的设计备注及最近修改了哪些文件。我们还可以通过"指定名称/值"参数来进一步完善设计备注报告。

7. 站点测试指南

（1）确保页面在目标浏览器中能够如预期的那样工作，并确保这些页面在其他浏览器中或者工作正常，或者"明确地拒绝工作"。

（2）页面在不支持样式、层、插件或 JavaScript 的浏览器中应清晰可读且功能正常。对于在较早版本的浏览器中根本无法运行的页面，应考虑使用"检查浏览器"行为，自动将访问者重定向到其他页面。

（3）应尽可能多地在不同的浏览器和平台上预览页面。这样就有机会查看布局、颜色、字体大小和默认浏览器窗口大小等方面的区别，这些区别在目标浏览器检查中是无法预见的。

（4）检查站点是否有断开的链接，并修复断开的链接。由于其他站点也在重新设计、重新组织，所以网站中链接的页面可能已被移动或删除。可运行链接检查报告对链接进行测试。

（5）监测页面的文件大小及下载这些页面所用的时间。

（6）运行一些站点报告来测试并解决整个站点的问题。检查整个站点是否存在问题，例如无标题文档、空标签及冗余的嵌套标签等。

（7）检查代码中是否存在标签或语法错误。在完成对大部分站点的大部分发布以后，应继续对站点进行更新和维护。

归纳总结

通过进行站点测试及生成的测试报告可以检查可合并的嵌套字体标签、辅助功能、遗漏的替换文本、冗余的嵌套标签、可删除的空标签和无标题文档。

对于测试报告，可保存为 XML 文件，然后将其导入模板实例、数据库或电子表格中，再将其打印出来或显示在 Web 站点上，以便 Web 小组中各成员的查看和根据报告内容进行更新。

项目训练

根据策划书中定好的站点的功能，逐个进行检查。小组讨论检查结果，商议解决办法，并生成网站测试报告。交给客户审核，并根据客户的需求进行修改。

第
6
章

项目任务 6.2　网站的发布

　　将网页制作完成之后，就需要将所有的网页文件和文件夹及其中的所有内容上传到服务器上，这个过程就是网站的上传，即网页的发布。

　　（1）上传站点时链接站点的准备工作。
　　（2）学会申请空间的方法。
　　（3）学会上传网站的方法。

1.　申请空间

　　免费空间的申请同申请邮箱和注册会员类似。

　　申请好空间后，要把一些数据记录下来。

　　（1）免费空间的网址：http://10668.5w5w.info（笔者申请的）。

　　（2）FTP 服务器地址：204.45.67.19 或 10668.5w5w.info。

　　（3）账号：10668。

　　（4）密码：123456。

2.　站点设置：远程信息

　　Dreamweaver CS4 中的站点管理器相当于一款优秀的 FTP 软件，支持断点续传功能，可以批量地上传、下载文件和目录，并且具有闲置过久而中断的特点。

　　（1）选择"站点"|"管理站点"菜单命令，打开"管理站点"对话框，选择要上传的网站名称，然后单击"编辑"按钮，如图 6-11 所示。

　　（2）在弹出的"站点定义"对话框中选择"高级"标签。

　　（3）选择"高级"标签"分类"中的"远程信息"，并按图 6-12 所示定义远程信息的内容。

　　访问：共有 3 个选择，选择 FTP 启用远程文件传递方式。

　　FTP 主机：填写申请或者购买到的空间的主机地址或者域名，一般均由服务商提供，切记，此处一定不能带有网络协议（即不能带有 http:// 或者 ftp:// 等）！

　　主机目录：由服务商提供，一般不需要填写，除非服务商有特殊要求。

　　登录、密码：自己申请并由服务商确认或者服务商分配的用户名（也叫账号）和密码，填写后如果选中保存则密码会自动保存，下一次使用的时候无须再次填写。

　　防火墙设置：一般来说服务器都有完善的防火墙，无须用户自行设置。因此除非服务商要求可以勾选"使用 passive FTP"（使用被动式 FTP），其他选项均可不设置。

保存时自动将文件上传到服务器：修改并保存文件之后自动上传到服务器以减少工作量。建议网络速度不好或者对服务器及 Dreamweaver 软件不是很熟练的用户暂时不启用本功能。

启用存回和取出：提供给团队制作网页使用的功能，个人管理网页没有必要使用本功能。一旦勾选启用，则自动记录任何人在任何时间对网页的任何修改变动，便于团队之间协调工作。

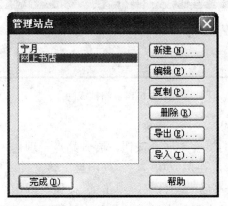

图 6-11 "管理站点"对话框

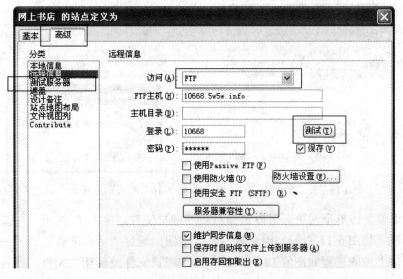

图 6-12 站点定义

（4）以上内容设置完毕，单击"测试"按钮，开始检查设置状况和验证用户密码，所有设置无误，则弹出一个成功的信息提示框告知用户设置成功，如图 6-13、图 6-14 所示。

（5）单击"确定"按钮，关闭"成功"链接对话框，再次单击"确定"按钮关闭"定义站点"对话框，最后单击"完成"按钮将"管理站点"对话框关闭。

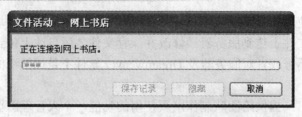

图 6-13　测试连接

图 6-14　测试成功

3. 发布网页

（1）单击站点面板中的折叠或展开按钮，展开站点管理器，如图 6-15 所示。

（2）单击连接按钮 ，连接成功 ，列出已上传文件或可以进行本地文件的上传。

（3）选择"站点-网上书店"文件夹，单击 按钮，弹出"确定上传整个站点"对话框，单击"确定"按钮可以实现整个站点的上传，如图 6-16 所示。

图 6-15　站点管理器

图 6-16　"确定上传整个站点"对话框

（4）如果要上传单个网页，可以选择对应的网页文件，单击 按钮，在弹出的"相关文件"对话框（如图 6-17 所示）中选择"是"按钮，通过"后台文件活动——网上书店"窗口显示文件上传的进程如图 6-18 所示，从而实现该文件及其相关文件的上传。

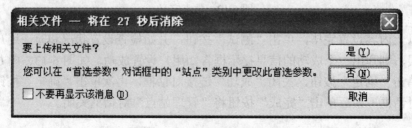

图 6-17　"相关文件"对话框

图 6-18 "后台文件活动——网上书店"窗口

（5）当选中本地文件所有的文件并上传，在远端站点中出现与本地文件完全相同的列表的时候，网页（网站）就上传成功了，如图 6-19 所示。

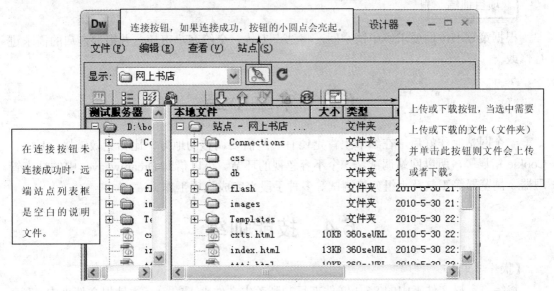

图 6-19 站点发布

（6）如果在远程站点中有多余的文件，可以选择该文件后右击，选择"编辑"|"删除"命令即可。

（7）在浏览器中输入域名（本书为 http://10668.5w5w.info），享受一下成功的喜悦吧！

1．站点的上传

将网页制作完成之后，就需要将所有的网页文件和文件夹及其中的所有内容上传到服务器上，这个过程就是网站的上传，即网页的发布。一般来说有两种方式。

① 通过 HTTP 方式将网页发布，这是很多免费空间经常采用的服务方式。用户只要登录到网站指定的管理页面，填写用户名和密码，就可以将网页一页一页地上传到服务器，这种方法虽然简单，但不能批量上传，必须首先在服务器建立相应的文件夹之后，才能上传，对于有较大文件的和结构复杂的网站来说费时费力。

② 使用 FTP 方式发布网页，优点是用户可以使用专用的 FTP 软件成批地管理、上传、移动网页和文件夹，利用 FTP 的辅助功能还可以远程修改、替换或查找文件等。

2．申请空间

可以直接到网上申请空间，空间有免费和收费之分。免费空间的空间较小、频带窄、易堵塞、多数需要义务性广告、随时会被取消服务等。所以在条件允许的情况下，可以申

第 6 章

请收费空间。提供收费空间的网站很多，价格也比较合适。申请好网页空间后，接下来就可以将整个网站上传到服务器。

归纳总结

发布站点最主要的工作就是进行网页文件的上传，文件上传一般有两种方式：通过 HTTP 方式将网页发布和使用 FTP 方式发布网页。但不管是用哪种方式上传，要做的第一步工作都是去申请一个空间。

项目训练

根据策划书中的要求，申请空间，将站点上传。交给客户审核，并根据客户的需求进行修改。

6.3　本章小结

一个网站制作好后，在细节上肯定还有一些需要调整的地方，比如无效链接，Java、Cookie 错误等，所以网站调试是一个不容忽视的环节。可以借助 Dreamweaver 中的站点管理器、浏览器等工具及小组分工测试等多种手段来完成这项工作。

6.4　技能训练

【操作要求】

将练习素材文件夹中的 S6-4 文件夹复制到考生文件夹下的 root 本地根文件夹中，重命名为 J6-4。在 Dreamweaver 中将 root\J6-4\S6-4.asp 文件重命名为 J6-4.asp。

（1）检查并修改链接

① 检查链接：在 Dreamweaver 中打开 root\J6-4\J6-4.asp 文档，检查链接。

② 修改链接：在 J6-4.asp 文档中将 http:开头的外部链接修改为 http://www.siit.cn 链接；将 file://开头的外部链接修改为空链接。

（2）搜索并优化源代码

① 搜索与替换源代码：检查 J6-4\J6-4.asp 文档中的源代码，将该文档代码中的 #CCCCCC 颜色值替换为#999999 颜色值。

② 优化源代码：清除 J6-4\J6-4.asp 文档源代码中的<tbody>和</tbody>标记。

第7章　网站宣传推广与维护

建立网站的目的就是希望有人来访问，特别是用于宣传的网站，其流量的大小直接影响到该网站的营销策略是否成功。那么如何才能使刚刚发布的网站能够让人知晓并访问呢？网站的宣传和推广是必不可少的，当然网站宣传是一个长期、不断重复的过程，要持之以恒、不断总结、推陈出新，这样网站才能在 Internet 中生存和发展。

一个好的网站，不仅是将其制作完成并发布就结束了。互联网的魅力很大程度上在于它能源源不断地提供最及时的信息。如果有一天我们登录门户网站，发现上面全是几年前的信息，到搜索引擎上搜索，只能查到几年前的资料，也许就再也没有人去登录这些门户网站和搜索引擎了。对于一个企业来说其发展状况是在不断变化的，网站的内容也就需要随之调整，给人以常新的感觉，该企业的网站才会更加吸引访问者，给访问者良好的印象。这就要求我们要对站点进行长期的、不间断的维护和更新。特别是在企业推出了新产品，或者有了新的服务项目内容，等有了大的动作或变更的时候，都应该把企业的现有状况及时地在其网站上反映出来，以便让客户和合作伙伴及时地了解它的详细状况，同时企业也可以及时得到相应的反馈信息，以便做出合理的相应处理。

下面就分别介绍如何进行网站的宣传推广和维护。

项目任务 7.1　网站宣传推广

项目分析

网站宣传推广方式是网络营销计划的组成部分。制订网站推广计划本身也是一种网站的推广。推广计划不仅是网站推广的行动指南，同时也是检验推广效果是否达到预期目标的衡量标准，所以合理的网站推广方式也就成为网站推广计划中必不可少的内容。网站推广方式通常是在网站策略阶段就应该完成的，甚至可以在网站建设阶段就开始网站的"推广"工作。

能力要求

（1）了解多种网站宣传推广的方式，能根据实际项目选择合适的推广方案。

（2）了解网站宣传推广计划。

（3）能根据实际的项目提出合理的网站宣传建议。

7.1.1　网站宣传推广方式

1. 向搜索引擎登记网站

很多网站内容丰富，颇有创意，却鲜有来者，原因在于没有针对网站的宣传计划。虽说"好酒不怕巷子深"，但是也要能找到才可以。特别是在如今的网络年代，如果不做宣传，网上营销就很难成功，也就无法从中赢利了。

由于95%的网上用户是通过 Google、Baidu、Yahoo!、Tom.com、21CN、Altavista、Excite、Infoseek、Lycos 等搜索引擎来寻找他们所需要的信息，因此这些搜索引擎是网站宣传中最重要的部分，在很大程度上决定了网站宣传的成败。

那么如何向搜索引擎登记网站，步骤如下。

（1）添加网页标题（title）。网页标题将出现在搜索结果页面的链接上，因此网页标题写的有吸引性才能让搜索者想去点击该链接。标题要简练，5~8 个字即可，要说明该页面、该网站最重要的内容是什么。

网页标题可以在工作界面中的标题中直接输入，可以在页面属性对话框中输入，也可以在网页代码中输入。在代码的<head></head>之间，输入形式如<title>网上书店–计算机类</title>。

（2）添加描述性 meta 标签。除了网页标题，不少搜索引擎会搜索到 meta 标签。这是一句说明性文字，描述网页正文的内容，句中要包含本页使用到的关键词、词组等。这段描述性文字放在网页代码的<head></head>之间，形式是<meta name="description" content="描述性文字">。

（3）网页中的加粗文字中填上关键词。在网页中一般加粗文字是作为文章标题，所以搜索引擎很重视加粗文字，认为这是本页很重要的内容，因此，确保在一两个粗体文字标签中写上关键词。

（4）确保在正文第一段中就出现关键词。搜索引擎希望在第一段文字中就找到关键词，但也不能充斥过多关键词。Google 大概将全文每 100 个字中出现 1.5~2 个关键词视为最佳的关键词密度，可获得好排名。其他可考虑放置关键词的地方可以在代码的 alt 标签或 comment 标签里。

（5）导航设计要易于搜索引擎搜索。一些搜索引擎不支持框架结构与框架调用，框架不易搜索引擎收录抓取。Google 可以检索使用网页框架结构的网站，但由于搜索引擎工作方式与一般的网页浏览器不同，因此会造成返回的结果与用户的需求不符，这是搜索引擎所极力要避免的，所以 Google 在收录网页框架结构的网站时还是有所保留的，这也是我们要慎用的框架。而用 Java 和 Flash 做的导航按钮看起来是很漂亮美观，但搜索引擎找不到。当然可以通过在页面底部用常规 HTML 链接再做一个导航条，确保可以通过此导航条的链接进入网站每一页。或做一个网站地图，也可以链接每一页面来补救。

（6）向搜索引擎提交网页。在搜索引擎上找到"Add Your URL."（网站登录）的链接。搜索 robot 将自动索引你提交的网页。美国最著名的搜索引擎是 Google、Inktomi、Alta Vista 和 Tehoma。这些搜索引擎向其他主要搜索引擎和门户网站提供搜索内容。

（7）调整重要内容页面以提高排名。将网站中最重要的页面做一些调整，以提高它们的排名。有一些软件可以检查该网站当前的排名，比较与网站关键词相同的竞争者的网页排名，还可以获知搜索引擎对网页的首选统计数据，从而对自己的页面进行调整。

☎提示：向搜索引擎登记网页时的注意点如下：

（1）严格遵守每个搜索引擎的规定。如 Yahoo! 规定网站描述不要超过 20 个字，那就千万不要超过 20 个字（包括标点符号）。

（2）只向搜索引擎登记首页和最重要的两至三页，搜索程序会根据首页的链接读出其他页面并收录（建议第一次只登记首页）。

（3）搜索引擎收录网页的时间从几天至几周不等。建议等待一个月后，输入域名中的 yourname 查询。如果网站没有被收录，再次登记直至被收录为止。要注意在一个月内，千万不要频繁地重复登记网页，这也许会导致网页永远不会被收录。

2. 战略链接

仅次于向主要搜索引擎登录网站的重要网站宣传措施，即尽可能多地要求和公司网站内容相关的网站相链接。

（1）逐一向建站前准备好的要链接的网站发 E-mail，要求这些网站能够链接该网站。

（2）网站联盟。通过网站联盟就有了最基础的原始流量，可以快速地成长起来。

（3）要不断地寻找链接伙伴，随时和认为好的站点相互链接。

3. 网站其他宣传方式

网站的宣传方式还有很多，重点是要找到适合的。

（1）去论坛发帖推广；

（2）加入网摘、图摘、论坛联盟、文字链；

（3）流量交换；

（4）友情链接；

（5）QQ 群宣传；

（6）资源互换；

（7）媒体炒作；

（8）购买弹窗，包月广告；

（9）加入网站之家。

7.1.2　网站宣传推广计划

制订网站推广计划本身也是一种网站的推广，至少应包含下列主要内容。

（1）确定网站推广的阶段目标。如在发布后 1 年内实现每天独立访问用户数量、与竞争者相比的相对排名、在主要搜索引擎的表现、网站被链接的数量、注册用户数量等。

（2）在网站发布运营的不同阶段所采取的网站推广方法。如果可能，最好详细列出各个阶段的具体网站推广方式，如登录搜索引擎的名称、网络广告的主要形式和媒体选择、

需要投入的费用等。

（3）网站推广方式的控制和效果评价。如阶段推广目标的控制、推广效果评价指标等。对网站推广方式的控制和评价是为了及时发现网络营销过程中的问题，保证网络营销活动的顺利进行。

下面以案例的形式来说明网站推广方式的主要内容。实际工作中由于每个网站的情况不同，并不一定要照搬这些步骤和方法，只是作为一种参考。

案例 某网站的推广计划（简化版）

前提：某出版社建立一个网站来宣传本出版社出版的书籍，该网站具备了网上下订单的功能。

实施：网站的第一个推广年度共分为 4 个阶段，每个阶段 3 个月左右，包括网站策划建设阶段、网站发布初期、网站增长期、网站稳定期。推广计划主要包括下列内容。

（1）网站推广方式：计划在网站发布 1 年后达到每天独立访问用户 2000 人，注册用户 10000 人。

（2）网站策划建设阶段的推广：从网站正式发布前就开始的推广准备，在网站建设过程中从网站结构、内容等方面对 Google、百度等搜索引擎进行优化设计。

（3）网站发布初期的基本推广手段：登录 10 个主要搜索引擎和分类目录（列出计划登录网站的名单）、购买 2~3 个网络实名/通用网址、与部分合作伙伴建立网站链接。另外，配合公司其他营销活动，在部分媒体和行业网站发布书店新书信息。

（4）网站增长期的推广：当网站有一定访问量之后，为继续保持网站访问量的增长和品牌提升，在相关行业网站投放网络广告（包括计划投放广告的网站及栏目选择、广告形式等）；与部分合作伙伴进行资源互换。

（5）网站稳定期的推广：结合公司出版特定书籍促销活动，不定期发送在线优惠卷；为各企业院校提供样书。

（6）推广效果的评价：对主要网站推广措施的效果进行跟踪，定期进行网站流量统计分析，必要时与专业网络顾问机构合作进行网络营销诊断，改进或者取消效果不佳的推广手段，在效果明显的推广策略方面加大投入比重。

本案例仅仅笼统地列出了部分重要的推广内容，不过从这个简单的网站推广方式中，仍然可以得出几个基本结论。

（1）制定网站推广方式有助于在网站推广工作中有的放矢，并且有步骤有目的地开展工作，避免重要的遗漏。

（2）网站推广是在网站正式发布之前就已经开始进行的，尤其是针对搜索引擎的优化工作，在网站设计阶段就应考虑到推广的需要，并做必要的优化设计。

（3）网站推广的基本方法对于大部分网站都是适用的，也就是所谓的通用网站推广方法，一个网站在建设阶段和发布初期通常都需要进行这些常规的推广。

（4）在网站推广的不同阶段需要采用不同的方法，也就是说网站推广方法具有阶段性的特征。有些网站推广方法可能长期有效，有些则仅适用于某个阶段，或者临时性采用，各种网站推广方法往往是结合使用的。

（5）网站推广是网络营销的内容之一，但不是网络营销的全部，同时网站推广也不是孤立的，需要与其他网络营销活动相结合来进行。

（6）网站进入稳定期之后，推广工作不应停止，但由于进一步提高访问量有较大难度，需要采用一些超越常规的推广策略，如上述案例中建设一个行业信息类网站的计划等。

（7）网站推广方式不能盲目进行，需要进行效果跟踪和控制。在网站推广评价方法中，最为重要的一项指标是网站的访问量，访问量的变化情况基本上反映了网站推广的成效，因此网站访问统计分析报告对网站推广的成功具有至关重要的作用。

案例中给出的是网站推广总体计划，除此之外，针对每一种具体的网站推广措施制订详细的计划也是必要的，例如关于搜索引擎推广计划、资源合作计划、网络广告计划等，这样可以更加具体化，对更多的问题提前进行准备，便于网站推广效果的控制。

7.1.3 提出合理的网站推广建议

在正式制订网站推广计划或网站推广效果不佳时，可以先提出几个可行的网站推广途径、要点的方案，再根据实际情况进行修正整合以达到更好推广的目的。具体可以从以下几个方面来做。

（1）首先在网站推广之前，要进行网站的优化，确保网站本身结构、页面、内容的优化，通过对网站结构和布局等的调整，使得网站更适合浏览者和搜索引擎。这样不仅可以吸引更多的访客，而且给予搜索引擎以友好的界面，从而提高网站在各类搜索及目录中的重要性。其次需要调研分析网站的访客来源目标，当然还有竞争对手的网站。知己知彼，才能百战不殆。

（2）链接策略其实已经结合在搜索引擎策略之中，尽量多地在各类网页中出现公司网站的名称及链接，如行业网站、专业目录、互换连接、签名文章等。这样做的目的在于提供访问量的同时，提高连接广泛度。关注到公司已经和哪些网站有了一定的推广活动，如何使这些推广与自身公司及网站挂钩是接着需要处理的问题。

（3）传统方法推广策略，在公司的各类媒介中增加网站连接，比如名片、信纸、宣传册等，虽然不能直接提高网站在网络中的重要性，但非常有效地对潜在客户产生网站品牌影响。

（4）搜索引擎优化。即利用工具或者其他的各种手法使自己的网站符合搜索引擎的搜索规则从而获得较好的网站排名。要做好搜索引擎优化，需要注意以下两点。

① 走出 Flash 和图片的误区。不少企业网站充斥了大量的图片和 Flash 动画，但像 Google、Baidu 等自动收录网站的搜索引擎，对于图片和 Flash 是很不感冒的，它们不能识别这些文件所表达的意思，因而无法收录到搜索引擎中来。所以企业在建设自己网站的过程中就需要注意，图片或 Flash 动画可以要，但不要太泛滥，过犹不及。能够用文字表达的地方，尽量不要用图片来代替，避免把文字做到图片里面，要让文字成为主角，图片只是点缀。企业需要展示和让客户了解的信息反而没有在客户头脑中留下记忆。所以不论是站在搜索引擎优化的角度，还是整体网站诉求的角度，企业网站都必须注意不要让大量的图片和"动画"喧宾夺主，而应当多花一点时间在资料的准备和内容编排上，让客户了解实实在在有用的信息。

② 适当使用关键词。有一些企业网站建设好之后，也会主动登录一些收费搜索引擎，这对于网站被公众所认知是有利的。但他们往往在关键词的选择上并没有非常重视，要么列举出一大堆跟企业有关的字词，要么仅仅把企业的名称作为关键词。这样随便确定的网

第 7 章

站关键词，所概括的网站内涵不准确，信息表达有缺失，效果就打折扣了。

网站关键词的选择很大程度上取决于企业建设网站的思路。核心关键词不要太多，一般限定在五个以内。在关键词的选择上，可分三个方面进行：首先是企业简称，其次是产品统称，最后是行业简称。

（5）付费广告。提高网站的知名度和被检索到的概率，除了应用以上这些技巧外，现在许多的搜索引擎还提供网站竞价排名，例如：

① 百度，当用户在百度中搜索注册的关键字信息时，如该网站将出现在搜索结果的前面，具体排名位置自己可设置，收费原则是点击付费，不点击不付费。默认点击 0.30 元/次。

② Google，通过 Google AdWords，可以自行制作广告，当用户在 Google 中搜索注册的关键字信息时，该网站将出现在搜索结果页面的右侧，收费原则是点击付费，不点击不付费。默认点击 0.15 元/次。

③ 搜狐目前有三种服务：固定排序登录（网站将在所付费的关键词搜索页面第 1～10 位出现）、推广型登录（网站将在所在类目和您所付费的两个关键词搜索页面第一页显示）、普通型登录（网站加入到搜狐网站分类目录，不保证在关键词搜索结果中排序位置）。

④ 新浪目前有固定排序登录（网站将在您所付费的关键词搜索页面第 1～10 位出现）、推广型登录（网站将在所在类目和您所付费的两个关键词搜索页面第一页显示）、普通型登录（网站加入到网站分类目录）。

（6）E-mail 推广。虽然电邮推广很容易被视为垃圾邮件，但不可否认邮件的效果是非常有效的，需要做的就是收集相关企业及客户的电邮资料，以及把既有客户的电邮汇总整理，有选择地不频繁地发送公司动态给他们，加深感情联络的同时，也潜意识中增加他们关注公司网站的内容，提高知名度。例如可以建立邮件列表，每隔一段时间向用户发送新闻邮件（电子杂志），与客户建立良好的关系。

归纳总结

网站的宣传推广可以反映出该网站是否能被广大来访者所接受，从而达到宣传企业以及其产品的目的，所以在网站开发的整个过程以及后期的跟踪中都是必不可少的。当然网站的宣传是一个长期的、不断重复的过程，要持之以恒、不断总结、推陈出新，这样网站才能在互联网中生存和发展。

项目训练

（1）假如你被聘用到一家大型建材企业的网络营销部工作。有一天，部门经理告诉你，该企业的网站已经建立了半年左右的时间，但访问的人数很不理想，没有达到宣传企业产品和最终实现在线交易的初衷。要求你尽快提出一套网站推广方案，以便付诸实施。请根据该企业的有关情况，提出你的网站推广途径和推广要点。

（2）为你目前正在开发的网站制定出一个合适的网站推广方案。

项目任务 7.2　网站维护

项目分析

企业网站一旦建成，网站的维护就成了摆在企业经理面前的首要问题了。企业的情况在不断地变化，网站的内容也需要随之调整，这就不可避免地涉及到网站维护的问题。网站维护不仅是网页内容的更新，还包括通过 FTP 软件进行网页内容的上传、asp、cgi-bin 目录的管理、计数器文件的管理、新功能的开发、新栏目的设计、网站的定期推广服务等。

能力要求

（1）了解网站维护的重要性。
（2）知道网站维护的基本内容有哪些，应该如何进行基本的维护。

7.2.1　网站维护的重要性

根据网络调查，目前国内上网企业中，有 40% 的网站自建立起到调查日没有更新过，时长从 2 年多至 3 个月不等；而能够保持经常更新（至少每月一次）的网站不足 10%！这是一组可怕的数字，足够警示我们，在企业上网工程中，还有更多的事情要做。开发一个企业网站，需要的时间为一周到六个月，但在企业经营的过程中，网站的生命应该随着企业的发展而更长久：一年复一年，在网站更新维护上，的确需要持之以恒的力量，以及保持网站新意、吸引力的策略。

网站不更新的原因是相似的，网站更新却各有各的理由，主要是从以下几个方面来考虑的。

1. 需要有新鲜的内容来吸引人

这样的现象我们都没见过：一家商场开张三年从没添加或减少过一种商品。这样的现象却到处都是：一个网站从制作完成后几年内从没改过一次。这个时代不缺少网站，这个时代缺少的是内容，而且是新鲜的内容。试想当我们花费了时间、精力，投入了资金和热情，寄予了期望的网站，不仅仅是因为缺少推广，而且也因为缺乏维护，当人们第二次光临网站，看到一样的内容、一样的面孔，谁愿意为此而浪费宝贵的时间呢？想让更多的人来访问网站，还是考虑给它加些新鲜的要闻或是不断更新产品、有用的信息，这样才会吸引更多的关注。

2. 让网站充满生命力

一个网站只有不断更新才会有生命力，人们上网无非是要获取所需，只有能不断地提供人们所需的内容，才能有吸引力。网站好比一个电影院，如果每天上映的都是 10 年前的老电影，而且总是同一部影片，相信没有人会来第二次。

3. 与推广并进

网站推广会给网站带来访问量，但这很可能只是昙花一现，真正想提高网站的知名度

和有价值的访问量，只有靠回头客。网站应当经常有吸引人的有价值的内容，让人能够经常访问。

总之，一个不断更新的网站才会有长远的发展，才会带来真正的效益。

7.2.2 网站维护的基本内容

1. 网站日常维护

包括帮助企业进行网站内容更新调整，网页垃圾信息清理，网络速度提升等网站维护操作；定期检查企业网络和计算机工作状态，降低系统故障率，为企业提供即时的现场与远程技术支持并提交系统维护报告。涉及的具体内容如下。

（1）静态页面维护：包括图片和文字的排列和更换。

（2）更新 JS Banner：把相同大小的几张图片用 Java Script 进行切换，达到变换效果。

（3）Flash 的 Banner：用 Flash 来表现图片或文字的效果。

（4）制作漂浮窗口：在网站上面制作动态的漂浮图片，以吸引浏览者眼球。

（5）制作弹出窗口：打开网站的时候弹出一个重要的信息或网页图片。

（6）新闻维护：对公司新闻进行增加、修改、删除的操作。

（7）产品维护：对公司产品进行增加、修改、删除的操作。

（8）供求信息维护：对网站的供求信息进行增加、修改、删除的操作。

（9）人才招聘维护：对网站招聘信息进行增加、修改、删除的操作。

2. 网站安全维护

（1）数据库导入导出：对网站 SQL/MySQL 数据库导出备份，导入更新服务。

（2）数据库备份：对网站数据库备份，以电子邮件或其他方式传送给管理员。

（3）数据库后台维护：维护数据库后台正常运行，以便于管理员可以正常浏览。

（4）网站紧急恢复：如网站出现不可预测性错误时，及时把网站恢复到最近备份。

3. 网站故障恢复

帮助企业建立全面的资料备份以及灾难恢复计划，做到有备无患；在企业网站系统遭遇突发严重故障而导致网络系统崩溃后，在最短的时间内进行恢复；在重要的文件资料、数据被误删或遭病毒感染、黑客破坏后，通过技术手段尽力抢救，争取恢复。

4. 网站内容更新

网站的信息内容应该适时更新，如果现在客户访问企业的网站看到的是企业去年的新闻，或者说客户在秋天看到新春快乐的网站祝贺语，那么他们对企业的印象肯定大打折扣。因此注意适时更新内容是相当重要的。在网站栏目设置上，也最好将一些可以定期更新的栏目如企业新闻等放在首页上，使首页的更新频率更高些。

帮助企业及时更新网站内容，包括文章撰写、页面设计、图形设计、广告设计等服务内容，把企业的现有状况及时地在网站上反映出来，以便让客户和合作伙伴及时了解企业的最新动态，同时也可以及时得到相应的反馈信息，以便做出及时合理的处理。

5. 网站优化维护

帮助企业网站进行 meta 标记优化、W3C 标准优化、搜索引擎优化等合理优化操作，确保企业网站的页面布局、结构和内容对于访问者和搜索引擎都更加亲和，使得企业网站能够更多地被搜索引擎收录，赢得更多潜在消费者的注目和好感。

6. 网络基础维护

（1）网站域名维护：如果网站空间变换，及时对域名进行重解析。

（2）网站空间维护：保证网站空间正常运行，掌握空间最新资料如已有大小等。

（3）企业邮局维护：分配、删除企业邮局用户，帮助企业邮局 Outlook 的设置。

（4）网站流量报告：可统计出地域、关键词、搜索引擎等统计报告。

（5）域名续费：及时提醒客户域名到期日期，防止到期后被别人抢注。

7. 网站服务与回馈工作要跟上

客户向企业网站提交的各种回馈表单、购买的商品、发到企业邮箱中的电子邮件、在企业留言板上的留言等，企业如果没有及时处理和跟进，不但丧失了机会，还造成很坏的影响，以致客户不会再相信你的网站。所以给企业设置专门从事网站的服务和回馈处理的岗位的人员进行培训，掌握基本的处理方式，以达到网站服务于回馈工作的及时跟进。

8. 不断完善网站系统，提供更好的服务

企业初始建网站一般投入较小，功能也不是很强。随着业务的发展，网站的功能也应该不断完善以满足顾客的需要，此时使用集成度高的电子商务应用系统可以更好地实现网上业务的管理和开展，从而将企业的电子商务带向更高的阶段，也将取得更大的收获。

7.2.3　网站维护基本流程

网站维护基本流程图如图 7-1 所示，有如下几个步骤。

（1）电话交流或面谈，达成网站维护协议。（判断工作量与工作时间）

（2）收到客户资料。（可通过 E_mail、传真等方式传送，还可以通过 QQ 直接传送资料以达到资料完整性。在资料无法通过以上方式传递时，可上门索取）

（3）当天核对需求无误，工作进行中。

（4）负责人验收上传或传送给客户。

（5）上传后通知客户的负责人验收。

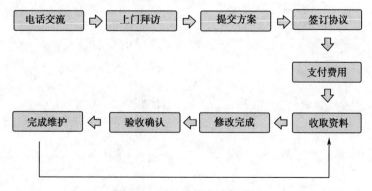

图 7-1　网站维护基本流程图

归纳总结

人们上网无非是要获取所需，所以对于一个网站，只有不断地更新，提供人们所需要

的内容才能有吸引力，而企业的发展也使其本身的信息资源不断地丰富，所以在网站更新维护上，的确需要持之以恒的力量，才能保持网站新意和吸引力。

项目训练

分析你目前正在开发的网站，确定哪些内容需要进行维护和更新的，并能形成文字，制定计划，确定这些需要维护的内容的维护周期。

7.3　本章小结

网站的宣传和推广的目的就是希望有越来越多的人来访问，达到产品推销的目的。这与现实其实差不多，我们可以在各个传播媒介中看到海飞丝、奥妙、康师傅等的广告，这便是宣传。对于网站来说，如何提高它的流量，当然也需要宣传，这个就是广告，广而告之。

然而如果是一个毫无新意、一成不变的网站，相信即便宣传做好了，还是会流失大量的客户，所以网站维护的工作需要持之以恒。

第8章 "网上书店"项目总结

通过前面一段时间的努力，我们已经将"网上书店"网站建设项目基本完成。此时就需要对整个项目做最后的总结，包括对项目的成功、效果及取得的教训进行的分析、以及这些信息的存档以备将来利用。同时也要对项目做出最后的评价。

项目任务 8.1 文档的书写与整理

文档是过程的踪迹，它提供项目执行过程的客观证据，同时也是对项目有效实施的真实记录。项目文档记录了项目实施轨迹，承载了项目实施及更改过程，并为项目交接与维护提供便利。

文档是在网站开发过程中不断生成的，在开始接手项目时的网站建设策划书，在网站制作过程中小组会议的记录、工作进程的记录，在网站制作完成后的网站说明书，都属于文档的范畴。文档是一种交流的手段，也是网站建设逐步成形的体现。文档的书写及整理在整个网站开发过程中也起着必不可少的作用。

能力要求

项目应具有真实有效、准确完备的说明文档，便于以后科学、规范地管理。
（1）规范文档写作的格式要求。
（2）明确文档写作的内容。
（3）会进行文档的整理。

1. 文档写作

网站作品说明写作方向如下：网站名称，作者，软硬件条件说明，网站基本功能说明，网页设计创意（创作背景、目的、意义）。

创作过程：在 Dreamweaver 中运用了哪些技术和技巧，文字处理是否有特殊方面，图形处理方面运用了哪些技术和技巧，其他，得意之处，原创部分。

"网上书店"网站说明书详见附录 3。

2. 文档整理

项目文档是项目实施和管理的工具，用来理清工作条理、检查工作完成情况、提高项目工作效率，所以每个项目都应建立文档管理体系，并做到制作及时、归档及时，同时文档信息要真实有效，文档格式和填写必须规范，符合标准。网站开发完毕后对在其开发期间生成的一些文档进行整理归档。

归纳总结

明确文档在整个项目开发中的地位和作用，不要认为文档是可有可无的。通过文档的书写掌握文档书写的规范。

项目训练

（1）每个小组为自己的主题网站撰写一份网站作品说明书。

（2）整理好网站开发中的文档，并进行装订。

项目任务 8.2　网站展示、交流与评价

经过前期的设计与制作，一个完整的网站已经展现在眼前。作为一个网站，它的好坏并非由网站的设计制作者来判定的，网站的最终目的是给广大的浏览者浏览，因此浏览者即客户的评价才是最重要的。

能力要求

（1）培养文字表达能力。

（2）培养分析能力。

（3）培养协作与交流能力。

（4）培养实事求是的精神和挫折感教育。

1. 讨论交流

（1）小组内部交流

① 小组交流心得，并完成《网站设计与网页制作》小组成员互评表。

② 通过交流修改完善网站。

③ 每小组选一个代表展示本小组的作品并简单介绍其设计思想、内容、特色等。

④ 小组合作完成作品介绍的演讲稿。

（2）小组间交流

① 由每个小组的代表上讲台展示并简单介绍作品。

② 各小组发表自己的意见，以供参考。

③ 各小组完成《网站设计与网页制作》小组互评表。

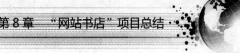

2. 评价指标

（1）小组成员互评标准

类　型		内　容
过程考核（综合表现）（40分）	作息制度与卫生（7分）	迟到每次扣1分，早退每次扣1分，旷课每次扣2分
		不能保持自己周围环境的卫生情况每次扣1分
		下课后没有关闭电脑摆放好坐椅再走每次扣1分
	课堂表现（上课纪律）（8分）	能真实地回答和反映问题根据具体情况每次加1～2分
		上课时打游戏或做其他无关的事情，每次扣1分
	工作态度（15分）	服从组长的安排；5分
		认真配合团队的工作；5分
		认真完成项目的开发工作；5分
	沟通情况（5分）	在制作作品过程中能及时与组员、老师沟通；3分
		及时对作品进行修改；2分
	作业情况（5分）	认真完成个人及小组作业；5分
作品考核（60分）	策划书（10分）	合理的需求分析；2分
		合理的符合客户需求的网站整体结构的设计，包括首页、子页、子子页的结构合理的栏目说明；5分
		合理的网站建设进度安排；2分
		格式规范；1分
	作品评分（35分）	网站评分*28%；28分（评分细则见附表1）
		结合小组成员互评表及小组互评表的意见；7分
		好，7分　　　　　一般，3分
		较好，5分　　　　　不好，0分
	网站说明书（10分）	对网站软硬件环境的说明；2分
		对网站的基本功能的说明；3分
		对网站页面设计创意等的说明；3分
		原创部分的说明；2分
	小结（5分）	优：5分
		良：4分
		中：2～3分
		差：0～1分
附加分（10分）	反馈意见（10分）	特别满意：10分
		很满意：8～9分
		满意：6～7分
		一般：4～5分
		合格：2～3分
		不满意：0～1分

（2）小组自评、互评标准（网站评分细则）。

序　号	内　容	细　目
1	网站主题（5分）	主题鲜明
2	网站内容（25分）	积极健康向上，与社会、学习生活密切联系
		具有鲜明、独特的风格
		网站的设计规范、合理
		网站结构、栏目设计规范合理
		网站中素材丰富、组织有序、使用合理
3	创造性与实用性（10分）	网站设计中题材、栏目、页面有创造性
		网站有一定的原创性
4	网站的技术标准（55分）	对站点内文件及文件夹合理归类、命名合理
		页面布局美观、大方、合理
		作品文本内容使用 CSS 样式定义
		符合三次单击原则
		网站容量 10MB 以内（包括声音、视频）
		网页中的图形处理技术
		网页中的简单动画制作及应用
		规范的导航、正确使用超链接
		合理地使用多媒体技术（音频、视频、动画）
		能合理地应用层、行为、事件
		页面没有错别字、错误资料、网站运行正常
5	网站综合艺术性（5分）	网站整体的艺术性、网页设计的艺术性

说明： 在评比时每项可分为 6 等（5分）（4分）（3分）（2分）（1分）（0分），分数在 85～100 分为优秀作品，75～84 分为良，60～74 分为合格，60 分以下为不合格作品。在自评和互评时，如评分人所评定的成绩与本课程最终成绩的等级每相差一个等级，将在自己的本课程最终成绩的分数上扣 2 分，如相差四个等级，将扣 8 分。

归纳总结

通过组内与组间交流，可以集大家的智慧对开发的网站进行完善，同时可以发现自身的不足之处。

8.3　本章小结

本章主要介绍了项目文档书写与整理的方法及对项目的最终评价标准。文档作为一种日常交流的重要依据和工作成果的总结显得尤为重要，在文档管理的过程中既要注意严肃性，又要兼顾灵活性，要本着在达到正常的规范性的基础上尽可能地方便使用者的使用和交流，提高使用效率。

附录 A：特色网站的网址

[1] www.noonoo.cn/   边走边乔

[2] www.fairycomic.com   漫海精灵

[3] http://hichier.com/   错爱双鱼

[4] http://www.yi2.net/   依儿酷站

[5] http://www.puckio.com/   帕琪奥王国

[6] http://www.5mblue.com/   五米蓝

[7] www.jiasn.com   甲路工艺伞

[8] www.jiasn.com/art   婺源艺术网

[9] www.zgkcw.com   韩国喜之喜自热米饭

[10] www.he-garden.net   中国晚清第一名园

[11] www.huazhilin.com   花之林人文茶馆

[12] www.chinwoo.cn   精武英雄

[13] www.sz-arcadia.com   桃源盛世园

[14] www.szsxmd.com.cn   书香门第

[15] www.yufotemple.com   玉佛寺

[16] www.webarts.sh.cn   网页工坊

[17] http://www.bimuyu.com/   比目鱼

[18] www.orion.cn   好丽友

[19] www.whfxhy.com   福星惠誉

[20] www.bodyice.com.cn   曼秀雷敦

[21] http://www.djy517.com/   青城山–都江堰

[22] http://www.pacoo.net/   水果部落

[23] http://disney.dolmagic.cn/   迪士尼中国官方网站

[24] http://www.mnssr.com/   蒙牛酸酸乳

[25] http://www.sylxmy.com/   力信门业

[26] http://www.bdesign.cn/   良品设计

[27] http://www.jenniferstudio.com/   珍妮花婚纱摄影

[28] http://news.gd.sina.com.cn/ad/clairol   伊卡璐

[29] http://www.optimus.cn/   谋士设计

[30] http://office.rohto.com.cn/   乐敦

附录 B："网上书店"网站建设方案

一、需求分析

现在网络的发展已呈现商业化、全民化、全球化的趋势。目前，几乎世界上所有的公司都在利用网络传递商业信息，进行商业活动，从宣传企业、发布广告、招聘雇员、传递商业文件乃至拓展市场、网上销售等，无所不能。如今网络已成为企业进行竞争的战略手段。企业经营的多元化拓展，企业规模的进一步扩大，对于企业的管理、业务扩展、企业品牌形象等提供了更高的要求。在以信息技术为支撑的新经济条件下，越来越多的企业利用起网络这个有效的工具。企业可以通过建立商业平台，实行全天候销售服务，借助网络推广企业的形象、宣传企业的产品、发布公司新闻，同时通过信息反馈使公司更加了解顾客的心理和需求，网站虚拟公司与实体公司的经营运作有机地结合，将会有利于公司产品销售渠道的拓展，并节省大量的广告宣传和经营运营成本，更好地把握商机。

网上书店系统可以实现人们远程逛逛书店和购买图书的愿望。本系统主要功能是帮助经营实体书店的人们扩大市场和增加知名度。由于节省时间、节约费用、操作方便等优势，网上书店拥有广阔的前景。我们可以看到网上购物已经成为一种不可抵挡的时尚潮流。在中国，网上书店有发展的必要，也有发展的基础，发展网上书店的各方面条件也日趋成熟。

电子商务发展迅速，最终会逐渐改变人们生活工作各个方面，面对数字时代我们必然都是电子商务的参与者。而通过建立网上书店销售管理系统，利用电子商务的优势同现有销售模式和流通渠道相结合，就可给消费者带来很大的便利之处，就可扩大消费市场，为书店的再发展带来新的商机，也为各地消费者提供便利，而且也降低了商业成本。

为此，我们结合网站将来发展方向，本着专业负责的精神，在原有网站的基础上，进一步强化"网上书店"网站的互动性，完善产品展示功能，推荐新书发布功能，网上订购等功能，密切关注同其合作伙伴、经销商、客户和浏览者之间的关系，优化企业经营模式，提高企业运营效率。

二、网站目的及功能定位

1. 树立全新企业形象

对于一个以提供教育服务的企业而言，企业的品牌形象至关重要。特别是对于互联网技术高度发展的今天，大多数客户都是通过网络来了解企业产品、企业形象及企业实力，因此，企业网站的形象往往决定了客户对企业产品的信心。建立具有国际水准的网站能够极大地提升企业的整体形象。

2. 提供企业最新信息

充分利用网络快捷、跨地域优势进行信息传递，对企业的新闻进行及时的报道，介绍

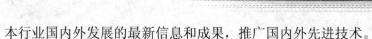

本行业国内外发展的最新信息和成果，推广国内外先进技术。

3. 增强销售力

销售的成功与否，除了取决于能否将产品的各项优势充分地传播出去之外，还要看目标对象从中得到的有效信息有多少。由于互联网所具有的“一对一”的特性，目标对象能自主地选择对自己有用的信息。这本身已经决定了消费者对信息已经有了一个感兴趣的前提，使信息的传播不再是主观加给消费者，而是由消费者有选择地主动吸收。同时，产品信息通过网站的先进设计，既有报纸信息量大的优点，又结合了电视声、光、电的综合刺激优势，可以牢牢地吸引住目标对象。因此，产品信息传播的有效性将远远提高，同时即提高了产品的销售力。

4. 提高附加值

许多人知道，产品的附加值越高，在市场上就越有竞争力，就越受消费者欢迎。因此，企业要赢得市场就要千方百计地提高产品的附加值。在现阶段，传统的售后服务手段已经远远不能满足客户的需要，为消费者提供便捷、有效、即时的 24 小时网上服务，是一个全新体现项目附加值的方向。世界各地的客户在任何时刻都可以通过网站下载自己需要的资料，在线获得疑难的解答，在线提交自己的问题。

三、网站技术解决方案

1. 界面结构

根据“网上书店”的 CI 风格、网站功能，采用最新表现技术全面设计，充分体现“网上书店”的企业形象。

2. 功能模块

网站建设以界面的简洁化、功能模块的灵活变通性为原则，为“网上书店”网站设计制作者和维护人员提供一个自主更新维护的动态空间和发挥余地，去完善办好他们的网站，达到一次投资、长期受益、降低成本的根本目的。

3. 内容主题

设计重心转向以客户为中心，围绕客户的需求层面有针对性地设计实用简洁的栏目及实用的功能，极大方便客户了解企业的服务，咨询服务技术支持、问题解答、个性化产品意见提出等一系列需求在“网上书店”网站上逐个需求得到满足的过程；做到产品展示、服务技术支持、问题、反馈意见等为一体，充分帮助客户体验到“网上书店”的全系列服务。

4. 设计环境与工具

在 Web 平台方面，选用 PC 服务器、Windows 操作系统，保证其稳定性。以 Microsoft IIS 作为 Web 服务器软件，采用 ASP 技术，数据库软件采用 SQL Server 2000，有利于更好地维护。可运用 Dreamweaver、Fireworks、Photoshop，Flash 等应用软件，还可同时运用 JavaScript 等技术。在网站安全方面网站人员通过防黑客和防病毒技术维护网站安全。

四、网站整体结构

1．网站栏目结构图

2．栏目说明

“网上书店”栏目结构如图 B-1 所示。栏目规划充分考虑到“网上书店”展示企业形象、扩大知名度、网上服务的需要。网站内容及结构框架设计上力求体现简捷性与人性化的思想，在功能设计上配合企业的经营模式、经营思想、发展战略。

主页（首页）
新书展示
畅销图书
天天特价
网上订单
……
……
……
详细介绍
详细介绍
详细介绍
……

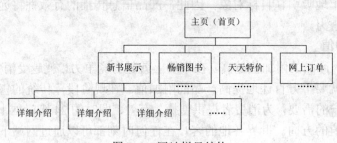

图 B-1　网站栏目结构

页面的设计将充分体现“网上书店”企业的形象，在框架编排、色彩搭配及 Flash 动画的适当穿插都做到恰到好处，使整个网站在保证功能的前提下给使用者带来良好的视觉享受和精神愉悦感。

（1）网站首页

网站首页是网站的第一内容页，整个网站的最新、最值得推荐的内容将在这里展示。在设计风格上体现行业特色，做到特色鲜明，使整个网站同企业形象和谐统一；在制作上采用 ASP 动态页面，系统实现实名登录功能；在内容上，首页有站长推荐、特价信息、排行榜等企业的最新动态信息。

图 B-2 是首页的页面模型。

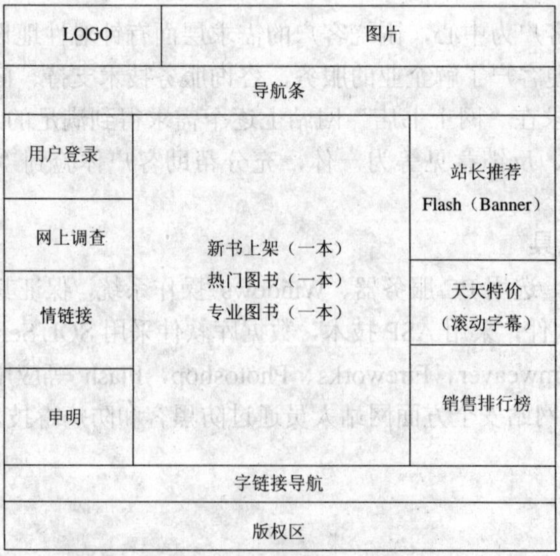
LOGO
图片
导航条
用户登录
网上调查
情链接
申明
新书上架（一本）
热门图书（一本）
专业图书（一本）
站长推荐
Flash（Banner）
天天特价
（滚动字幕）
销售排行榜
字链接导航
版权区

图 B-2　首页的页面模型

（2）新书展示

本栏目主要介绍企业新产品的一些基本信息。通过对基本信息的浏览，激发浏览者的兴趣，吸引他们的目光，从而进一步进入详细资料的阅读，使"网上书店"的新产品为更多读者所知，也使"网上书店"网站为更多客户所熟悉、信赖。

图 B-3 是子页"新书展示"的页面模型（为保证网站风格统一，其他子栏目均使用该页面模型）。

图 B-3　子页"新书展示"的页面模型

（3）畅销图书

本栏目主要为客户提供企业当前产品的销售情况，也从侧面帮助客户在决定购买哪个产品时提供一个参考依据。该栏目也只是简单介绍产品的信息，若客户想了解更详细的信息，可以进入三级栏目。

（4）天天特价

本栏目主要为客户提供企业当前的优惠政策。适当的优惠政策是一种促销手段，可以吸引客户的眼球，增强销售力，提高企业销售业绩，也可以扩大企业的影响力和知名度。由于页面容量的限制，本栏目只介绍特价产品的基本信息，若想了解详细信息，必须进入相应的三级栏目。

（5）网上订单

本栏目是一个在线订购产品模块。访问者经过前期的浏览阅读，决定购买某产品时，可以通过该功能模块简单、快速地实现与经营商达成购买协议。

五、网站测试与维护

除了对在用的系统进行必须的监视、维护来保证其正常运作外，管理维护阶段更重要的任务是从正处于实际运营的系统上测试实际的系统性能；在运营中发现系统需要完善和升级的部分；衡量并比对系统商业目的和需求的成功与否。具体实施中包括有相关技术人员在一定时间内进行对本网站的测试，在后台有一定的操作对本网站内容的更新、调整等，会根据顾客所提出的相关要求对网站进行修改以满足他们的需要，会做出相关的网站维护的规定，以便合理地做出要求。

六、网站发布与推广

统计表明，50%以上的自发访问量来自于搜索引擎；有效加注搜索引擎是注意力推广的必备手段之一；加注搜索引擎既要注意措辞和选择好引擎，也要注意定期跟踪加注效果，并做出合理的修正或补充。除广告外还可以用以下方式推广：确定网站 CI 形象，宣传标识，口碑传递，参加公益活动，活动赞助，派发小礼品、传单、做小型市场调查，相关单位机构合作、交换广告条、Meta 标签的使用、专业论坛宣传。Internet 上各种各样的论坛都有，也可以找一些跟公司产品相关并且访问人数比较多的一些论坛，注册登录并在论坛中输入公司一些基本信息，如网址，产品等。

七、网站建设日程表

时　　间		任　　务	负　责　人
第 1 阶段	准备工作	收集素材	
		写策划书	
第 2 阶段	方案设计	网站形象设计	
		利用 Photoshop 进行网页设计	
		Flash 动画制作	
第 3 阶段	网站建设	网页模板制作	
		网页制作	
第 4 阶段	调试	测试站点	
		申请域名空间、上传网站	

八、网站费用预算

根据各项事宜估算出所需费用清单。（注：本网站作为教学案例，省略费用预算）

附录 C："网上书店"网站说明书

一、开发目的

电子商务发展迅速，最终会逐渐改变人们生活工作各个方面，面对数字时代我们必然都是电子商务的参与者。而通过建立网上书店销售管理系统，利用电子商务的优势同现有销售模式和流通渠道相结合，就可给消费者带来很大的便利，还可以扩大消费市场，为书店的再发展带来新的商机，也为各地消费者提供便利，而且也降低了商业成本。

二、软、硬件环境

1. 服务器环境

（1）硬件环境

① CPU：Pentium Ⅲ 800 以上；

② 内存：256M 内存；

③ 硬盘空间：40GB 以上均可；

④ 显示器：VGA 或更高分辨率，建议分辨率为 1024×768 像素；

⑤ 其他：100M 以上网卡或 ISDN128K 以上上网速度（可选）。

（2）软件环境

① 操作系统：Windows 2000；

② WEB 服务器：IIS 5.0 以上；

③ 数据库：SQL Server 7.0；

④ 浏览器：IE 4.01（以上）。

2. 客户端浏览器环境

（1）硬件环境

① CPU：Pentium 90 以上；

② 内存：64MB 以上内存；

③ 硬盘空间：1GB 以上硬盘；

④ 其他：10M 以上网卡或 56K 以上调制解调器（可选）。

（2）软件环境

① 操作系统：Windows 98 以上的平台（中文版）；

② Web 浏览器:Microsoft Internet Explorer 5.0 以上（中文版）。

三、网站基本功能

网上书店系统可以实现人们远程逛逛书店和购买图书的愿望。本系统主要的功能是帮助经营实体书店的人们扩大市场和增加知名度。具体包括首页、新书展示、畅销图书、天

天特价、网上订单等功能。

1. 首页

首页有网上调查、友情链接、最新的站长推荐、特价信息、排行榜等企业的最新动态信息。

2. 新书展示

介绍企业新书籍的一些基本信息，包括书名、作者、出版社、出版日期、价格。若客户需要知道相关书籍更详细的信息，可以单击相应的"详细资料"链接，进入下一级子页面。

3. 畅销图书

为客户提供当前销售情况较好的一些书籍的基本信息情况，包括书名、作者、出版社、出版日期、价格。若浏览者需要知道书籍更详细的信息，可以单击"详细资料"链接，进入下一级子页面。

4. 天天特价

为客户提供最新的优惠、特价信息，同样只介绍一些基本信息，可以单击"详细资料"链接进入子页面阅读书籍的详细信息。

5. 网上订单（留言板性质）

客户在线订购书籍区域。下方为提交表单，内容有客户姓名、订单内容（包括书名、书号、数量、金额）、送货地址、备注等信息。（注：网站管理后台可查阅和删除表单中提交的信息）

四、网站建设基本流程

1. 网站的前期策划

（1）确定网站的用户群和定位网站的主题（确定网站的名称）。

（2）整理客户提交的资料（文字、图片）。

（3）网站结构图（网站导航设计）。

（4）网站形象设计：

◆ 网站的标志（LOGO）；

◆ 网站的色彩搭配；

◆ 网站的标准字体；

◆ 网站的宣传标语。

（5）网页布局图（版式风格）。

2. 首页页面设计

3. 其他二级页面效果设计

4. 在 Fireworks 或 Photoshop 中裁切设计稿

5. 站点的规划与建立

6. 在网页编辑软件中制作网页

7. 测试与发布上传

8. 后期更新与维护

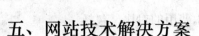

五、网站技术解决方案

1. 界面结构

根据"网上书店"的 CI 风格、网站功能，采用最新表现技术全面设计，充分体现"网上书店"的企业形象。

在 Dreamweaver 中运用 HTML、DIV 层、CSS 样式、应用行为、表单等布局设计网页。对标题等特殊字体文字效果的实现，通过应用 Photoshop 或 Fireworks 软件，将之加工成图片的格式直接插入到网页界面中。此外，利用 Photoshop 或 Fireworks 软件将网页中使用的图片进行特定的处理，包括图像统一裁减、图像色彩调整、文字渐变效果等。网页中所用到的动画效果是利用 Flash 的遮罩运动、隐形按钮等设计制作。

2. 功能模块

网站建设以界面的简洁化、功能模块的灵活变通性为原则，为"网上书店"网站设计制作者和维护人员提供一个自主更新维护的动态空间和发挥余地，去完善办好他们的网站，达到一次投资、长期受益、降低成本的根本目的。

3. 内容主题

设计重心转向以客户为中心，围绕客户的需求层面有针对性地设计实用简洁的栏目及实用的功能，极大方便客户了解企业的服务，咨询服务技术支持、问题解答、个性化产品意见提出等一系列需求在"网上书店"网站上逐个需求得到满足的过程；做到产品展示、服务技术支持、问题、反馈意见等为一体，充分帮助客户体验到"网上书店"的全系列服务。

4. 设计环境与工具

在 Web 平台方面，选用 PC 服务器、Windows 操作系统，保证其稳定性。以 Microsoft IIS 作为 Web 服务器软件，采用 ASP 技术，数据库软件采用 SQL Server 2000，有利于更好的维护。运用 Dreamweaver、Fireworks、Photoshop、Flash 等应用软件，同时还运用 JavaScript 等技术。在网站安全方面网站人员通过防黑客和防病毒技术维护网站安全。

六、进度与费用

网站建设的实际进度与原定计划进度相同，没有延迟也没有提前。

时 间		任 务
第 1 阶段	准备工作	收集素材
		写策划书
第 2 阶段	方案设计	网站形象设计
		利用 Photoshop 进行网页设计
		Flash 动画制作
第 3 阶段	网站建设	网页模板制作
		网页制作
第 4 阶段	调试	测试站点
		申请域名空间、上传网站

备注：由于本网站作为教学案例，省略费用预算。

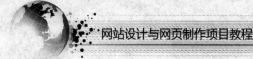

实际网站建设必须列出原定计划费用与实际支出费用的对比，包括：

① 工时，以人月为单位，并按不同级别统计；

② 计算机的使用时间，区别 CPU 时间及其他设备时间；

③ 物料消耗、出差费等其他支出。

明确说明经费是超出还是节余，分析其主要原因。

附录 D：网站制作规范

一、网站目录规范

1. 目录建立的原则：以最少的层次提供最清晰简便的访问结构。

2. 根目录

（1）根目录指 DNS 域名服务器指向的索引文件的存放目录。

（2）服务器的 ftp 上传目录默认为 html。

（3）绝对目录为/usr/home/html/。

3. 根目录文件

（1）根目录只允许存放 index.html 和 main.html 文件，以及其他必需的系统文件。

（2）每个语言版本存放于独立的目录。

（3）已有版本语言设置为：

◆ 简体中文 \cn

◆ 繁体中文 \chn

◆ 英语 \en

◆ 日语 \jp

① 每个主要功能（主菜单）建立一个相应的独立目录。

② 当页面超过 20 页，每个目录下存放各自独立 images 目录。

例如：\menu1\images

\menu2\images

4. 所有的 js 文件存放在根目录下统一目录\script。

5. 所有的 CSS 文件存放在各语言版本下的 style 目录。

6. 所有的 CGI 程序存放在根目录并列目录\cgi_bin 目录。

二、文件命名规范

1. 文件命名的原则：以最少的字母达到最容易理解的意义。

（1）索引文件统一使用 index.html 文件名（小写）。

index.html 文件统一作为"桥页"，不制作具体内容，仅仅作为跳转页和 meta 标签页。主内容页为 main.htm。

（2）按菜单名的英语翻译取单一单词为名称。例如：

◆ 关于我们 \aboutus

◆ 信息反馈 \feedback

◆ 产品 \product

（3）所有单英文单词文件名都必须为小写，所有组合英文单词文件名第二个起第一个字母大写。

（4）所有文件名字母间连线都为下画线。

2．图片命名原则以图片英语字母为名。大小原则写同上。

例如：网站标志的图片为 LOGO.gif。

3．鼠标感应效果图片命名规范为"图片名+_+on/off"。

例如：menu1_on.gif/menu1_off.gif。

4．其他文件命名规范。

（1）js 的命名原则以功能的英语单词为名。

例如：广告条的 js 文件名为:ad.js。

（2）所有的 CGI 文件后缀为.pl/cgi。

（3）所有 CGI 程序的配置文件为 config.pl /config.cgi。

三、链接结构规范

1．链接结构的原则：用最少的链接，使得浏览最有效率。

2．首页和一级页面之间用星状链接结构，一级和二级页面之间用树状链接结构。

3．超过三级页面，在页面顶部设置导航条。

四、尺寸规范

1．页面标准按 800×600 分辨率制作，实际尺寸为 778×434px。

2．每个标准页面为 A4 幅面大小，即 8.5×11 英寸。

3．大 banner 为 468×60px，小 banner 为 88×31px。

五、首页 head 区规范

1．head 区是指首页 HTML 代码的\<head>和\</head>之间的内容。

2．必须加入的标签

（1）公司版权注释

\<!--- The site is designed by Maketown,Inc 06/2000 --->

（2）网页显示字符集

◆ 简体中文：\<META HTTP-EQUIV="Content-Type" CONTENT="text/html; charset=gb2312">

◆ 繁体中文：\<META HTTP-EQUIV="Content-Type" CONTENT="text/html; charset=BIG5">

◆ 英语：\<META HTTP-EQUIV="Content-Type" CONTENT="text/html; charset=iso-8859-1">

（3）网页制作者信息

\<META name="author" content="webmaster@maketown.com">

（4）网站简介

\<META NAME="DESCRIPTION" CONTENT="xxxxxxxxxxxxxxxxxxxxxx">

（5）搜索关键字

<META NAME="keywords" CONTENT="xxxx,xxxx,xxx,xxxxx,xxxx,">

（6）网页的 css 规范

<LINK href="style/style.css" rel="stylesheet" type="text/css">

（参见目录及命名规范）

（7）网页标题

<title>xxxxxxxxxxxxxxxxxx</title>

3．可以选择加入的标签

（1）设定网页的到期时间。一旦网页过期，必须到服务器上重新调阅。

<META HTTP-EQUIV="expires" CONTENT="Wed, 26 Feb 1997 08:21:57 GMT">

（2）禁止浏览器从本地机的缓存中调阅页面内容。

<META HTTP-EQUIV="Pragma" CONTENT="no-cache">

（3）用来防止别人在框架里调用你的页面。

<META HTTP-EQUIV="Window-target" CONTENT="_top">

（4）时间停留 5 秒自动跳转。

<META HTTP-EQUIV="Refresh" CONTENT="5;URL=http://www.siit.cn">

（5）网页搜索机器人向导，用来告诉搜索机器人哪些页面需要索引，哪些页面不需要索引。

<META NAME="robots" CONTENT="none">

CONTENT 的参数有 all、none、index、noindex、follow、nofollow。默认是 all。

（6）收藏夹图标

<link rel = "Shortcut Icon" href="favicon.ico">

（7）所有的 JavaScript 的调用尽量采取外部调用.

<SCRIPT LANGUAGE="JavaScript" SRC="script/xxxxx.js"></SCRIPT>

参 考 文 献

[1] 张贵明主编.《网页艺术设计与应用》. 北京：高等教育出版社，2005.12.

[2] 智丰工作室. 邓文达、龚勇编著.《美工神话-Dreamweaver+Photoshop+Flash 网页设计与美化》. 北京：人民邮电出版社，2009.11.

[3] 刘心美、王东恩、沙继东主编.《网站设计基础与实例教程（职业版）》. 北京：电子工业出版社，2010.5.

[4] 杨志姝，吴俊海等编著.《Dreamweaver 8 网页制作与网站开发标准教程》. 北京：清华大学出版社，2006.5.

[5] 全国计算机信息高新技术考试教材编写委员会.《Dreamweaver MX Fireworks MX Flash MX 试题汇编（高级网页制作员级）》. 北京：北京希望电子出版社，2004.7.

[6] 王磊主编.《Dreamweaver & Fireworks 8 & Photoshop CS2 & Flash 8 中文版网页制作四合一教程》. 北京：水利水电出版社，2007.7.

[7] 吴雪等编著.《JavaScript 实例自学手册》. 北京：电子工业出版社，2008.1.

全国软件专业人才设计与开发大赛

为推动软件开发技术的发展，促进软件专业技术人才培养，向软件行业输送具有创新能力和实践能力的高端人才，提升高校毕业生的就业竞争力，全面推动行业发展及人才培养进程，工业和信息化部人才交流中心特举办"全国软件专业人才设计与开发大赛"，大赛包括两个比赛项目，即"JAVA软件开发"和"C语言程序设计"，并分别设置本科组和高职高专组。该大赛是工业和信息化部指导的面向大学生的学科竞赛和群众性科技活动。该大赛的成功举办，将有力推动学校软件类学科课程体系和课程内容的改革，培养学生的实践创新意识和能力，提高学生工程实践素质以及学生分析和解决实际问题的能力，有利于加强我国软件专业人才队伍后备力量的培养，提高我国软件专业技术人才的创新意识和创新精神。

大赛宗旨： 立足行业，结合实际，实战演练，促进就业

大赛特色： 政府、企业、协会联手构筑的人才培养、选拔平台；

预赛广泛参与，决赛重点选拔；

以赛促学，竞赛内容基于所学专业知识；

以个人为单位，现场比拼，公正公平。

2010年全国软件专业人才设计与开发大赛简介

组织机构：

主办单位：工业和信息化部人才交流中心

承办单位：北京大学软件与微电子学院

协办单位：中国软件行业协会

教育部高等学校高职高专计算机类专业教学指导委员会

支持单位：大连东软信息学院　　国信蓝点信息技术有限公司

大赛网址：http://www.miit-nstc.org/

　　2010年全国软件专业人才设计与开发大赛在北京、上海、天津、重庆、江苏、浙江等省市自治区共设立24个分赛区，53个赛点，来自近400所高校的5000余名选手参加了比赛。2010年8月19日，大赛在北京举行了决赛，来自北京邮电大学世纪学院的于俊超同学和来自安徽财贸职业学院的高伟同学分别获得"JAVA软件开发"本科组与高职高专组特等奖；来自北京信息科技大学的郑程同学和石家庄信息工程职业学院的王海龙同学则分别获得"C语言程序设计"本科组与高职高专组特等奖。北京工商大学、桂林电子科技大学、湖北工业大学等院校获得了优秀组织单位荣誉称号，北京信息科技大学、北京理工大学、青岛大学等30所院校获得了大赛优胜学校。

　　2010年8月21日，大赛在北京大学百周年纪念讲堂举行了隆重的颁奖典礼。国务院参事，大赛组委会主任，中国电子商会会长，原国务院信息化工作办公室常务副主任曲维枝女士，工业和信息化部副部长杨学山先生、中国工程院院士倪光南先生、北京大学秘书长杨开忠教授、工业和信息化部信息化推进司徐愈司长、工业和信息化部人事教育司史晓光副司长、工业和信息化部软件服务业司郭建兵副司长、工业和信息化部科技司沙南生副司长、教育部高等教育司综合处调研员张庆国先生、中国软件行业协会理事长陈冲先生，教育部高等学校高职高专计算机类教学指导委员会主任温涛先生，北京大学软件与微电子学院院长张兴先生、大赛组委副主任，北京大学教授陈钟先生，工业和信息化部人才交流中心主任石怀成先生、工业和信息化部人才交流中心顾问刘玉珍女士等近40位领导嘉宾出席了颁奖典礼。IBM、Intel等企业也派代表出席了颁奖典礼。

反侵权盗版声明

电子工业出版社依法对本作品享有专有出版权。任何未经权利人书面许可，复制、销售或通过信息网络传播本作品的行为，歪曲、篡改、剽窃本作品的行为，均违反《中华人民共和国著作权法》，其行为人应承担相应的民事责任和行政责任，构成犯罪的，将被依法追究刑事责任。

为了维护市场秩序，保护权利人的合法权益，我社将依法查处和打击侵权盗版的单位和个人。欢迎社会各界人士积极举报侵权盗版行为，本社将奖励举报有功人员，并保证举报人的信息不被泄露。

举报电话：（010）88254396；（010）88258888

传　　真：（010）88254397

E-mail：　dbqq@phei.com.cn

通信地址：北京市万寿路 173 信箱

　　　　　电子工业出版社总编办公室

邮　　编：100036